Das frühe Universum

Mathias Scholz

Das frühe Universum

Essays zu den Rätseln der Kosmologie

Mathias Scholz
Scholz
Zittau, Deutschland

ISBN 978-3-662-73260-1 ISBN 978-3-662-73261-8 (eBook)
https://doi.org/10.1007/978-3-662-73261-8

Die Deutsche Nationalbibliothek verzeichnet diese Publikation in der Deutschen Nationalbibliografie; detaillierte bibliografische Daten sind im Internet über https://portal.dnb.de abrufbar.

Planung/Lektorat: Caroline Strunz
Springer ist ein Imprint der eingetragenen Gesellschaft Springer-Verlag GmbH, DE und ist ein Teil von Springer Nature.
Die Anschrift der Gesellschaft ist: Heidelberger Platz 3, 14197 Berlin, Germany

Das frühe Universum. Essays zu den Rätseln der Kosmologie

Vertiefungen, Perspektiven und offene Fragen zur modernen Kosmologie

Wer den Band **„Eine kurze Geschichte des Urknalls"** gelesen hat, ist bereits auf eine Reise durch die Frühgeschichte des Universums gegangen – von den ersten Sekundenbruchteilen bis zur Entstehung der großräumigen Strukturen des Kosmos. Doch hinter dieser erzählerischen Linie, die sich an Beobachtungen, historischen Entdeckungen und gedanklichen Experimenten entlang entfaltet, liegt eine zweite Ebene: die Welt der Modelle, Messungen und Theorien, auf denen unser heutiges Verständnis des Universums ruht.

Genau hier setzt der vorliegende Band **„Das frühe Universum. Essays zu den Rätseln der Kosmologie"** an. Er ist eine fachliche Vertiefung und zugleich eine Fortführung jener Gedanken, die in „Eine kurze Geschichte des Urknalls" oft nur angedeutet werden konnten – quasi als eine Einladung, „hinter den Horizont" der populären Darstellung zu treten und den physikalischen Kern der modernen Kosmologie zu erkunden.

Die Essays dieses Bandes greifen jene Themen auf, die im erzählerischen Zusammenhang des Buches „Eine kurze Geschichte des Urknalls" als Verweise markiert sind. Wer solch einen Verweis nachgehen möchte, findet in diesem Buch den entsprechenden Zugang zu den theoretischen Grundlagen, den aktuellen Forschungsansätzen und den offenen Fragen, die das jeweilige Thema umgeben. Damit bildet dieser Band gewissermaßen eine „zweite Ebene der Lektüre" – eine, die sich an alle Leser*innen richtet, die sich auf ein höheres, aber weiterhin populärwissenschaftlich zugängliches Niveau einlassen möchten.

Jeder Essay ist in sich abgeschlossen und kann eigenständig gelesen werden. Gemeinsam jedoch entfalten sie ein zusammenhängendes Panorama der modernen Kosmologie: von der Struktur der Raumzeit über kosmologische Horizonte und den Mikrowellenhintergrund bis zu den Rätseln von Dunkler Materie, Dunkler Energie und der Zukunft des Universums.

Im Gegensatz zum erzählerischen Ton des Hauptbandes sind die Texte hier wissenschaftlich präziser formuliert und setzen ein gewisses Grundverständnis in Physik, Astronomie und Astrophysik voraus. Sie enthalten an vielen Stellen Fußnoten mit Fachquellen und Originalarbeiten, die der interessierten Leserschaft den Weg in die aktuelle Forschung öffnen.

Doch auch wer „Eine kurze Geschichte des Urknalls" nicht kennt, kann diesen Essayband durchaus eigenständig lesen. Er ist jedoch kein Lehrbuch der Kosmologie, sondern eine thematisch geordnete Sammlung von Gedanken, Analysen und Ausblicken – eine Annäherung an das Universum in Form von Essays, die zum Denken, Nachfragen und Weiterforschen anregen.

So versteht sich dieser Band als Begleiter und Erweiterung zugleich: als vertiefende Ergänzung zu „Eine kurze Geschichte des Urknalls“ und als eigenständige Einladung, die großen Fragen der Kosmologie neu zu betrachten – von der Planck-Skala bis zu den fernsten Galaxien, von der ersten Sekunde bis zu den Grenzen des Denkbaren.

Inhaltsverzeichnis

I

Grundlagen der Kosmologie

1

Kosmologische Horizonte

Inhaltsverzeichnis

M. Scholz, *Das frühe Universum*,
https://doi.org/10.1007/978-3-662-73261-8_1

Wenn wir an klaren Nächten zum Himmel blicken, nehmen wir eine Vielzahl von Sternen und Galaxien wahr – sichtbare Zeugen einer weiten, strukturierten Raumzeit. Mit empfindlichen Instrumenten lässt sich darüber hinaus die kosmische Mikrowellenhintergrundstrahlung (CMB) messen, ein Relikt aus der Frühphase des Universums. Doch diese Beobachtungen erfassen nur einen begrenzten Ausschnitt der Gesamtstruktur. Diese Einschränkung resultiert nicht aus technischen Unzulänglichkeiten, sondern aus fundamentalen Eigenschaften der Raumzeit: der endlichen Lichtgeschwindigkeit, der Expansion des Raums und der kausalen Struktur des Universums. Die daraus resultierenden Grenzen – sogenannte kosmologische Horizonte – sind keine festen Barrieren, sondern dynamische Schwellen, die bestimmen, welche Ereignisse prinzipiell in unserer kausalen Vergangenheit oder Zukunft liegen können. Sie markieren die Grenzen dessen, was je beobachtbar sein kann.

Der Partikelhorizont – unsere Grenze in die Vergangenheit

Der Partikelhorizont definiert die Grenze des beobachtbaren Universums. Er entspricht der maximalen Entfernung einer Quelle, deren Licht seit Beginn der kosmischen Expansion – vor etwa 13,8 Mrd. Jahren – Zeit hatte, uns zu erreichen. Aufgrund der Expansion des Raums beträgt ihr heutiger Abstand rund 46,5 Mrd. Lichtjahre. Diese Differenz zwischen Lichtlaufzeit und aktueller Entfernung ist keine Paradoxie, sondern eine direkte Folge der allgemeinen Relativitätstheorie: Während das Licht unterwegs war, dehnte sich der Raum weiter aus. Der Partikelhorizont bildet daher eine kugelförmige Grenze um den Beobachter, innerhalb derer alle empfangenen Lichtsignale ihren Ursprung haben. Alles jenseits davon bleibt unsichtbar, weil sein Licht noch nicht ausreichend Zeit hatte, uns zu erreichen.[1] In einem Universum mit beschleunigter Expansion nähert sich dieser Horizont einem asymptotischen Wert, sodass bestimmte Regionen des Universums nie beobachtbar werden.

Der Ereignishorizont – die Grenze unserer Zukunft

Während der Partikelhorizont die Grenze dessen markiert, was wir aus der Vergangenheit beobachten können, definiert der kosmologische Ereignishorizont die maximale Distanz, aus der ein Ereignis in der Zukunft jemals kausal mit uns in Verbindung treten kann. In einem Universum, das durch Dunkle Energie beschleunigt expandiert, entfernen sich Raumregionen jenseits einer bestimmten Entfernung so schnell, dass Lichtsignale, die von dort aus heute oder in Zukunft emittiert werden, uns niemals erreichen können.[2] Der heutige Abstand zu diesem Horizont beträgt etwa 16 bis 18 Mrd. Lichtjahre – je nach genauer Bestimmung der kosmologischen Parameter (insbesondere Ω_Λ und H_0).[3] Im Gegensatz zum Partikelhorizont nähert sich der Ereignishorizont einem endlichen Grenzwert. Mit fortschreitender Zeit werden daher immer mehr Galaxien hinter diese Grenze treten. In ferner Zukunft könnte der extragalaktische Himmel für Beobachter in der Milchstraße nahezu leer erscheinen – nur die gravitativ gebundene Lokale Gruppe

---

[1] Siehe Davis, T. M., & Lineweaver, C. H. (2004). Expanding confusion: common misconceptions of cosmological horizons and the superluminal expansion of the universe. Publications of the Astronomical Society of Australia, 21(1), 97–109.

[2] Siehe Krauss, L. M., & Scherrer, R. J. (2008). The end of cosmology?. Scientific American, 298(3), 46–53.

[3] Siehe Riess, A. G., Filippenko, A. V., Challis, P., Clocchiatti, A., Diercks, A., Garnavich, P. M., … & Tonry, J. (1998). Observational evidence from supernovae for an accelerating universe and a cosmological constant. The Astronomical Journal, 116(3), 1009.

bliebe sichtbar. Die kosmische Frühgeschichte wäre für künftige Zivilisationen empirisch nicht mehr rekonstruierbar.

Der Hubble-Radius – eine Momentaufnahme der Expansion

Eng verwandt mit den kausalen Horizonten ist der „Hubble-Radius", definiert als c/H_0, wobei H_0 die gegenwärtige Hubble-Konstante ist. Sein Wert beträgt heute etwa 14,4 Mrd. Lichtjahre. Er markiert die Distanz, bei der die Fluchtgeschwindigkeit einer Galaxie – verursacht durch die Expansion des Raums – gleich der Lichtgeschwindigkeit ist. Jenseits dieser Distanz „bewegen" sich Objekte relativ zu uns mit Überlichtgeschwindigkeit, was jedoch keinen Widerspruch zur speziellen Relativitätstheorie darstellt, da es sich nicht um eine Bewegung durch den Raum, sondern um die Dehnung des Raums selbst handelt. Diese Unterscheidung ist entscheidend, denn die spezielle Relativitätstheorie beschränkt nur lokale Bewegungen innerhalb der Raumzeit, nicht deren globale geometrische Expansion.

Der Hubble-Radius ist kein echter kausaler Horizont, sondern eine lokale, zeitabhängige Größe, welche die gegenwärtige Expansionsrate charakterisiert. Im Gegensatz zum Partikelhorizont – der gibt an, wie weit Licht seit dem Urknall bereits zu uns gelangen konnte – beschreibt der Hubble-Radius lediglich den aktuellen Punkt, an dem die kosmische Expansion von uns aus gesehen Lichtgeschwindigkeit erreicht. Er kann sich im Laufe der Zeit ändern, abhängig davon, wie sich die Expansionsrate entwickelt. Im ΛCDM-Modell, das von einer dominierenden Dunklen Energie ausgeht, nähert sich der Hubble-Radius in der fernen Zukunft einem konstanten Wert an, während die Expansion des Universums weiter beschleunigt wird.

Daher können Galaxien den Hubble-Radius im Laufe der Zeit überschreiten: Solche, die heute noch innerhalb dieses Radius liegen, können in die Region jenseits davon wandern, wo ihre Rezessionsgeschwindigkeit die Lichtgeschwindigkeit übersteigt. Gleichzeitig bedeutet dies, dass ihr Licht irgendwann nicht mehr in der Lage sein wird, bis zu uns vorzudringen. Der Hubble-Radius fungiert daher eher als heuristische Grenze zwischen Regionen, deren Licht noch eine Chance hat, uns zu erreichen, und solchen, die sich bereits stark von uns entfernen. Er ist zwar kein absoluter Abschluss wie ein Ereignishorizont, aber ein nützliches Maß, um die dynamische Struktur des expandierenden Universums zu verstehen (Abb. 1.1).

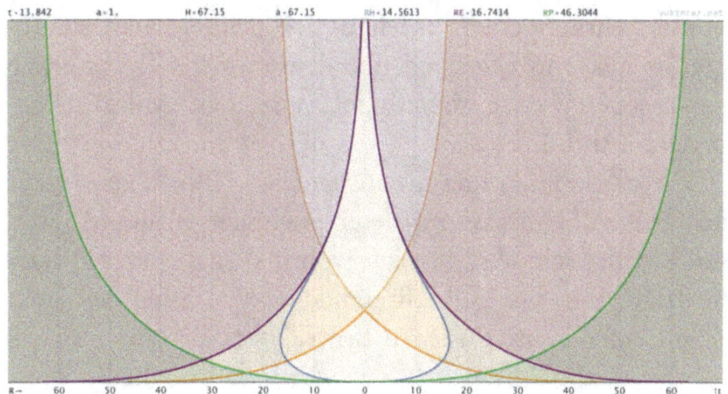

Abb. 1.1 Diese Grafik zeigt die Entwicklung der kosmischen Horizonte in einem flachen Universum mit $\Omega_r \approx 0{,}000092$ (Strahlung), $\Omega_m \approx 0{,}315$ (Materie) und $\Omega_6 \approx 0{,}685$ (Dunkle Energie). Der grüne Partikelhorizont (~46,5 Mrd. Lichtjahre heute) markiert den maximalen Abstand, aus dem Licht seit dem Urknall zu uns gelangen konnte. Der lilafarbene Ereignishorizont (~16–18 Mrd. Lichtjahre) zeigt die Grenze, jenseits derer künftige Ereignisse uns nie erreichen können – er schrumpft aufgrund der beschleunigten Expansion. Der blaue Hubble-Radius (~14,5 Mrd. Lichtjahre) definiert die Entfernung, bei der die Rezessionsgeschwindigkeit gleich der Lichtgeschwindigkeit wird. Der orangefarbene Lichtkegel visualisiert den Bereich kausaler Verbindungen, während die grau gestrichelten Linien kosmische Weltlinien im expandierenden Raum darstellen. Die Grafik verdeutlicht, dass unsere Beobachtungsmöglichkeiten durch fundamentale physikalische Grenzen bestimmt werden.

Die Oberfläche der letzten Streuung – das älteste Licht

Eine weitere fundamentale Beobachtungsgrenze ist die „Oberfläche der letzten Streuung", also die Quelle der kosmischen Mikrowellenhintergrundstrahlung (CMB).[4] Vor etwa 380.000 Jahren, im Zeitalter der Rekombination, kühlte das Universum so weit ab, dass sich freie Elektronen und Protonen zu neutralen Wasserstoffatomen verbinden konnten. Dadurch nahm die Streuung von Photonen an Elektronen drastisch ab und das Universum wurde erstmals transparent. Die Photonen, welche zu diesem Zeitpunkt „entkoppelten", breiten sich seitdem nahezu ungestört aus und erreichen uns heute als CMB, natürlich entsprechend stark rotverschoben in den Mikrowellenbereich (Abb. 1.2).

Diese Strahlung stammt aus einer kugelförmigen Schale im frühen Universum, deren heutiger Abstand etwa 46,5 Mrd. Lichtjahre beträgt, womit sie nahe am Partikelhorizont liegt. Die „Oberfläche der letzten Streuung" stellt damit eine Grenze für jeden Beobachter dar: Alles, was vor diesem Zeitpunkt geschah – wie die Inflation, die Baryogenese oder die Hadronenära – ist für elektromagnetische Beobachtungen unzugänglich, da das Universum zuvor undurchsichtig war. Wir können nicht „hinter" die CMB-Grenze blicken – zumindest nicht mit Licht. Nur indirekte Signaturen oder alternative Träger wie primordiale Gravitationswellen oder kosmische Neutrinos könnten Einblicke in diese früheren Phasen geben.

---

[4] Siehe Peebles, P. J. E. (2020). Principles of physical cosmology. Princeton University Press.

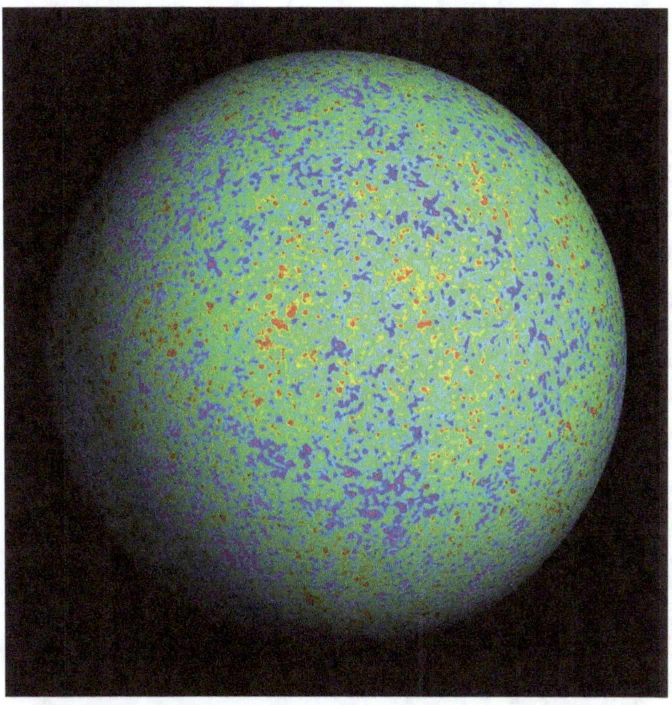

Abb. 1.2 Die Oberfläche der letzten Streuung – der Ursprung des kosmischen Mikrowellenhintergrunds (CMB) – entstand vor etwa 380.000 Jahren, als das Universum durch Rekombination transparent wurde und Photonen erstmals frei strahlen konnten. Diese kugelförmige Grenzschicht, heute rund 46,5 Mrd. Lichtjahre entfernt, trägt mikroskopische Temperaturunterschiede (bis 18 Mikrokelvin), die primordiale Dichtefluktuationen abbilden – die Keimzellen für spätere Galaxien und Voids. Als ältestes messbares Licht des Universums bildet der CMB nicht nur die äußerste Beobachtungsgrenze für elektromagnetische Strahlung, sondern liefert auch präzise Daten über die physikalischen Bedingungen im frühen Kosmos und ermöglicht Rückschlüsse auf Inflation und Strukturentstehung. (ESA, Planck Collaboration)

Die Lehre der Horizonte – ein Kosmos mit eingebauten Grenzen

Die verschiedenen Horizonte – Partikelhorizont, kosmologischer Ereignishorizont, Hubble-Radius und „Oberfläche der letzten Streuung“ – sind mehr als nur mathematische Konstrukte; sie verkörpern in sich nämlich eine fundamentale Erkenntnis: Die Beobachtbarkeit des Universums ist nicht nur durch technische, sondern auch durch physikalische Gesetze limitiert. Diese Grenzen ergeben sich aus der Struktur der Raumzeit, der endlichen Lichtgeschwindigkeit und der beschleunigten Expansion. Wir leben in einer kausal endlichen Region, die sich mit der Zeit verändert. In der Zukunft werden durch die Dunkle Energie immer mehr Galaxien hinter den Ereignishorizont rücken. Ihre Strahlung wird immer mehr rotverschoben und schließlich unmessbar. Auch die CMB wird so weit abkühlen, dass sie irgendwann einmal praktisch unsichtbar wird. Für künftige Beobachter könnte das Universum wie eine statische, isolierte Welt erscheinen – ohne Hinweise auf den Urknall oder auf ihre wahre großräumige Struktur.[5]

Das verblassende Universum: Wie die beschleunigte Expansion das Wissen zukünftiger Zivilisationen löscht

Die gegenwärtige Epoche der Kosmologie ist einzigartig – nicht nur, weil wir über leistungsfähige Teleskope und präzise Messinstrumente verfügen, sondern weil wir zu einem Zeitpunkt leben, zu dem die entscheidenden Spuren der

---

[5] Siehe Krauss, L. M., & Starkman, G. D. (2000). Life, the Universe, and Nothing: Life and Death in an Ever-expanding Universe. The Astrophysical Journal, 531(1), 22.

kosmischen Geschichte noch sichtbar sind. Doch dieses Fenster der Erkenntnis ist nicht von Dauer. Die beschleunigte Expansion des Universums, getrieben von der Dunklen Energie, führt nicht nur zur allmählichen Entfernung ferner Galaxien, sondern schließlich zur vollständigen Auslöschung der empirischen Grundlagen der modernen Kosmologie. Für zukünftige Zivilisationen – selbst mit hochentwickelten Technologien – könnte das Universum wie eine statische, isolierte Inselwelt erscheinen, ohne Hinweise auf einen Urknall, auf die großräumige Struktur oder die Expansion selbst.

Dieses Szenario ist kein Spekulationsprodukt, sondern eine direkte Konsequenz der Dynamik des ΛCDM-Modells, das die gegenwärtigen kosmologischen Beobachtungen am besten beschreibt. In einem Universum, das sich asymptotisch einem sogenannten De-Sitter-Zustand nähert – also einem Raum mit konstanter positiver kosmologischer Konstante –, verändert sich die Struktur der kausalen Horizonte fundamental. Während die Entfernung des Partikelhorizonts heute etwa 46,5 Mrd. Lichtjahre beträgt, bleibt er im Laufe der Zeit praktisch konstant, da Licht aus weiter entfernten Regionen nie mehr eintreffen wird. Gleichzeitig schrumpft der effektiv beobachtbare Bereich kontinuierlich, da Galaxien jenseits des Ereignishorizonts – heute etwa 16–18 Mrd. Lichtjahre entfernt – für immer aus unserem kausalen Zugriff verschwinden werden.[6]

Die Entvölkerung des Himmels: Was bleibt sichtbar?

In etwa 100 Mrd. Jahren wird die Milchstraße mit ihren gravitativ gebundenen Nachbarn – Andromeda, den Zwerggalaxien der Lokalen Gruppe – (mit hoher Wahrscheinlich-

[6] Siehe Lineweaver, C. H., & Davis, T. M. (2005). Misconceptions about the big bang. Scientific American, 292(3), 36–45.

keit) zu einer einzigen massiven elliptischen Galaxie verschmolzen sein, oft als „Milkdromeda" bezeichnet.[7] Alle anderen Galaxienhaufen – selbst der mächtige Virgo-Haufen – werden aufgrund der beschleunigten Expansion hinter den Ereignishorizont geraten und damit aus dem Blickfeld verschwinden. Ihre Strahlung wird durch die kosmische Ausdehnung so stark gedehnt, dass sie selbst für die empfindlichsten Detektoren der Zukunft im Dunkeln bleiben. Die extragalaktischen Welten entziehen sich damit für immer unserem Blick (Abb. 1.3).

Abb. 1.3 Die Milchstraße und der Andromedanebel (M31), heute 2,5 Mio. Lichtjahre voneinander entfernt, bewegen sich gravitationsbedingt aufeinander zu. In ~3,75 Mrd. Jahren beginnt eine intensive Wechselwirkung: Gezeitenkräfte verformen die Spiralarme, mischen Sterne und Gas. Die langsame Verschmelzung über Milliarden Jahre erzeugt eine neue massive elliptische oder linsenförmige Galaxie (Milkdromeda). Obwohl direkte Sternkollisionen unwahrscheinlich sind, wird die Struktur unseres Heimatgalaxien-Systems radikal verändert – die Sonne könnte in einen neuen Galaxienbereich katapultiert werden. Die zukünftige Lebensfähigkeit der Erde bleibt unklar. (Wikimedia)

---

[7] Siehe Cox, T. J., & Loeb, A. (2008). The collision between the Milky Way and Andromeda. Monthly Notices of the Royal Astronomical Society, 386(1), 461–474.

Für einen Beobachter in dieser fernen Zukunft wäre der Nachthimmel nahezu leer – kein Netzwerk aus Galaxien, keine Hubble-Flucht, keine Hinweise auf eine großräumige Struktur. Die Rotverschiebung entfernter Objekte wäre so extrem, dass ihr Licht über Jahrtausende hinweg ausgedünnt würde. Es verlagerte sich in den Radio- oder sogar Ultralangwellenbereich – und ginge dort im Rauschen der kosmischen Hintergrundstrahlung unter. Selbst die kosmische Mikrowellenhintergrundstrahlung (CMB) wird nicht mehr nachweisbar sein. Sie kühlt weiter ab und erreicht in einigen Hundert Milliarden Jahren Temperaturen unter 1 μK – und damit einen Wert weit unterhalb jeder praktischen Nachweisbarkeit. Die CMB, unser wichtigster Beleg für den heißen Urknall, wird in der kosmischen Stille verschwinden …

Das Ende der Kosmologie – oder: Wie man den Urknall vergisst

Stellen wir uns eine technologisch fortgeschrittene Zivilisation vor, die in einer Milliarde Milliarden Jahren auf einem Planeten in Milkdromeda entsteht. Was würde sie über die Natur des Universums wissen können?

Ohne sichtbare Galaxien, ohne Rotverschiebungen, ohne Hintergrundstrahlung – und ohne historische Aufzeichnungen – wäre ihre Beobachtungswelt auf die eigene Galaxie beschränkt. Die Raumexpansion ließe sich nicht mehr messen, da keine entfernten Standardkerzen (wie Supernovae vom Typ Ia) mehr sichtbar wären. Die Dunkle Energie bliebe unsichtbar. Die großräumige Homogenität und Isotropie des Universums wäre nicht nachweisbar. Stattdessen könnte diese Zivilisation leicht zu der Schlussfolgerung gelangen, dass das Universum statisch, endlich und zentral um ihre Galaxie herum geordnet ist – eine Vorstellung, die der mittelalterlichen Kosmologie ähnelt.

Tatsächlich argumentierten die Physiker Lawrence M. Krauss und Richard J. Scherrer bereits 2007, dass in einer solchen Zukunft die empirische Grundlage für die moderne Kosmologie vollständig verloren gehen würde. Sie schreiben: *„Any civilization that develops in the future will observe a universe that appears static and eternal, with no evidence for a beginning or expansion."*[8] Ohne die CMB, ohne die Hubble-Flucht, ohne die primordiale Nukleosynthese – all diese Pfeiler des Urknallmodells – wäre die Vorstellung eines dynamischen, sich entwickelnden Universums rein spekulativ. Die Kosmologie würde zu einer philosophischen Disziplin ohne empirische Anknüpfungspunkte werden.

Kann man den Urknall retten? Alternative Spuren der Vergangenheit

Gibt es dennoch Möglichkeiten, die Geschichte des Universums zu rekonstruieren, auch wenn die klassischen Beobachtungen verschwunden sind?

Einige Wissenschaftler untersuchen, ob vielleicht doch irgendwelche indirekte Signaturen überdauern könnten. So könnten primordiale Gravitationswellen aus der Inflationsphase – falls sie je direkt nachgewiesen werden können – in Form von B-Moden in der Polarisation der Mikrowellenhintergrundstrahlung Spuren hinterlassen haben. Doch auch diese würden mit der Abkühlung der CMB schließlich unzugänglich. Alternativ könnten sogenannte kosmi-

[8] Siehe Krauss, L. M., & Scherrer, R. J. (2007). The return of a static universe and the end of cosmology. General Relativity and Gravitation, 39(10), 1545–1550.

sche Strings[9] oder andere topologische Defekte, falls sie existieren, noch nachweisbar sein – aber ihre Existenz ist, wie gesagt, rein spekulativ.

Ein weiterer Kandidat ist die Verteilung schwerer Elemente in alten Sternen. Die Häufigkeit von Lithium, Deuterium und Helium-4 ist ein Fingerabdruck der primordialen Nukleosynthese – ein Prozess, der nur Minuten nach dem Urknall stattfand. Auch in ferner Zukunft könnten Astronomen diese Isotopenverhältnisse messen und auf eine heiße, dichte Anfangsphase schließen. Doch ohne die Bestätigung durch die CMB oder die Rotverschiebungen wäre diese Interpretation anfällig für Alternativtheorien – etwa lokale, galaktische Prozesse, die ähnliche Verteilungen erzeugen könnten.

Einige Theoretiker spekulieren sogar, ob Quantenverschränkung oder ein holographisches Prinzip der Raumzeit tiefere Informationen über die Vergangenheit bewahren könnte – Konzepte, die in modernen Quantengravitationstheorien diskutiert werden. Doch solche Ideen liegen jenseits der gegenwärtigen experimentellen Zugänglichkeit und bleiben im Bereich der Spekulation.[10]

Das Schicksal des Wissens – eine kosmische Tragödie?

Die beschleunigte Expansion führt also nicht nur zu einem physischen, sondern auch zu einem epistemologischen Ende der Kosmologie. Wir leben in einer kurzen Epoche –

---

[9] **Kosmische Strings** sind hypothetische, fadenförmige Defekte in der Raumzeit – Überbleibsel aus dem frühen Universum, die wie unvorstellbar dünne, aber Milliarden Lichtjahre lange „Energieschnüre" durch den Kosmos spannen und durch ihre extreme Dichte die umliegende Materie verzerren könnten.

[10] Siehe Bousso, R. (2002). The holographic principle. Reviews of Modern Physics, 74(3), 825.

vielleicht die einzige in der gesamten Geschichte des Universums –, in der die entscheidenden Beweise für die Dynamik und den Ursprung des Kosmos noch zugänglich sind. Diese Erkenntnis hat eine fast philosophische Tragik: Das Universum vergisst sich selbst. Die Spuren seiner Herkunft verblassen, bis nur noch eine isolierte Insel aus Sternen übrig bleibt – ohne Kontext, ohne Geschichte.

Dies unterstreicht die besondere Bedeutung unserer gegenwärtigen Zeit. Die Daten, die wir heute sammeln – die CMB-Kartierung durch Planck, die Supernova-Beobachtungen, die großräumige Strukturkartierung durch SDSS und Euclid – sind möglicherweise die letzten direkten Zeugnisse einer kosmischen Geschichte, die künftigen Generationen für immer verborgen bleiben wird. Wenn wir diese Daten nicht bewahren – in physischen, digitalen oder gar kulturellen Archiven –, dann könnte die Wahrheit über den Urknall, die Expansion und die Struktur des Universums für immer verloren gehen.

Die moderne Kosmologie ist damit mehr als Wissenschaft – sie ist eine historische Mission: die Bewahrung eines flüchtigen Moments der Erkenntnis, bevor die Dunkle Energie die Spuren der Vergangenheit endgültig tilgt.

Schlüsselgedanken

Beobachtbarkeit ist physikalisch begrenzt. Die verschiedenen kosmologischen Horizonte – Partikelhorizont, Ereignishorizont, Hubble-Radius und Oberfläche der letzten Streuung – markieren keine technischen, sondern fundamentale Grenzen dessen, was wir je über das Universum erfahren können.

Der Partikelhorizont (46,5 Mrd. Lichtjahre) ist die aktuelle Grenze des beobachtbaren Universums: das Licht, das uns seit dem Urknall erreichen konnte.

Der Ereignishorizont (16–18 Mrd. Lichtjahre) zeigt, wie viel Zukunft wir jemals beobachten können – jenseits davon verschwinden Galaxien für immer.

Die beschleunigte Expansion löscht die Spuren der Kosmologie. In ferner Zukunft wird die CMB verschwinden, die Galaxien sind unerreichbar – und zukünftige Zivilisationen könnten in einer scheinbar statischen Welt leben, ohne je vom Urknall erfahren zu können.

Wir leben in einer privilegierten Epoche. Nur jetzt sind die entscheidenden Beweise – CMB, Rotverschiebung, Strukturbildung – noch sichtbar. Die moderne Kosmologie ist nicht nur Wissenschaft, sondern auch eine historische Aufgabe: das Bewahren des Wissens, bevor das Universum es vergisst.

2

Was ist der CMB – und wie sehen wir ihn?

Inhaltsverzeichnis

Es gibt eine elektromagnetische Strahlung, die älter ist als die ersten Sterne, älter als alle Galaxien und älter als die schweren Elemente, aus denen Planeten und Lebewesen bestehen. Sie erfüllt jeden Kubikzentimeter des beobachtbaren

M. Scholz, *Das frühe Universum*,
https://doi.org/10.1007/978-3-662-73261-8_2

Universums und erreicht die Erde aus allen Himmelsrichtungen nahezu isotrop – doch sie ist für das menschliche Auge unsichtbar. Stattdessen wird sie von Radioteleskopen und Satelliten als Mikrowellenstrahlung (landläufig auch „Drei-Grad-Kelvin-Strahlung" genannt) registriert. Dieses Signal, der kosmische Mikrowellenhintergrund (Cosmic Microwave Background, CMB), stammt aus einer Zeit, als das Universum etwa 380.000 Jahre alt war, was weniger als ein Zehntausendstel seines heutigen Alters ist. Es ist damit das älteste direkt beobachtbare elektromagnetische Feld im Universum und ermöglicht einen tiefen Einblick in die physikalischen Bedingungen jener frühen kosmischen Epoche.

Der kosmische Mikrowellenhintergrund ist mehr als nur ein interessantes astronomisches Phänomen. Er ist eine „Reliktstrahlung", also ein überlebendes Signal aus einer Zeit nach dem Urknall, in der das Universum ein dichtes, heißes Plasma aus Photonen, Elektronen und Baryonen war. Als älteste direkt messbare elektromagnetische Strahlung dient er als präzises kosmologisches Werkzeug, um die geometrische Struktur, die Materie-Energie-Zusammensetzung und die Entwicklungsgeschichte des Universums zu rekonstruieren. Wie ein archiviertes Dokument, das in einer komplexen physikalischen „Sprache" codiert ist, muss der CMB durch statistische und spektrale Analysen Schritt für Schritt entziffert werden. In seinen winzigen Temperaturanisotropien, seiner Polarisation und seiner außerordentlichen Homogenität sind nämlich wichtige Informationen über die physikalischen Bedingungen des frühen Universums gespeichert – und zwar von der Inflation bis zur Rekombination – und darüber hinaus indirekte Hinweise auf Prozesse in den ersten Sekundenbruchteilen nach dem Urknall.

Die Entdeckung: Vom theoretischen Gedankenexperiment zum Zufall am Horn

Die Geschichte des CMB beginnt nicht mit einer Beobachtung, sondern mit einer theoretischen Vorhersage. In den späten 1940er-Jahren erkannten George Gamow, Ralph Alpher und Robert Herman im Rahmen des heißen Urknallmodells, dass ein expandierendes, frühes Universum eine heute noch messbare, isotrope Hintergrundstrahlung hinterlassen müsste. Auf Basis der damaligen Schätzungen zur Dichte und Expansionsrate prognostizierten sie eine Temperatur von etwa 5 K, die sie etwas später auf 3 bis 5 K präzisierten. Diese Strahlung wäre dann das Überbleibsel des thermischen Gleichgewichts im frühen Plasma, welches durch die kosmologische Expansion abgekühlt wurde.[1]

Doch die Arbeit geriet zunächst in Vergessenheit, da die damals dominierende Theorie – das „Steady-State-Modell" – ein zeitlich unendliches Universum ohne Anfang postulierte (was den damaligen Kosmologen deutlich plausibler erschien). Die Vorstellung einer heißen Anfangsphase und einer nachweisbaren Hintergrundstrahlung wurde daher von der Wissenschaftsgemeinschaft weitgehend ignoriert.

1965 machten Arno Penzias und Robert Wilson bei den Bell Laboratories jedoch mittels einer Hornantenne eine völlig überraschende Beobachtung: Ein gleichmäßiges Mikrowellenrauschen von 3,5 K ließ sich weder durch Tageszeit noch durch Antennenrichtung erklären. Trotz intensiver Suche nach technischen oder terrestrischen Ursachen – einschließlich der Entfernung von Taubenkot und Tauben-

[1] Siehe Alpher, R. A., & Herman, R. (1948). Evolution of the Universe. Nature, 162(4124), 774–775.

nestern auf der Antenne – blieb das Signal bestehen.[2] Was sie auch probierten, das lästige „Rauschen“ blieb. Erst nach Kontakt mit Kollegen vom Princeton-Team um Robert Dicke wurde klar: Sie hatten nicht etwa einen Fehler gefunden, sondern den ultimativen Beweis für den Urknall selbst (Abb. 2.1).

Abb. 2.1 Diese Hornantenne der Bell Laboratories, ursprünglich für Satellitenkommunikation entwickelt, wurde 1965 von Arno Penzias und Robert Wilson für die Entdeckung der kosmischen Mikrowellenhintergrundstrahlung (CMB) genutzt. Die 3,5-Meter-Antenne registrierte ein isotropes Rauschen von etwa 3 K – zunächst als technische Störung missverstanden. Das Signal erwies sich als Nachglut des Urknalls, ein Überbleibsel aus der Rekombinationsära vor 380.000 Jahren. Diese Entdeckung bestätigte das heiße Urknallmodell und etablierte die CMB als zentrales Element der modernen Kosmologie. Für diese bahnbrechende Arbeit erhielten Penzias und Wilson 1978 den Nobelpreis für Physik. (Wikimedia)

[2] Siehe Penzias, A. A., & Wilson, R. W. (1965). A measurement of excess antenna temperature at 4080 Mc/s. Astrophysical Journal, vol. 142, 419–421.

Die Nachricht war revolutionär. Das Steady-State-Modell brach zusammen. Der CMB war kein Artefakt und auch kein technisches Problem – er war die Bestätigung, dass das Universum einen Anfang hatte, sich ausdehnt und einst so heiß war, dass Licht und Materie untrennbar verbunden waren. Für diese Entdeckung erhielten Penzias und Wilson 1978 den Nobelpreis für Physik – eine Anerkennung nicht nur für ihre technische Präzision, sondern insbesondere auch für die Öffnung eines neuen Fensters in die kosmische Vergangenheit.

Was ist der CMB? Die Geburt der Durchsichtigkeit

Der CMB entstand nicht beim Urknall, sondern etwa 380.000 Jahre danach. Zu diesem Zeitpunkt hatte die Expansion das Universum auf etwa 3000 K abgekühlt. Das Universum bestand aus einem dichten Plasma aus freien Elektronen, Protonen und Photonen, das sich im thermodynamischen Gleichgewicht befand. Aufgrund der hohen Dichte freier Elektronen wurde elektromagnetische Strahlung durch Thomson-Streuung kontinuierlich abgelenkt. Die mittlere freie Weglänge der Photonen betrug nur wenige Meter, sodass sich kein Licht über kosmische Distanzen ausbreiten konnte. Das Universum war für Strahlung undurchsichtig.

Als die Temperatur weiter sank, sank auch die Ionisationsrate, und Elektronen sowie Protonen konnten sich stabil zu neutralen Wasserstoffatomen verbinden. Dieser Prozess – historisch als „Rekombination" bezeichnet, obwohl es die erste stabile „Neutralisierung" der Materie war – verlief über einen Zeitraum von etwa 100.000 Jahren. Mit sinkender Anzahldichte der freien Elektronen verringerte sich die

Streuwahrscheinlichkeit rapide. Die mittlere freie Weglänge der Photonen erreichte Größenordnungen, die schließlich mit dem Hubble-Radius vergleichbar oder größer waren. Damit konnten Photonen erstmals nahezu ungehindert durch den kosmischen Raum reisen. Das Universum ging von einem undurchsichtigen in einen transparenten Zustand über.

Die allmähliche Entkopplung von Photonen und Materie markiert den Ursprung des CMB. Die Photonen, die ihre letzte Streuung in dieser Phase erfuhren, reisen seitdem nahezu ungestört durch das expandierende Universum und erreichen uns heute, 13,8 Mrd. Jahre später, als Mikrowellenstrahlung im Bereich von 1–10 mm Wellenlänge. Die Gesamtheit dieser letzten Streuungsorte entlang aller Sichtlinien bildet die sogenannte Oberfläche der letzten Streuung. Es handelt sich um eine kugelförmige, räumlich ausgedehnte Schale mit einer Dicke von etwa 100 Mio. Lichtjahren, deren heutige Entfernung bei rund 46,5 Mrd. Lichtjahren liegt (siehe Essay 1).

Ein Thermometer aus der Urzeit: Das perfekte Schwarzkörperspektrum

Die Strahlung des CMB folgt mit außergewöhnlicher Genauigkeit dem Spektrum eines idealen Schwarzkörpers mit einer Temperatur von 2,7255 ± 0,0006 K. Ihre spektrale Intensitätsverteilung entspricht der Planck-Formel – der mathematischen Beschreibung thermischer Strahlung im thermodynamischen Gleichgewicht. Keine bekannte astrophysikalische Quelle im Universum zeigt ein derart ideales Spektrum.[3]

[3] Siehe Fixsen, D. J. (2009). The temperature of the cosmic microwave background. The Astrophysical Journal, 707(2), 916.

Diese Eigenschaft ist von entscheidender Bedeutung: Sie belegt, dass das frühe Universum vor der Entkopplung in einem Zustand nahezu vollständiger thermischer Gleichverteilung war – ein Zeichen für extreme Homogenität und effiziente Energieaustauschprozesse im dichten Plasma.

Die Tatsache, dass das CMB-Spektrum nach 13,8 Mrd. Jahren kosmischer Expansion weiterhin nahezu perfekt der Planck-Kurve entspricht, ist ein eindrucksvoller Beleg für die Homogenität und thermische Stabilität des frühen Universums. Jeder signifikante Energieeintrag – etwa durch frühe Sterne, Annihilationen oder exotische Prozesse – hätte das Spektrum durch Spektralverzerrungen (z. B. μ- oder y-Typ)[4] verändert. Auch unvollständige Thermalisierung vor der Entkopplung hätte Abweichungen hinterlassen. Bislang wurden jedoch keine solchen Abweichungen gefunden – was darauf hindeutet, dass die Expansion des Universums adiabatisch verlief und keine nennenswerten störenden Prozesse nach der Entkopplung stattfanden (Abb. 2.2).

Die präziseste Bestätigung dieser Perfektion gelang 1989 bis 1993 mit dem COBE-Satelliten, insbesondere durch das Instrument FIRAS (Far-Infrared Absolute Spectrophotometer). FIRAS maß die absolute Intensität des CMB über ein breites Wellenlängenspektrum und verglich sie mit der theoretischen Planck-Kurve bei 2,7255 K. Die Abweichungen betrugen weniger als 50 ppm (Teile pro Million), also weniger als 0,005 %. Dies gilt als eine der genauesten Bestätigungen der Übereinstimmung zwischen Theorie und Messung in der gesamten Physik. Ein anschaulicher Vergleich: Bei einer grafischen Darstellung über einen Kilometer wäre die maximale Abweichung kürzer als ein Zehntel Millimeter (Abb. 2.3).

[4] **μ-Typ**: spektrale Verbreiterung durch unvollständige Thermalisierung ($z \approx 5 \cdot 10^4$–$2 \cdot 10^6$; z. B. zerfallende Teilchen). **y-Typ**: Hochfrequenz-Verzerrung durch Compton-Streuung ($z < 5 \cdot 10^4$; z. B. heißes Gas), Sunyayev-Zeldovich-Effekt im Kosmos.

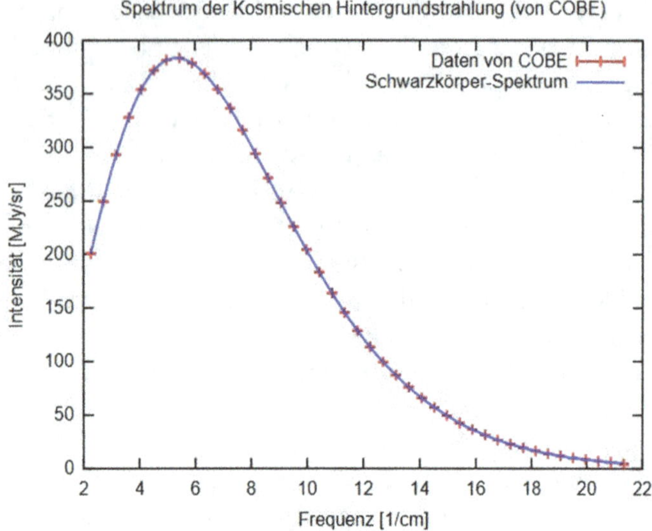

Abb. 2.2 Das Spektrum der kosmischen Mikrowellenhintergrundstrahlung (CMB), gemessen vom COBE-Satelliten (Kreuze), zeigt eine nahezu perfekte Übereinstimmung mit dem theoretischen Schwarzkörperspektrum einer Temperatur von 2,725 K. Diese Kurve, definiert durch das Plancksche Strahlungsgesetz, bestätigt die Vorhersagen des heißen Urknallmodells: Die CMB ist das Überbleibsel eines einst thermisch gleichgewichtigen Plasmas, das sich im Laufe der kosmischen Expansion abgekühlt hat. Die Genauigkeit des Abgleichs (Abweichungen < 0,005 %) unterstreicht, dass das frühe Universum homogen und isotrop war – ein Schlüsselargument für die Standardkosmologie.

Diese Messung ist mehr als eine technische Meisterleistung. Sie stellt eine entscheidende Bestätigung des heißen Urknallmodells dar, da nur ein frühes, thermisches Plasma ein derart perfektes Schwarzkörperspektrum erzeugen kann. Alternativen wie das klassische Steady-State-Modell, das keine solche thermische Anfangsphase vorsieht, werden durch diese Beobachtung stark infrage gestellt. Die gleichmäßige Abkühlung des CMB auf 2,7255 K erfolgt durch die adiabatische Expansion des Raums: Die Wellenlängen

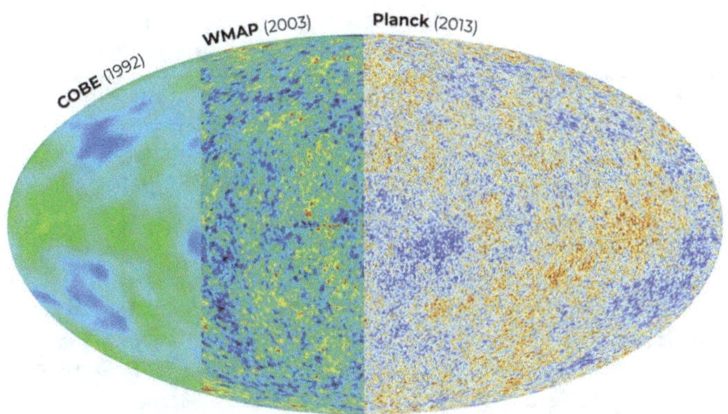

Abb. 2.3 COBE (1992) entdeckte die CMB-Temperaturunterschiede (± 0,0002 K), bestätigte das Urknallmodell und wurde 2006 mit dem Nobelpreis ausgezeichnet. WMAP (2003) verbesserte die Auflösung um das 40-Fache und bestimmte die kosmologischen Parameter (73 % Dunkle Energie, 23 % Dunkle Materie). Planck (2013) erreichte mit 5 Bogenminuten Auflösung und Unsicherheiten unter 0,00005 K die höchste Präzision und bestätigte das ΛCDM-Modell. Die Farbvariationen zeigen primordiale Dichtefluktuationen – die Keimzellen der heutigen großräumigen Struktur. Gemeinsam revolutionierten diese Missionen unsere Kosmologie. (Vázquez et al. 2018)

der Photonen dehnen sich mit dem Skalenfaktor $a(t)$, wodurch die Temperatur umgekehrt proportional dazu abnimmt. Das Ergebnis ist ein isotropes Strahlungsfeld, das den beobachtbaren Kosmos durchdringt und als universelle Temperaturreferenz dienen kann (Tab. 2.1).

Geplante Missionen wie PIXIE *(Primordial Inflation Explorer)* zielen darauf ab, das CMB-Spektrum mit noch höherer Empfindlichkeit zu vermessen – auf der Suche nach kleinen, nicht-thermischen Abweichungen vom Schwarzkörperspektrum, die bereits erwähnten μ- oder y-Verzerrungen. Solche Signaturen könnten auf energiereiche Prozesse in den ersten 100 Mio. Jahren nach der Rekombination hinweisen, wie z. B. die Bildung der ersten Sterne und Galaxien, akkretierende frühe Schwarze Löcher

Tab. 2.1 Entwicklung der Messgenauigkeit des kosmischen Mikrowellenhintergrunds (CMB) durch drei Schlüsselsatelliten

COBE (1992)	Die erste hochpräzise Karte der CMB zeigte die homogene Hintergrundstrahlung mit winzigen Temperaturunterschieden (± 0,0002 K). Sie bestätigte das Urknallmodell und erhielt 2006 den Nobelpreis. Entdeckte die „Cold Spot"-Anomalie und validierte die Planck-Kurve.
WMAP (2003)	Verbesserte die Auflösung um einen Faktor 40 und kartierte die Fluktuationen detailliert, was zu präzisen Kosmologiemodellen führte (z. B. Dunkle Energie: 73 %, Dunkle Materie: 23 %). Klärte Akustik-Peaks im Leistungsspektrum und schränkte Inflationsszenarien ein.
Planck (2013)	Mit einer räumlichen Auflösung von 5 Bogenminuten lieferte er die bislang genaueste Darstellung der CMB. Er reduzierte Unsicherheiten auf 0,00005 K und bestätigte das ΛCDM-Modell mit hohem Konfidenzniveau. Messungen der Polarisationsanisotropien und Grenzen für primordiale Gravitationswellen (B-Moden).

oder mögliche Annihilationsprozesse von Dunkler Materie.[5] Der Nachweis solcher Verzerrungen würde Einblicke in die physikalischen Bedingungen während der kosmischen Morgendämmerung ermöglichen.

Wie sieht der CMB aus? Die Eigenschaften eines kosmischen Relikts

Heute beträgt die mittlere Temperatur des CMB 2,7255 ± 0,0006 K und liegt damit nur knapp über dem absoluten Nullpunkt. Ursprünglich, zur Zeit der Entkopplung, lag

[5] Siehe Kogut, A., Fixsen, D. J., Chuss, D. T., Dotson, J., Dwek, E., Halpern, M., … & Wollack, E. J. (2011). The Primordial Inflation Explorer (PIXIE): a nulling polarimeter for cosmic microwave background observations. Journal of Cosmology and Astroparticle Physics, 2011 (07), 025.

die Temperatur bei etwa 3000 K, sodass die Strahlung primär im nahen Infrarot- bis sichtbaren Bereich emittiert wurde. Während der 13,8 Mrd. Jahre kosmischer Expansion wurde die Wellenlänge der Photonen durch die kosmologische Rotverschiebung um einen Faktor von etwa 1100 gedehnt. Aus ursprünglich sichtbarem Licht wurde Mikrowellenstrahlung mit einem Maximum bei etwa 1,9 mm, das damit ein direktes Maß für die adiabatische Abkühlung durch die Raumexpansion darstellt (Abb. 2.4).

Trotz seiner außerordentlichen Isotropie weist der CMB kleine räumliche Temperaturvariationen auf – sogenannte Anisotropien – mit Amplituden im Bereich von 10 bis 100 Mikrokelvin (μK) relativ zum Mittelwert. Diese Fluktuationen entsprechen Dichteunterschieden im frühen Plasma

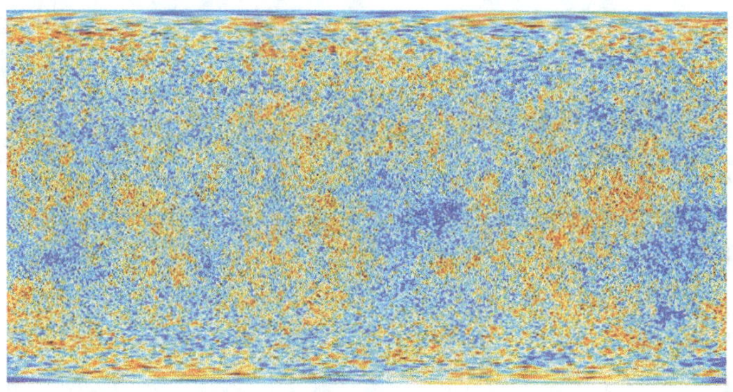

Abb. 2.4 Die CMB-Karte des Planck-Satelliten zeigt mikroskopische Temperaturunterschiede (± 0,0005 K) im kosmischen Hintergrundstrahlungsfeld. Diese Fluktuationen sind die primordialen Dichtefluktuationen aus der Urknallphase, die heutige Galaxien und Voids formten. Die Farbvariationen symbolisieren thermische Schwankungen – Spuren von Quantenschwankungen, die durch die Inflation aufgebläht wurden. Mit einer räumlichen Auflösung von 5 Bogenminuten lieferte Planck die präziseste Darstellung der CMB, das ΛCDM-Modell bestätigend, und legte den Grundstein für die moderne Kosmologie. (Courtesy NASA/JPL-Caltec)

und sind die Anfangsbedingungen für die gravitative Strukturbildung. Überdichte Regionen erzeugten durch ihr verstärktes Gravitationspotential lokale Instabilitäten, die im Laufe von Milliarden Jahren zur Anreicherung von Materie führten – und so zu Galaxien, Galaxienhaufen und dem großräumigen kosmischen Netz.

Bereits der COBE-Satellit (1989–1993) wies erstmals Temperaturanisotropien im Bereich von etwa 30 Mikrokelvin nach – ein Meilenstein, der 2006 mit dem Nobelpreis für John Mather und George Smoot gewürdigt wurde. Aufbauend auf diesen Ergebnissen kartierten WMAP (2001–2010) und die Planck-Mission (2009–2013) das gesamte Himmelsgewölbe mit zunehmender räumlicher Auflösung und Empfindlichkeit. Planck erreichte dabei eine Temperaturgenauigkeit von weniger als 10 μK pro Messpixel und ermöglichte auf diese Weise eine detaillierte Analyse der Fluktuationen auf räumlichen Skalen bis zu wenigen Bogenminuten.

Das Ergebnis war eine hochaufgelöste Temperaturkarte des CMB, welche die räumliche Verteilung wärmerer und kälterer Regionen deutlich sichtbar werden lässt. Die mittlere quadratische Abweichung (RMS) der Anisotropien beträgt dabei lediglich etwa 6–7 μK. Diese Muster entsprechen Dichtefluktuationen, deren Ursprung in der Inflationsphase liegt. Sie wurden während der exponentiellen Expansion des frühen Universums quantenmechanisch erzeugt und später durch gravitative Instabilität vergrößert.

Ein weiteres auffälliges Merkmal ist die sogenannte Dipol-Anisotropie: Eine Himmelshälfte erscheint um etwa 3,35 Millikelvin wärmer, die entgegengesetzte kälter.[6] Dies ist kein kosmologisches Signal, sondern eine Doppler-

---

[6] Siehe Kogut, A., Lineweaver, C., Smoot, G. F., Bennett, C. L., & Banday, A. (1993). Dipole anisotropy in the COBE DMR first-year sky maps. arXiv preprint astro-ph/9312056.

Verschiebung, verursacht durch die Bewegung des Sonnensystems relativ zum Ruhesystem des CMB. Die Geschwindigkeit beträgt etwa 368 km/s in Richtung des Sternbildes Löwe (Leo). Diese Bewegung resultiert aus der gravitativen Anziehung durch großräumige Massenkonzentrationen wie den bekannten „Großen Attraktor" und die sogenannte Shapley-Konzentration.

Von COBE bis Planck: Die Vermessung der kosmischen Urstrahlung

Die Geschichte der CMB-Forschung ist eine Geschichte kontinuierlich steigender Präzision. Drei Weltraummissionen – COBE, WMAP und Planck – haben maßgeblich dazu beigetragen, unser Verständnis der physikalischen Bedingungen im frühen Universum zu vertiefen und die Parameter des kosmologischen Standardmodells quantitativ zu bestimmen.

COBE (1989–1993) war der erste Satellit, der die großskaligen Temperaturanisotropien des CMB nachwies – mit einer Empfindlichkeit von etwa 30 µK.[7] Die Entdeckung, dass das Universum auf großen Skalen nicht perfekt homogen ist, wurde 2006 mit dem Nobelpreis für John Mather und George Smoot ausgezeichnet. COBE demonstrierte, dass die großräumige Struktur des heutigen Kosmos auf Dichtefluktuationen beruht, die bereits vor 380.000 Jahren existierten, obwohl ihre Ursprünge in der Inflationsphase liegen.

---

[7] Siehe Smoot, G. F., Bennett, C. L., Kogut, A., Wright, E. L., Aymon, J., Boggess, N. W., … & Wilkinson, D. T. (1992). Structure in the COBE differential microwave radiometer first-year maps. Astrophysical Journal, Part 2 - Letters (ISSN 0004-637X), vol. 396, no. 1, Sept. 1, 1992, p. L1–L5. Research supported by NASA.

WMAP (2001–2010) lieferte die erste detaillierte, Hemisphären übergreifende Karte der CMB-Anisotropien mit einer Winkelauflösung von etwa 0,5°. Die Mission bestätigte die flache räumliche Geometrie des Universums mit hoher Genauigkeit und bestimmte die wichtigsten kosmologischen Parameter erstmals im Prozentmaßstab: etwa 4,6 % baryonische Materie, 24 % Dunkle Materie und 71,4 % Dunkle Energie. WMAP detektierte auch die akustischen Peaks im Leistungsspektrum der Anisotropien – Signaturen von Druckwellen im Photonen-dominierten Plasma vor der Rekombination, die durch die Wechselwirkung von Gravitation und Strahlungsdruck entstanden.[8]

Planck (2009–2013) war bislang die präziseste Mission zur Vermessung des CMB und verbesserte die Empfindlichkeit und räumliche Auflösung gegenüber WMAP um etwa den Faktor drei.[9] Mit einer Winkelauflösung hinunter bis zu 5 Bogenminuten und hoher photometrischer Genauigkeit lieferte Planck die bislang genauesten Werte für die kosmologischen Parameter: ein Alter des Universums von 13,787 ± 0,020 Mrd. Jahren, eine räumliche Krümmung von $\Omega_k \approx 0 \pm 0{,}005$ und eine Hubble-Konstante von $H_0 \approx 67{,}36\ \mathrm{km\ s^{-1}\ Mpc^{-1}}$. Planck maß auch die erwartete B-Moden-Polarisation, die durch gravitative Linseneffekte auf kleine Skalen verursacht wird. Doch Hinweise auf primordiale B-Moden – ein direktes Signal von Inflations-Gravitationswellen – blieben überraschenderweise aus, was bis heute eine der offenen Fragen der modernen Kosmologie darstellt.

---

[8] Siehe Larson, D., Dunkley, J., Hinshaw, G., Komatsu, E., Nolta, M. R., Bennett, C. L., … & Wright, E. L. (2011). Seven-year wilkinson microwave anisotropy probe (WMAP*) observations: power spectra and WMAP-derived parameters. The Astrophysical Journal Supplement Series, 192(2), 16.

[9] Siehe Aghanim, N. (2020). Planck 2018 results. VI. Cosmological parameters. Astron. Astrophys, 641, A6.

Was der CMB uns verrät: Die „DNA" des Universums

Der CMB ist mehr als nur ein isotropes Hintergrundsignal. Er enthält ein hochstrukturiertes Muster von Temperatur- und Polarisationsanisotropien, das den Kosmologen als Informationsquelle für die Physik des frühen Universums dient.[10] Stellen Sie sich dieses Muster wie eine kosmische Sinfonie vor: nicht aus Tönen, sondern aus winzigen Schwankungen im Raum. Genau wie ein Musikstück aus einer Kombination von tiefen Bässen, mittleren Lagen und hohen Obertönen besteht, setzt sich das Signal des CMB aus Strukturen unterschiedlicher Größe zusammen – von riesigen, wellenartigen Mustern bis hin zu feinen, punktuellen Fluktuationen.

Die statistische Verteilung der Fluktuationen wird durch das sogenannte Leistungsspektrum beschrieben, eine spezielle Kurve, welche die Amplitude der Anisotropien als Funktion der Winkelskala darstellt. Deren Analyse basiert, mathematisch gesprochen, auf einer sphärischen harmonischen Zerlegung der Himmelskarte (Multipolentwicklung in $C\ell$-Koeffizienten, wobei ℓ die jeweilige Winkelskala beschreibt), die räumliche Muster in ihre charakteristischen Frequenzen zerlegt – analog zur Zerlegung eines akustischen Signals in Frequenzkomponenten.

Das Ergebnis ist das Temperatur-Leistungsspektrum des CMB, eine Kurve, die eine charakteristische Folge von Maxima – den sogenannten akustischen Peaks – zeigt. Diese Peaks entsprechen Druckwellen im primordialen Plasma aus Baryonen und Photonen, die vor der Rekombination durch die Wechselwirkung von Gravitation und Strahlungsdruck angeregt wurden. Diese „baryonischen akustischen

[10] Siehe Hu, W., & Dodelson, S. (2002). Cosmic microwave background anisotropies. Annual Review of Astronomy and Astrophysics, 40(1), 171–216.

Oszillationen“ (BAO) breiteten sich kugelförmig durch das frühe Universum aus und hinterließen ein messbares Muster in der Dichteverteilung, das sich in den Anisotropien des CMB widerspiegelt. Sie werden aufgrund ihrer herausragenden Bedeutung ausführlich im Essay 5 behandelt.

Offene Fragen: Wo der CMB schweigt

Trotz seiner herausragenden Konsistenz innerhalb des ΛCDM-Modells wirft der CMB auch offene Fragen auf. Die prominenteste betrifft die Hubble-Spannung (siehe Essay 25): die statistisch signifikante Diskrepanz (4–6 Standardabweichungen) zwischen der aus dem CMB abgeleiteten Hubble-Konstante ($H_0 \approx 67{,}36$ km s^{-1} Mpc^{-1}, unter Annahme von ΛCDM) und direkten lokalen Messungen mittels der kosmischen Entfernungsleiter (z. B. mittels Cepheiden und Supernovae vom Typ Ia), die Werte um $H_0 \approx$ 73 km s^{-1} Mpc^{-1} ergeben. Diese Inkonsistenz könnte darauf hindeuten, dass das Standardmodell um physikalische Komponenten erweitert werden muss – etwa durch eine kurzzeitige Form früher Dunkler Energie *(Early Dark Energy),* nicht-kanonische Neutrino-Wechselwirkungen oder modifizierte Gravitation in der frühen Phase.[11]

Die Suche nach primordialen B-Moden, die ein direktes Signal von Gravitationswellen aus der Inflationsphase wären, ist bisher ohne Nachweis geblieben.[12] Obwohl viele

---

[11] Siehe Riess, A. G., Yuan, W., Macri, L. M., Scolnic, D., Brout, D., Casertano, S., … & Zheng, W. (2022). A comprehensive measurement of the local value of the Hubble constant with 1 km s^{-1} Mpc^{-1} uncertainty from the Hubble Space Telescope and the SH0ES team. The Astrophysical journal letters, 934(1), L7.

[12] Siehe Ade, P. A., Ahmed, Z., Amiri, M., Barkats, D., Thakur, R. B., Bischoff, C. A., … & (BICEP/Keck Collaboration). (2021). Improved constraints on primordial gravitational waves using Planck, WMAP, and BICEP/Keck observations through the 2018 observing season. Physical review letters, 127 (15), 151301.

Inflationsmodelle die Existenz tensorieller Primordialfluktuationen vorhersagen, konnten weder die Planck-Mission noch bodengebundene Experimente wie BICEP/Keck ein solches Signal detektieren. Die aktuelle Obergrenze für das Tensor-zu-Skalar-Verhältnis beträgt $r < 0{,}036$ (95 % *Cℓ*). Dies schließt starke Inflationsmodelle aus, ist aber vereinbar mit schwachen oder „Slow-roll"-Szenarien. Offen bleibt, ob die Amplitude unterhalb der Nachweisgrenze liegt oder ob die Inflation anders ablief, als es in den einfachsten Modellen angenommen wird (Abb. 2.5).

Zusätzlich gibt es mehrere statistische Anomalien in den CMB-Daten, die über die Vorhersagen des einfachen

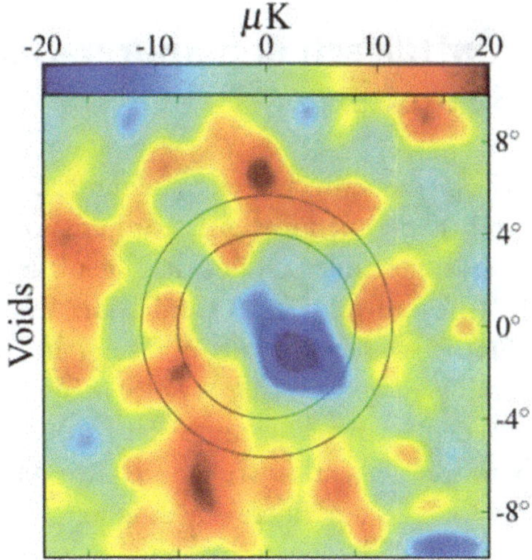

Abb. 2.5 Der Cold Spot im CMB zeigt eine ungewöhnlich kalte Region (bis -20 μK), die mit einem Supervoid – einem extrem unterdichten Bereich der Galaxienverteilung (markiert durch Kreise) – korreliert. Diese Anomalie, eine der stärksten Abweichungen vom ΛCDM-Modell, deutet auf eine Verbindung zwischen primordialen CMB-Fluktuationen und der heutigen Großstruktur des Universums hin. Ob die Kälte durch lokale Strukturen oder primordiale Effekte entstand, bleibt unklar – ein Rätsel, das aktuell intensiv erforscht wird. (Wikimedia)

ΛCDM-Modells hinausgehen. Dazu zählen der „Cold Spot" – eine großskalige Region mit ungewöhnlich niedriger Temperatur – und die Hemisphären-Asymmetrie, also eine beobachtete Differenz in der Amplitude von Fluktuationen zwischen zwei entgegengesetzten Himmelsrichtungen. Beide Effekte sind auf 2–3 σ-Ebene auffällig, aber nicht statistisch signifikant genug, um als Widerlegung des Modells zu gelten. Mögliche Erklärungen reichen von systematischen Effekten über Gravitationslinsen bis hin zu exotischen Szenarien wie anisotroper Inflation oder topologischen Eigenschaften der Raumzeit – letztere bleiben jedoch spekulativ und leiden an direkter empirischer Evidenz.

Die Zukunft: Nach den Spuren der ersten Sekunden

Die Erforschung des CMB ist bei Weitem nicht abgeschlossen. Geplante Experimente wie das Simons Observatory, CMB-S4 (bodengebunden), LiteBIRD (geplanter Satellit) und PIXIE (spektral fokussiert) werden die Empfindlichkeit und räumliche oder spektrale Auflösung um bis zu zwei Größenordnungen verbessern.[13] Diese Missionen zielen nicht nur auf den Nachweis primordialer B-Moden ab, sondern auch auf die Detektion von spektralen Verzerrungen (μ- und y-Typ), die auf Energieinjektionen während der kosmischen Morgendämmerung hindeuten – also in den ersten 100 Mio. Jahren nach der Rekombination während der Bildung der ersten Sterne und Galaxien.

Langfristig besteht auch die Hoffnung, den kosmischen Neutrinohintergrund (CνB) direkt nachzuweisen – ein

[13] https://simonsobservatory.org/

noch älteres Echo des frühen Universums, welches entstand, als Neutrinos vor etwa einer Sekunde nach dem Urknall entkoppelten.[14] Aufgrund ihrer extrem geringen Energie und schwachen Wechselwirkung ist ein direkter Nachweis mit heutiger Technologie nicht möglich, bleibt aber selbstverständlich ein fernes Ziel der experimentellen Physik. Bis dahin bleibt der CMB der früheste und detaillierteste direkte Zeuge der physikalischen Bedingungen im jungen Universum.

Ein Licht, das alles verändert hat

Der kosmische Mikrowellenhintergrund ist mehr als ein Relikt – er ist ein empirischer Beleg dafür, dass die Geschichte des Universums durch Beobachtung, theoretische Modellierung und mathematische Analyse rekonstruierbar ist. Er bestätigt, dass das frühe Universum heiß, dicht und nahezu homogen war, und zeigt, wie aus mikroskopischen Dichtefluktuationen die großräumige Struktur des heutigen Kosmos hervorging. Der CMB hat die Kosmologie von einer spekulativen Disziplin zu einer präzisen, datengetriebenen Wissenschaft transformiert. Er hat das heiße Urknallmodell etabliert, Hinweise auf eine inflationäre Phase geliefert und in Kombination mit anderen Beobachtungen zur Entdeckung der beschleunigten Expansion beigetragen. Doch offene Fragen bleiben. Der CMB ist nicht das Ende der Suche, sondern ein Meilenstein auf dem Weg zum tieferen Verständnis der fundamentalen Struktur und Entwicklung des Universums.

---

[14] Siehe Dey, U. K. (2024). Cosmic neutrino background: a minireview. The European Physical Journal Special Topics, 233(11), 2149–2161.

Schlüsselgedanken

Der CMB ist das älteste direkte Licht des Universums, emittiert vor etwa 380.000 Jahren bei der Rekombination, als das Universum transparent wurde.

Sein nahezu perfektes Schwarzkörperspektrum (2,7255 K) beweist, dass das frühe Universum heiß, dicht und im thermischen Gleichgewicht war – eine entscheidende Bestätigung des heißen Urknallmodells.

Winzige Temperaturunterschiede (**Anisotropien**) im CMB – von nur etwa 10 µK – sind die Keimzellen aller heutigen Strukturen und enthalten präzise Informationen über Geometrie, Zusammensetzung und Entwicklung des Kosmos.

Baryonische akustische Oszillationen (**BAO**) im CMB-Muster liefern einen universellen „Standardmaßstab", der bis heute in der Verteilung von Galaxien nachweisbar ist.

Polarisation (**E- und B-Moden**) könnte Spuren von Gravitationswellen aus der Inflation enthalten – ein Nachweis steht noch aus, wird aber in zukünftigen Missionen wie LiteBIRD oder CMB-S4 gesucht.

Der CMB ist kein bloßes Relikt, sondern ein kosmisches Archiv. Er liefert die präzisesten Werte für das Alter (13,8 Mrd. Jahre), die flache Geometrie und die Zutatenliste des Universums – mit 95 % Dunkler Energie und Dunkler Materie.

Er ist zugleich ein Schleier. Alles, was vor 380.000 Jahren geschah – Inflation, Urknall, Neutrino-Entkopplung – bleibt seinem direkten Zugriff verborgen. Doch er zeigt uns, wo die Grenzen unseres Wissens liegen – und wo die Zukunft der Forschung beginnt.

3

Das ΛCDM-Modell – der Standardbaukasten des Kosmos

Inhaltsverzeichnis

Das ΛCDM-Modell (ausgesprochen: „Lambda-C-D-M") ist derzeit das Standardmodell der modernen Kosmologie. Es beschreibt die Entwicklung, Struktur und Expansion des Universums seit dem Urknall auf Grundlage der Allgemeinen Relativitätstheorie und beobachtungsgeleiteter Annahmen. Im Gegensatz zum Standardmodell der Teilchenphysik handelt es sich nicht um eine fundamentale Theorie, sondern um ein phänomenologisches, datengetriebenes Rahmenwerk, das eine Vielzahl unabhängiger astrophysikalischer und kosmologischer Daten konsistent zu erklären vermag (Abb. 3.1).

M. Scholz, *Das frühe Universum*,
https://doi.org/10.1007/978-3-662-73261-8_3

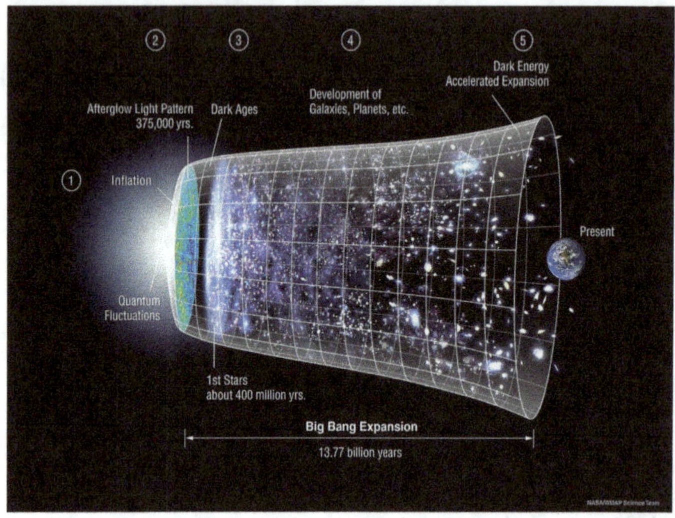

Abb. 3.1 Die Entwicklung des Universums im Rahmen des ΛCDM-Modells: (1) Urknall und Inflation: Die Expansion beginnt mit einer rasanten Ausdehnung (Inflation), bei der Quantenschwankungen zur Basis für kosmische Strukturen werden. (2) Nachglühen (CMB): 375.000 Jahre später entsteht das „Afterglow Light Pattern" – die kosmische Mikrowellenhintergrundstrahlung (CMB), ein archiviertes Echo der Urzeit. (3) Dunkle Ära: Für Millionen Jahre bleibt das Universum dunkel, bis ... (4) vor ~400 Mio. Jahren die ersten Sterne aufleuchten und die Bildung von Galaxien und Planetensystemen einsetzt. (5) Beschleunigte Expansion: Heute dominiert die Dunkle Energie (Λ), welche die Expansion beschleunigt – ein Schlüsselargument für das ΛCDM-Modell als Standardtheorie der Kosmologie. Die Darstellung visualisiert 13,77 Mrd. Jahre kosmischer Geschichte und legt nahe, dass die unsichtbaren Komponenten Dunkle Materie (CDM) und Dunkle Energie (Λ) die Architektur des Universums prägen. (NASA, WMAP Science Team)

Der Name steht für:

- **Λ (Lambda):** die kosmologische Konstante, die als einfachste Beschreibung der Dunklen Energie dient – eine räumlich und zeitlich konstante Energiedichte des Vakuums, die eine abstoßende Gravitation bewirkt und die beschleunigte Expansion des Universums erklärt.[1]

- **CDM:** *Cold Dark Matter* (dt. kalte Dunkle Materie) – eine nicht-baryonische, nicht-leuchtende Materieform, die gravitativ wirkt, jedoch nicht elektromagnetisch wechselwirkt. „Kalt" bedeutet, dass ihre Teilchen im frühen Universum nicht relativistisch waren, was die Bildung kleiner Strukturen ermöglichte.

Die Grundannahmen des Modells

Das ΛCDM-Modell basiert auf einer Reihe von Annahmen, die durch Beobachtungen gestützt, aber nicht endgültig bewiesen sind:

1. Die Allgemeine Relativitätstheorie beschreibt die Gravitation korrekt auf kosmologischen Skalen.
2. Das Universumerscheint auf Skalen von etwa 100 Mio. Lichtjahren und mehr als homogen und isotrop – es gilt das sogenannte kosmologische Prinzip, was wiederum durch die Gleichförmigkeit der CMB und die großräumige Struktur des kosmischen Netztes gestützt wird.
3. Die räumliche Geometrie ist flach ($\Omega_k \approx 0$), wie aus der Position des ersten akustischen Peaks im CMB-Leistungsspektrum hervorgeht.
4. Die primordialen Dichtefluktuationen sind nahezu skaleninvariant mit einem spektralen Index von $n_s \approx 0{,}965$ – eine Vorhersage einfacher Inflationsmodelle.

[1] Hinweis: Aktuelle Beobachtungen (DESI, CMB, Supernova-Daten, 2025) wecken Zweifel an der Erklärung von Λ als „Ursache" für die Dunkle Energie. Stichwirt $w(a)$- Parametrisierung, $w = \frac{p}{\rho c^2}$ wobei p der Druck und ρ die Energiedichte ist. a stellt den Skalenfaktor dar.

5. Dunkle Materie ist kalt (und nicht relativistisch im frühen Universum) und interagiert – wenn überhaupt – nur extrem schwach auf nicht-gravitative Weise.
6. Dunkle Energie ist räumlich und zeitlich konstant – also äquivalent zur kosmologischen Konstanten Λ.

Aus diesen Annahmen ergibt sich ein selbstkonsistentes kosmologisches Modell, das die Expansion des Universums durch die Friedmann-Gleichungen zu beschreiben erlaubt. Es umfasst im Wesentlichen die Ära der Strahlungsdominanz, die Ära der Materiedominanz (einschließlich der Zeit der Entstehung der großen kosmischen Strukturen) und die heutige Phase der Dominanz der Dunklen Energie, in der nach den Beobachtungen die Expansion beschleunigt verläuft.

Erfolge des Modells

Das ΛCDM-Modell gilt als eines der erfolgreichsten Modelle der theoretischen Physik, da es eine Vielzahl unabhängiger Beobachtungen in einem einheitlichen Rahmen erklärt:

- Es beschreibt die Temperatur- und Polarisationsanisotropien der CMB (z. B. Planck-Daten) mit einer Genauigkeit von besser als 1 % (siehe Essay 2).
- Es reproduziert die großräumige Verteilung von Galaxien, die Korrelationsfunktion und die Eigenschaften des kosmischen Netzes in numerischen Simulationen (siehe Essay 8).
- Es erklärt die Dynamik von Galaxien und Galaxienhaufen durch die Annahme von Dunkle-Materie-Halos (siehe Essay 7).

- Es ist konsistent mit den Helligkeitsentfernungen von Supernovae vom Typ Ia, die 1998 die beschleunigte Expansion des Universums belegten (siehe Essay 12).
- Es sagt die Existenz von baryonischen akustischen Oszillationen (BAO) voraus – eine charakteristische Skala in der Galaxienkorrelation –, die in großräumigen Surveys (z. B. SDSS, DESI) klar nachgewiesen wurden (siehe Essay 5).

Mit nur sechs bis acht freien Parametern – darunter die Hubble-Konstante (H_0), die Dichten baryonischer (Ω_b) und kalter Dunkler Materie (Ω_c), die Amplitude (A_s) und der spektrale Index (n_s) der primordialen Fluktuationen sowie die optische Tiefe der Reionisation (τ) – kann das Modell die überwiegende Mehrheit der hochpräzisen kosmologischen Beobachtungen der letzten zwei Jahrzehnte konsistent beschreiben. Diese Einfachheit bei gleichzeitig hoher erklärender Kraft ist ein zentrales Argument für seine Akzeptanz.

Zwei Spannungen – zwei Risse im Fundament? Die Hubble- und die *S*8-Krise

Trotz seiner bemerkenswerten Erfolge steht das ΛCDM-Modell zunehmend unter Beobachtungsdruck. Zwei inkonsistente Messungen – die Hubble-Spannung und die *S*8-Spannung – haben sich in den letzten Jahren zu den prominentesten Herausforderungen für das Standardmodell entwickelt (siehe Essay 25). Beide betreffen fundamentale Parameter der Kosmologie und könnten darauf hindeuten, dass ΛCDM zwar eine hervorragende Näherung ist, aber nicht die vollständige Geschichte erzählt.

Die Hubble-Spannung: Wie schnell expandiert das Universum wirklich?

Die Hubble-Konstante (H_0) beschreibt die gegenwärtige Expansionsrate des Universums. Im ΛCDM-Modell wird ihr Wert aus der Analyse der kosmischen Mikrowellenhintergrundstrahlung (CMB) abgeleitet – etwa durch die Planck-Mission – unter der Annahme, dass das Modell die gesamte Entwicklung des Kosmos korrekt beschreibt. Dieser Wert liegt bei etwa $H_0 \approx 67{,}36\ \text{km s}^{-1}\ \text{Mpc}^{-1}$ (mit einer Unsicherheit von ± 0,5).[2]

Doch direkte, lokale Messungen – basierend auf der kosmischen Entfernungsleiter (Delta-Cepheiden, Supernovae vom Typ Ia, TRGB-Sterne[3]) – ergeben einen deutlich höheren Wert: $H_0 \approx 73{,}04\ \text{km s}^{-1}\ \text{Mpc}^{-1}$ (z. B. durch das SH0ES-Kollaborationsteam).[4] Die Diskrepanz beträgt etwa 4 bis leicht über 5 Standardabweichungen (σ) – also weit jenseits der Grenze, ab der sie als statistisches Zufallsergebnis gelten kann.

Diese Hubble-Spannung ist kein Messfehler, sondern ein systematischer Widerspruch zwischen der frühen und der späten Phase des Universums. Wenn beide Werte korrekt sind, dann müsste das Universum in der Zwischenzeit anders expandiert haben, als es ΛCDM vorhersagt – etwa verursacht durch eine kurzzeitige Form sogenannter früher

---

[2] Siehe Aghanim, N. (2020). Planck 2018 results. VI. Cosmological parameters. Astron. Astrophys, 641, A6.

[3] **TRGB-Sterne** (Tip of the Red Giant Branch) sind Rote Riesensterne am hellsten Punkt ihrer Entwicklung – kurz vor dem Heliumkern-Brennbeginn. Ihre standardisierbare Maximalhelligkeit (im nahen Infrarot) macht sie zu präzisen Entfernungsindikatoren (bis ~30 Mpc), da diese Phase physikalisch gut verstanden und metallizitätsunabhängig kalibrierbar ist.

[4] Siehe Riess, A. G., Yuan, W., Macri, L. M., Scolnic, D., Brout, D., Casertano, S., … & Zheng, W. (2022). A comprehensive measurement of the local value of the Hubble constant with 1 km s^{-1} Mpc^{-1} uncertainty from the Hubble Space Telescope and the SH0ES team. The Astrophysical journal letters, 934(1), L7.

Dunkler Energie (*Early Dark Energy*, EDE) oder durch eine noch unerkannte Eigenschaft der Neutrinos.

Die *S*8-Spannung: Ist das Universum zu glatt?

Während die Hubble-Spannung die Expansionsgeschichte betrifft, stellt die *S*8-Spannung die Strukturbildung infrage. Der Parameter *S*8 fasst nämlich zusammen, wie stark die Materie im Universum auf Skalen von 8 Mpc/h[5] „geklumpt" ist – also wie stark Dichteunterschiede zwischen unterschiedlichen Regionen ausgeprägt sind. Er wird definiert als:

$$S8 = \sigma_8 \sqrt{(\Omega_m / 0{,}3}$$

wobei σ_8 die Amplitude der Dichtefluktuationen und Ω_m die gesamte Materiedichte (baryonisch + dunkel) beschreibt.

Auch hier zeigen sich deutliche Abweichungen:

- Aus CMB-Daten (Planck) ergibt sich: $S8 \approx 0{,}832$
- Aus schwachen Gravitationslinsen (z. B. durch die Missionen KiDS, DES, HSC) wird ein niedrigerer Wert gemessen: $S8 \approx 0{,}76$–$0{,}78$[6] – was einer Differenz von etwa 2 bis 3 σ (Standardabweichungen) entspricht.

Das bedeutet: Das beobachtete Universum ist glatter, weniger strukturiert, als es das ΛCDM-Modell auf Basis der

[5] *h* ist der dimensionslose Hubble-Parameter, definiert als $h = H_0/(100\ \text{km}\ \text{s}^{-1}\ \text{Mpc}^{-1})$.

[6] Siehe Heymans, C., Tröster, T., Asgari, M., Blake, C., Hildebrandt, H., Joachimi, B., … & Wolf, C. (2021). KiDS-1000 Cosmology: Multi-probe weak gravitational lensing and spectroscopic galaxy clustering constraints. Astronomy & Astrophysics, 646, A140.

CMB vorhersagt. Die großräumige Verteilung von Galaxien und die Lichtablenkung durch Dunkle Materie zeigen weniger „Klumpigkeit", als erwartet wird.

Zwei Risse – eine gemeinsame Wurzel?

Interessanterweise könnten beide Spannungen miteinander verknüpft sein. Ein höherer Wert von H_0 (schnellere Expansion) würde bedeuten, dass das Universum weniger Zeit hatte, Strukturen zu bilden – was zu einer geringeren S8 führen könnte. Modelle, die frühe Dunkle Energie (EDE) einführen, um H_0 zu erhöhen, reduzieren oft auch die vorhergesagte Strukturamplitude – und könnten daher beide Spannungen gleichzeitig mildern.[7]

Allerdings zeigen neuere Analysen, dass kein derzeitiges EDE- oder SIDM-Modell beide Spannungen vollständig auflösen kann, ohne mit anderen Beobachtungen (z. B. BAO oder CMB-Polarisation) in Konflikt zu geraten. Stattdessen deuten die Daten eher darauf hin, dass ΛCDM – so erfolgreich es auch ist – an den Grenzen seiner Gültigkeit steht.

Kein Scheitern, aber eine Einladung zur Tiefe

Die eben andiskutierten „Spannungen" sind noch nicht als Widerlegung von ΛCDM zu werten. Doch sie sind mehr als bloße Anomalien: Sie sind empfindliche Indikatoren dafür, dass das Modell möglicherweise eine oder mehrere physikalische Komponenten übersehen hat – sei es eine dynamische Dunkle Energie, selbstwechselwirkende Dunkle

[7] Siehe Poulin, V., Smith, T. L., Karwal, T., & Kamionkowski, M. (2019). Early dark energy can resolve the Hubble tension. Physical review letters, 122(22), 221301.

Materie, nicht-kanonische Neutrinos oder sogar eine Modifikation der Gravitation auf kosmologischen Skalen selbst.

Die kommenden Daten von Euclid, LSST und dem *Roman Space Telescope* werden entscheidend sein: Sie werden *S*8 mit bisher unerreichter Präzision messen – nicht nur auf mittleren, sondern auch auf kleinen Skalen – und gleichzeitig die Expansionsgeschichte über Supernovae und BAO unabhängig überprüfen. Wenn sich die Spannungen bestätigen, könnte dies der Beginn einer neuen Ära der Kosmologie sein – nicht des Zusammenbruchs von ΛCDM, sondern seiner Transformation in ein tieferes, umfassenderes Modell.

Die Zukunft des Modells

Obwohl es als Standardmodell gilt, ist ΛCDM vorläufig und bleibt Ausgangspunkt für tiefere Untersuchungen. Geplante Missionen wie Euclid, das *Vera C. Rubin Observatory*, SPHEREx und das *Roman Space Telescope* werden in den kommenden Jahren hochpräzise Daten zur großräumigen Struktur, zu schwachen Gravitationslinsen und zur zeitlichen Entwicklung der Expansion liefern. Sie zielen insbesondere darauf ab, Abweichungen von einer konstanten Dunklen Energie (Zustandsgleichungsparameter $w = -1$) zu messen und die Verteilung der Dunklen Materie mit bisher unerreichter Genauigkeit zu kartieren.

Möglicherweise zeigen sich dabei signifikante Abweichungen: z. B. dass die Dunkle Energie zeitlich oder räumlich variiert ($w \neq -1$), dass Dunkle Materie nicht nur gravitativ wirkt, sondern auch schwache nicht-gravitative Wechselwirkungen besitzt oder dass die Gravitation auf kosmologischen Skalen von der Allgemeinen Relativitätstheorie abweicht. Langfristig könnte eine umfassendere

Theorie – etwa eine Quantengravitation – diese Phänomene als natürliche Konsequenzen erklären, anstatt sie als separate Komponenten postulieren zu müssen.

Vorerst bleibt das ΛCDM-Modell jedoch unser bestes beschreibendes Rahmenwerk für die Kosmologie. Es zeigt, wie weit unsere Fähigkeit reicht, das Universum zu verstehen – und gleichzeitig, wo die Grenzen unseres heutigen Wissens liegen.

Schlüsselgedanken

ΛCDM ist das Standardmodell der Kosmologie. Es kombiniert die kosmologische Konstante (Λ) für Dunkle Energie und kalte Dunkle Materie (CDM) zu einem einheitlichen Rahmen, der die Entwicklung des Universums seit dem Urknall beschreibt.

Es basiert auf wenigen, gut bestätigten Annahmen: flache Geometrie, Homogenität, Inflation und Gravitation nach Einstein – und erklärt mit nur sechs bis acht Parametern eine Fülle von Beobachtungen: CMB, BAO, Supernovae, Strukturbildung.

Zwei große Spannungen erschüttern sein Fundament:

1. **Die Hubble-Spannung** (67 vs. 73 km/s/Mpc) zeigt einen Widerspruch zwischen der frühen und lokalen Expansion.
2. **Die *S*8-Spannung** zeigt, dass das Universum strukturärmer ist, als das Modell vorhersagt.

Diese Risse könnten auf „neue Physik" hindeuten: frühe Dunkle Energie, selbstwechselwirkende Dunkle Materie, Neutrino-Effekte – oder eine Modifikation der Gravitation.

ΛCDM ist kein Scheitern, sondern ein Sprungbrett. Seine Erfolge machen die Widersprüche erst sichtbar – und zeigen, wo die nächste Revolution in der Kosmologie beginnen könnte.

Die Zukunft gehört den Präzisionsmissionen. Euclid, Rubin-LSST und Roman werden entscheiden, ob ΛCDM erweitert wird – oder ob wir am Rande eines Paradigmenwechsels stehen.

4

Die Rolle der Neutrinos im frühen Universum – der unsichtbare Architekt

Inhaltsverzeichnis

Es gibt ein Echo aus der ersten Sekunde des Universums, das bis heute jeden Kubikzentimeter des Kosmos durchdringt – und doch bleibt es unsichtbar. Es stammt nicht von Photonen, sondern von Neutrinos, den „Geisterteilchen“, die bereits eine Sekunde nach dem Urknall das thermische Gleichgewicht verließen und seitdem nahezu ungestört durch die Raumzeit reisen. Diese kosmische „Neutrino-Hintergrundstrahlung“ (*Cosmic Neutrino Background,*

M. Scholz, *Das frühe Universum*,
https://doi.org/10.1007/978-3-662-73261-8_4

CνB) ist das älteste massenbehaftete Relikt des Universums – noch älter als der CMB – und spielt eine entscheidende Rolle bei der Entwicklung der großräumigen Struktur, den CMB-Anisotropien und der Energiebilanz des frühen Kosmos.

Die Geburt des CνB: Entkopplung in der ersten Sekunde

Während der ersten Momente nach dem Urknall war das Universum so dicht und heiß, dass alle Teilchen – Photonen, Elektronen, Protonen und Neutrinos – in einer Art Wechselwirkungsgleichgewicht standen. Neutrinos, die nur über die schwache Wechselwirkung und die Gravitation wirken, waren dabei dauernd an Prozessen wie

$$\nu + e^- \leftrightarrow \nu + e^- \quad (\text{Streuung})$$

und

$$e^+ + e^- \leftrightarrow \nu + \bar{\nu} \quad (\text{Paarvernichtung})$$

beteiligt.

Doch mit der Expansion kühlte das Universum ab. Bei einer Temperatur von etwa 10^{10} K (entspricht 1 MeV, etwa eine Sekunde nach dem Urknall, $z \approx 10^{10}$) sank die Dichte und Energie so weit, dass die mittlere freie Weglänge der Neutrinos die Hubble-Länge überstieg. Sie entkoppelten vom Plasma – ähnlich wie Photonen 380.000 Jahre später – und breiteten sich seitdem frei aus. Dieses Ereignis markiert die Entstehung des CνB, eines isotropen Feldes aus Neutrinos mit einer heutigen Temperatur von etwa 1,95 K – kälter als der CMB (2,7255 K), weil die Photonen durch die Elektron-Positron-Annihilation nach der Neutrino-Entkopplung zusätzlich aufgeheizt wurden (Abb. 4.1).

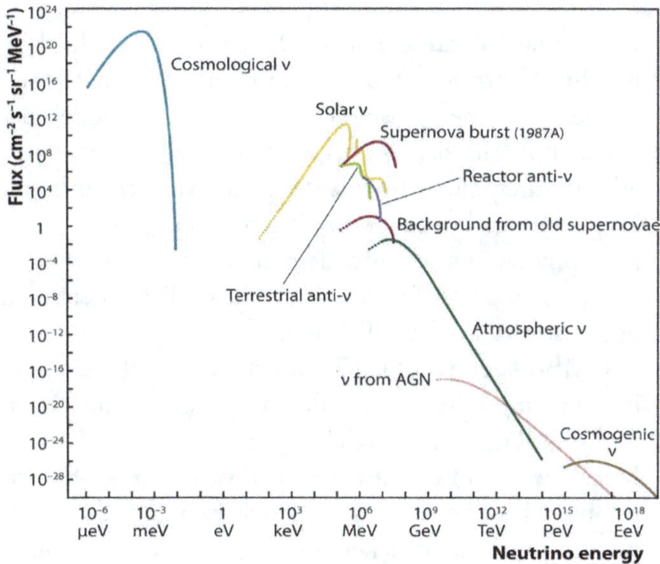

Abb. 4.1 Der kosmische Neutrinohintergrund (CνB) ist aufgrund seiner extrem niedrigen Energie (~10^{-6} eV) und minimalen Flussdichte (~10^{-28} cm^{-2} s^{-1} MeV^{-1}) schwer nachweisbar. Wie das Diagramm zeigt, liegt er im Fluss-Energie-Diagramm weit unter überlagerten Signalen wie solare oder atmosphärische Neutrinos sowie Rückstrahlungen alter Supernovae. Die schwache Wechselwirkung der Neutrinos erfordert gigantische Detektoren und extrem präzise Messungen, um die Signale aus dem Hintergrund zu isolieren – eine Herausforderung, die bislang ungelöst bleibt. (IceCube Collaboration/NSF/University of Wisconsin)

Ein unsichtbares Vermächtnis: Warum Neutrinos die Struktur formen

Obwohl Neutrinos heute extrem kalt und energiearm sind, beeinflussten sie die Entwicklung des Universums entscheidend – vor allem durch ihre Masse und ihre im Vergleich zu anderen Teilchen riesige Anzahl.

- **Der Anzahl-Parameter N_{eff}:** Die effektive Anzahl thermischer Neutrinofamilien, N_{eff}, ist ein zentraler Parameter der modernen Kosmologie. Im Standardmodell der Teilchenphysik beträgt $N_{eff} = 3{,}046$ (drei Flavors, leicht erhöht durch nicht-thermische Effekte vor der Entkopplung). Abweichungen von diesem Wert könnten auf neue physikalische Komponenten hindeuten – etwa sterile Neutrinos (siehe Essay 26), zusätzliche Leptonen oder Exotika aus der Inflationsära.

  CMB-Daten von Planck messen $N_{eff} = 2{,}99 \pm 0{,}17$ – im Einklang mit dem Standardmodell, aber mit einem gewissen Raum für Abweichungen.[1]
- **Der Masse-Einfluss auf die Strukturbildung:** Neutrinos mit Masse bewegen sich relativistisch im frühen Universum und unterdrücken auf diese Weise die Bildung kleiner Strukturen. Da sie schnell aus Dichtemaxima „herauslaufen" können, wirken sie als Dämpfung für Dichtefluktuationen auf kleinen Skalen – ein Effekt, der in der Galaxienkorrelationsfunktion und im CMB-Leistungsspektrum durchaus sichtbar ist.

  Aus Kombinationen von CMB (Planck), großräumiger Struktur (DESI, Euclid) und BAO-Daten ergibt sich eine obere Grenze für die Summe der Neutrino-

[1] Siehe Aghanim, N. (2020). Planck 2018 results. VI. Cosmological parameters. Astron. Astrophys, 641, A6.

massen von $\Sigma m_\nu < 0{,}12$ eV (95 % CL).[2] Das ist eine der schärfsten kosmologischen Einschränkungen, die sogar genauer ist als die, die aus Laborexperimenten wie KATRIN abgeleitet wurden.

Sterile Neutrinos: Brücke zur Dunklen Materie?

Ein besonders faszinierender Kandidat ist das sterile Neutrino (siehe Essay 26) – ein hypothetisches, schwereres Neutrino-Verwandtes, das nicht an der schwachen Wechselwirkung teilnimmt, sondern nur gravitativ (und möglicherweise über neue, noch unbekannte Wechselwirkungen) wirkt. Mit Massen im Bereich von 1–50 keV könnte es eine Art „warme Dunkle Materie" (WDM) bilden und einige Probleme des kalten CDM-Modells lösen – etwa die zu hohe Vorhersage von Satellitengalaxien *(Missing Satellites Problem)* oder die auffallend flachen Dichteprofile in Zwerggalaxien.[3]

Sterile Neutrinos könnten über Oszillationen mit aktiven Neutrinos entstehen und würden dann im frühen Universum thermisch produziert. Ein Hinweis darauf könnte eine Abweichung in N_{eff} oder ein unerklärter Linienpeak in der Röntgenhintergrundstrahlung sein – etwa das 3,5-keV-Signal, das in Galaxienhaufen beobachtet wurde, aber noch nicht bestätigt ist.[4]

---

[2] Siehe Allali, I. J., & Notari, A. (2024). Neutrino mass bounds from DESI 2024 are relaxed by Planck PR4 and cosmological supernovae. Journal of Cosmology and Astroparticle Physics, 2024(12), 020.

[3] Siehe Boyarsky, A., Drewes, M., Lasserre, T., Mertens, S., & Ruchayskiy, O. (2019). Sterile neutrino dark matter. Progress in Particle and Nuclear Physics, 104, 1–45.

[4] Siehe Bulbul, E., Markevitch, M., Foster, A., Smith, R. K., Loewenstein, M., & Randall, S. W. (2014). Detection of an unidentified emission line in the stacked X-ray spectrum of galaxy clusters. The Astrophysical Journal, 789(1), 13.

Der Nachweis des CνB: Eine der größten Herausforderungen der Physik

Ein direkt Nachweis des CνB (*Cosmic Neutrino Background*) ist bis heute völlig unmöglich. Seine typische Energie liegt bei etwa 10^{-4} eV und die Wechselwirkungswahrscheinlichkeit ist damit extrem „extrem gering". Doch es gibt eventuell indirekte Nachweise:

- **Die Primordial-Nukleosynthese (BBN):** Die Anzahl der Neutrino-Familien beeinflusst das Neutronen-Protonen -Verhältnis und damit die erzeugten Mengen an Deuterium und Helium-4. Beobachtete Häufigkeiten stimmen mit $N_{\text{eff}} \approx 3$ überein.[5]
- **Die CMB-Anisotropien:** Die Dämpfung auf kleinen Skalen und die Phasenlage der akustischen Peaks hängen empfindlich von der Neutrinodichte und Neutrinomasse ab.
- **Die großräumige Struktur:** Die Unterdrückung von Strukturen auf Skalen unter 100 Mpc könnte ein Fingerabdruck massiver Neutrinos sein.

Langfristig wird nach direkten Nachweismethoden gesucht – etwa durch Zerfall schwerer Kerne in einem Neutrinofeld *(Neutrino Capture)*. Projekte wie PTOLEMY planen, Tritium-basierte Detektoren mit atomarer Präzision zu verwenden, um die winzige Energiezunahme bei der Reaktion

$$\nu_e + {}^3H \rightarrow {}^3He + e^-$$

[5] Siehe Pitrou, C., Coc, A., Uzan, J. P., & Vangioni, E. (2018). Precision big bang nucleosynthesis with improved Helium-4 predictions. Physics Reports, 754, 1–66.

nachzuweisen – eine Messung, die das CνB direkt „fühlen" ließe.[6]

Ein unsichtbarer Baumeister

Die Neutrinos mögen unsichtbar sein – doch ihre Wirkung ist überall:

- Sie formten die Dichtefluktuationen, die später Galaxien wurden.
- Sie beeinflussten die CMB-Muster und helfen, die Hubble-Konstante zu bestimmen.
- Und sie könnten sogar einen Teil der Dunklen Materie ausmachen.

Als Bindeglied zwischen Teilchenphysik und Kosmologie sind sie mehr als Nebendarsteller – sie sind Mitgestalter des Universums. Und während wir auf den direkten Nachweis des CνB noch warten müssen, bleibt eines klar:

Das, was wir nicht sehen, könnte am meisten über das frühe Universum verraten.

Schlüsselgedanken

Neutrinos entkoppelten bereits nach einer Sekunde und bildeten den kosmischen Neutrinohintergrund (CνB) – das älteste massenhafte Relikt des Universums, noch älter als die CMB.

[6] Siehe Gerbino, M., & Lattanzi, M. (2018). Status of neutrino properties and future prospects – Cosmological and astrophysical constraints. Frontiers in Physics, 5, 70.

Ihre Anzahl (N_{eff}) und Masse beeinflussen direkt die Entwicklung des Kosmos. Die effektive Anzahl der Neutrino-Familien bestimmt das Neutronen-Verhältnis in der Urknall-Nukleosynthese und prägt die Struktur des CMB.

Massive Neutrinos dämpfen die Bildung kleiner Strukturen. Als schnelle, relativistische Teilchen „laufen" sie aus Dichtefluktuationen heraus und verhindern die frühe Kollapsbildung – ein Effekt, der in der großräumigen Struktur und im CMB-Leistungsspektrum messbar ist.

Kosmologie liefert schärfere Masselimits als Laborexperimente. Aus Kombinationen von CMB, BAO und Strukturdaten ergibt sich $\Sigma m_\nu < 0{,}12$ eV – eine der präzisesten Einschränkungen für Neutrinomassen.

Sterile Neutrinos könnten Dunkle Materie erklären. Hypothetische, schwerere Neutrinos könnten als warme Dunkle Materie wirken und strukturelle Probleme des ΛCDM-Modells lösen – etwa das „Missing Satellites Problem".

Der direkte Nachweis des CνB bleibt eine der größten Herausforderungen. Geplante Experimente wie PTOLEMY hoffen, fossile Neutrinos über ihre schwache Wechselwirkung mit Tritium nachzuweisen – ein Erfolg wäre vergleichbar mit der Entdeckung der CMB.

Neutrinos sind unsichtbare Architekten Obwohl sie kaum wechselwirken, formten sie die Dichtefluktuationen, beeinflussten die Hubble-Konstante und verbinden Teilchenphysik mit der großräumigen Struktur des Universums. Was wir nicht sehen, könnte das Wichtigste sein.

5

Baryonische akustische Oszillationen – das Standardlineal der Kosmologie

Inhaltsverzeichnis

Eine der zentralen Fragen der modernen Kosmologie lautet: Wie misst man die Expansion des Universums präzise und unabhängig von astrophysikalischen Annahmen? Zwar lassen sich Rotverschiebungen ferner Galaxien direkt bestimmen, doch ohne verlässliche absolute Entfernungsangaben bleiben diese Werte nur relative Indikatoren für die kosmische Dynamik. Um ein konsistentes Bild der Entwicklung des Universums zu zeichnen, benötigt die Kos-

M. Scholz, *Das frühe Universum*,
https://doi.org/10.1007/978-3-662-73261-8_5

mologie daher robuste „kosmische Maßstäbe" – Referenzgrößen, deren physikalische Natur gut verstanden und universell gültig ist.

In den letzten Jahrzehnten haben Supernovae vom Typ Ia eine Schlüsselrolle gespielt: Als sogenannte Standardkerzen besitzen sie eine nahezu einheitliche intrinsische (absolute) Helligkeit, sodass aus ihrer scheinbaren Helligkeit die Entfernung abgeleitet werden kann. Diese Methode war entscheidend für die Entdeckung der „beschleunigten Expansion" des Universums Ende der 1990er-Jahre.[1] Doch selbst diese mächtigen Werkzeuge bergen Unsicherheiten – etwa durch systematische Effekte bei der Kalibrierung, Staubabsorption oder mögliche zeitliche Variationen in der Physik der Supernova-Ausbrüche.[2] Eine Alternative wird daher dringend benötigt: ein Maßstab, der nicht auf komplexen astrophysikalischen Prozessen beruht, sondern auf möglichst fundamentalen Gesetzen der frühen Kosmologie (Abb. 5.1).

Hier kommen die „baryonischen akustischen Oszillationen" (BAO) ins Spiel – quasi ein natürliches „Standardlineal", das tief in der Geschichte des Universums verankert ist. Sie entstanden in den ersten 380.000 Jahren nach dem Urknall, als das Universum ein dichtes Plasma aus Photonen, Elektronen und Baryonen war, welches durch elektromagnetische Streuung stark gekoppelt blieb.[3] In diesem Medium konnten Dichtefluktuationen eine Art „Schallwellen" erzeugen, die sich mit einer charakteristischen Ge-

---

[1] Siehe Riess, A. G., Filippenko, A. V., Challis, P., Clocchiatti, A., Diercks, A., Garnavich, P. M., … & Tonry, J. (1998). Observational evidence from supernovae for an accelerating universe and a cosmological constant. The astronomical journal, 116(3), 1009.

[2] Siehe Scolnic, D. M., Jones, D. O., Rest, A., Pan, Y. C., Chornock, R., Foley, R. J., … & Smith, K. W. (2018). The complete light-curve sample of spectroscopically confirmed SNe Ia from Pan-STARRS1 and cosmological constraints from the combined pantheon sample. The Astrophysical Journal, 859(2), 101.

[3] Siehe Hu, W., & Dodelson, S. (2002). Cosmic microwave background anisotropies. Annual Review of Astronomy and Astrophysics, 40(1), 171–216.

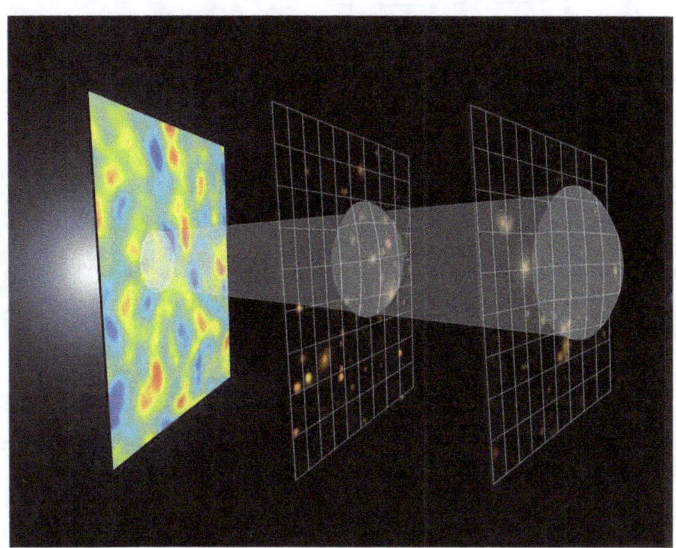

Abb. 5.1 Baryonische akustische Oszillationen (BAO) sind die kosmischen „Echos" von Schallwellen, die im Urplasma des frühen Universums (380.000 Jahre nach dem Urknall) entstanden und sich als periodische Muster in der Verteilung von Galaxien manifestieren. Diese Wellenstrukturen – sichtbar als konzentrische Ringe oder Gittermuster – dienen als „Standardmaßstab" für die Messung der kosmischen Expansion. Durch die Analyse ihrer charakteristischen Skala (~500 Mio. Lichtjahre) können Forscher die Auswirkungen der Dunklen Energie auf die beschleunigte Expansion des Universums quantifizieren. Die Darstellung visualisiert, wie BAOs aus der homogenen Strahlungsflut der Urzeit (links) in das heutige Netzwerk von Galaxienhaufen (rechts) übergehen – ein Schlüssel zur Rekonstruktion der kosmischen Geschichte. (AXION, MPIA)

schwindigkeit von etwa 60 % der Lichtgeschwindigkeit ausbreiteten – ähnlich wie Schall in der Luft. Gravitation zog Materie in die dichteren Regionen, während der Strahlungsdruck der Photonen eine Rückstellkraft erzeugte. Das Ergebnis war eine oszillierende Dynamik in Form einer Druckwelle, die sich sphärisch von einem Anfangsimpuls aus entfernte.

Die Geburt der baryonischen akustischen Oszillationen: Physik des Urplasmas

Stellen wir uns einmal vor, das gesamte Universum wäre ein einziger riesiger Schallkörper – ein dichtes, brodelndes Meer aus Licht und Materie, in dem Wellen durch die Wechselwirkung von Anziehung und Druck entstehen. Genauso war es in den ersten 380.000 Jahren nach dem Urknall.

Damals war das Universum kein leerer Raum, sondern ein extrem heißes und dichtes Plasma, erfüllt von Photonen, Elektronen, Protonen und Neutronen. Aufgrund der hohen Energie der Photonen konnten sich Atome noch nicht bilden – jedes Mal, wenn ein Elektron sich einem Proton näherte, wurde es durch einen energiereichen Photonenstoß wieder abgeschlagen.

In diesem Chaos herrschte eine enge Verbindung zwischen Licht und Materie: Photonen stießen ständig mit Elektronen zusammen („Thomson-Streuung") und wurden dabei stochastisch abgelenkt. Da die Elektronen aber über die elektromagnetische Wechselwirkung an Protonen gebunden waren, zog dieses Hin und Her die gesamte baryonische Materie mit sich. So entstand quasi ein gemeinsames „Fluid" aus Photonen und Baryonen, das als Ganzes wie ein elastisches Medium wirkte und reagierte.

Das Zusammenspiel aus gravitativer Anziehung und strahlungsbedingtem Gegendruck erzeugte genau die Bedingungen für Schallwellen – longitudinale Druckwellen, die sich kugelförmig durch das frühe Universum ausbreiteten. Diese sogenannten baryonischen akustischen Oszillationen sind vergleichbar mit den kreisförmigen Wellen, die ein Stein im Wasser hinterlässt, nur dass hier die „Welle" aus Materie und Licht bestand und sich mit hoher Geschwindigkeit fortpflanzte.

Die maximale Distanz, die diese Wellen bis zur Rekombination durchlaufen konnten, entspricht heute – nach der Expansion des Universums – einer Länge von ~150 Mpc (≈ 490 Mio. Lichtjahre). Im CMB zeigt sich dieser „akustische Horizont" als charakteristisches Muster mit einer Winkelgröße von ~1° (genauer: 0,59° für die erste Peak-Position), das der ursprünglichen Schallwellen-Länge entspricht. Diese quasi „eingefrorene" charakteristische Distanz stellt damit einen universell gültigen Maßstab dar. Präzise Messungen durch den Planck-Satelliten haben übrigens diese Skala exzellent bestätigt.[4]

Ein entscheidender Mitspieler in diesem Prozess war die Dunkle Materie. Im Gegensatz zur baryonischen Materie wechselwirkt sie nicht mit Licht, konnte daher schon früh in gravitativen Klumpen zusammenfallen und bildete das unsichtbare Gerüst, in dem die baryonischen Schallwellen oszillierten.

Das „Einfrieren" der Wellen: Vom Plasma zum kosmischen Netz

Mit der Rekombination veränderte sich das Universum grundlegend, denn es wurde durchsichtig. Die Photonen konnten sich plötzlich ungehindert in alle Richtungen ausbreiten und so entstand der kosmische Mikrowellenhintergrund (CMB) (siehe Essay 2).

Für die baryonischen akustischen Oszillationen (BAO) bedeutete dieser Moment jedoch das Ende ihrer dynamischen Phase. Denn mit dem Verschwinden der freien Elektronen brach auch die Kopplung zwischen Photonen und Materie zusammen – und damit verschwand der Strahlungs-

[4] Siehe Aghanim, N. (2020). Planck 2018 results. VI. Cosmological parameters. Astron. Astrophys, 641, A6.

druck, welcher die Druckwellen im frühen Plasma am Laufen hielt. Ohne diesen Gegendruck konnten sie sich nicht weiter ausbreiten. Ihre Ausbreitung stoppte abrupt und fror damit ein.

Was blieb, war ein präzises Muster in der Dichteverteilung: Im Zentrum jeder ursprünglichen Quantenfluktuation verblieb eine gewisse Menge an Materie. Und in einem Abstand von etwa 150 Megaparsec bildete sich ein kugelförmiger Ring aus leicht angereicherter baryonischer Materie als Echo einer Schallwelle, die fast 400.000 Jahre lang durch das Universum lief.

In den folgenden Hunderten von Millionen Jahren spielte nur noch die Schwerkraft eine Rolle. Die Dunkle Materie, die schon lange vor der Rekombination zu kollabieren begonnen hatte, begann sich in gravitativen Potentialtälern zu sammeln[5] um auf diese Weise das unsichtbare Gerüst des Universums zu bilden. Entlang dieses dunklen Netzes strömten nun auch die Baryonen in die Tiefe der Potentialtäler, wo sie sich verdichteten, abkühlten und die ersten Sterne und Galaxien bildeten.

Doch das ehemalige Muster der Schallwelle blieb erhalten, und zwar als statistische Auffälligkeit in der großräumigen Struktur des kosmischen Netzes: Galaxien finden sich heute etwas häufiger in genau jenem Abstand zueinander, welcher der eingefrorenen akustischen Skala entspricht.[6] Dieses feine Signal, nachweisbar in riesigen Rotverschiebungskatalogen wie DESI oder Euclid, ist wie eine

---

[5] Siehe Springel, V., White, S. D., Jenkins, A., Frenk, C. S., Yoshida, N., Gao, L., … & Pearce, F. (2005). Simulations of the formation, evolution and clustering of galaxies and quasars. Nature, 435(7042), 629–636.

[6] Siehe Eisenstein, D. J., Zehavi, I., Hogg, D. W., Scoccimarro, R., Blanton, M. R., Nichol, R. C., … & York, D. G. (2005). Detection of the baryon acoustic peak in the large-scale correlation function of SDSS luminous red galaxies. The Astrophysical Journal, 633(2), 560.

Narbe aus der Urzeit des Kosmos – ein unauslöschlicher Fingerabdruck des heißen Plasmas, aus dem unser Universum hervorging.

Beobachtung der BAO: Vom CMB zu Galaxienkatalogen

Die Entdeckung und Vermessung der baryonischen akustischen Oszillationen (BAO) ist eine Geschichte der geduldigen Verschärfung des Blicks – vom ersten, kaum wahrnehmbaren Flüstern im Licht des frühen Universums hin zu einer präzisen Landkarte der großräumigen Struktur.

BAO im CMB

Bereits in den Karten der CMB, die von WMAP und später mit beispielloser Genauigkeit vom Planck-Teleskop erstellt wurden, zeigte sich ein entscheidendes Indiz: Das winkelabhängige Leistungsspektrum offenbarte eine Reihe klar definierter akustischer Peaks (Abb. 5.2)[7]:

- Der erste Peak bei Multipolmoment $\ell \approx 200$ (etwa 1° Winkelausdehnung) verrät die Geometrie des Kosmos und bestätigt ein nahezu flaches Universum.
- Höhere Peaks sind empfindlich gegenüber dem Verhältnis von baryonischer Materie zu Dunkler Materie.
- Auf kleinen Skalen ($\ell \gtrsim 1000$) tritt die Silk-Dämpfung auf, bei der Photonen durch Diffusion Temperaturfluktuationen glätten.

[7] Siehe Hu, W., & Dodelson, S. (2002). Cosmic microwave background anisotropies. Annual Review of Astronomy and Astrophysics, 40(1), 171–216.

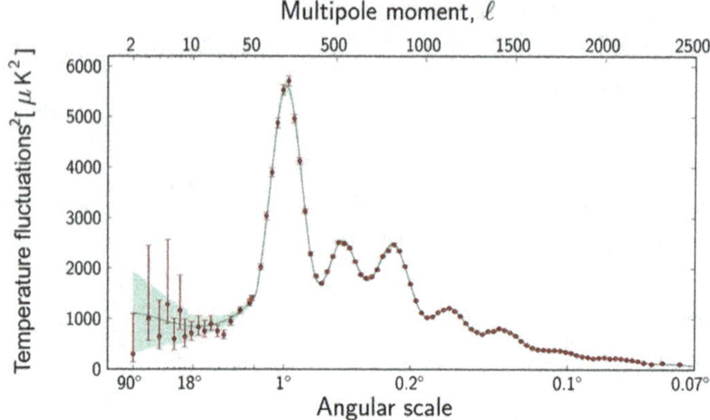

Abb. 5.2 Das Leistungsspektrum der kosmischen Mikrowellenhintergrundstrahlung (CMB) zeigt die Amplitude der Temperaturfluktuationen als Funktion der Winkelskala (Multipolmoment ℓ). Die charakteristischen akustischen Peaks (z. B. bei ~1°) entstehen durch Druckwellen im frühen Plasma und bestätigen die flache Geometrie des Universums sowie die dominierende Rolle von Dunkler Materie und Dunkler Energie. Der exponentielle Abfall auf kleinen Skalen („Silk-Dämpfung") spiegelt die Diffusion von Photonen vor der Rekombination wider. Die Datenpunkte (rot) mit Fehlerbalken stammen aus hochpräzisen Messungen (z. B. Planck-Satellit), während die grüne Kurve das Standardmodell (ΛCDM) darstellt. (Courtesy NASA/JPL-Caltec)

- Neben Temperaturfluktuationen zeigt der CMB auch Polarisation: E-Moden durch Dichtestörungen und B-Moden durch gravitative Linsen oder möglicherweise durch primordial erzeugte Gravitationswellen aus der Inflation. Letztere wurden bisher nicht nachgewiesen; aktuelle Obergrenzen (BICEP/Keck) setzen $r < 0{,}036$ (95 %).

BAO in der Galaxienverteilung

Die eingefrorenen Schallwellen hinterließen nicht nur ein Muster im CMB, sondern auch in der Verteilung der Galaxien. Obwohl kein einzelnes Galaxienpaar das Signal offenbart, zeigt sich bei statistischen Analysen ein Überschuss an Paaren im Abstand von etwa 150 Megaparsec. Dieses Muster manifestiert sich sowohl in der Zweipunkt-Korrelationsfunktion, wo es als sanftes Maximum sichtbar wird, als auch im Leistungsspektrum der Galaxienverteilung, welches wellenartige Modulationen aufweist, die direkt auf die primordialen Druckwellen zurückgehen.[8] Es ist natürlich kein visuell erfassbares Bild, sondern genau genommen ein mathematisches Gewebe aus Wahrscheinlichkeiten – und doch einer der robustesten Maßstäbe, die wir in der Kosmologie besitzen.

Erste Hinweise kamen aus dem „2dF Galaxy Redshift Survey", der direkte Nachweis gelang 2005 im „Sloan Digital Sky Survey" (SDSS). Die Folgeprojekte BOSS und eBOSS dehnten die Messungen auf größere Entfernungen aus.[9]

Das „Dark Energy Spectroscopic Instrument" (DESI) am 4-Meter-Spiegel des Kitt Peak National Observatory kartierte mittlerweile mehr als 40 Mio. Galaxien in drei Dimensionen und liefert Daten mit einer bisher ungekannten Dichte und Präzision. Im „Data Release 2" (2024) wurde die BAO-Signatur bis $z \approx 2{,}5$ zurückverfolgt, also in eine Epoche, als die Dunkle Energie noch keine dominierende Rolle spielte. Mit einer Genauigkeit von unter 1 % bestätigt die gemessene Skala das ΛCDM-Modell und schränkt Alternativen wie frühe Dunkle Energie (EDE) stark ein.

Gleichzeitig sendet die europäische Weltraumsonde Euclid ihre ersten hochauflösenden Bilder und Spektren, kombiniert BAO-Analysen mit schwachen Gravitationslinsenmessungen

---

[8] Siehe Eisenstein, D. J., Zehavi, I., Hogg, D. W., Scoccimarro, R., Blanton, M. R., Nichol, R. C., … & York, D. G. (2005). Detection of the baryon acoustic peak in the large-scale correlation function of SDSS luminous red galaxies. The Astrophysical Journal, 633(2), 560.

[9] Siehe Alam, S., Ata, M., Bailey, S., Beutler, F., Bizyaev, D., Blazek, J. A., … & Zhao, G. B. (2017). The clustering of galaxies in the completed SDSS-III Baryon Oscillation Spectroscopic Survey: cosmological analysis of the DR12 galaxy sample. Monthly Notices of the Royal Astronomical Society, 470(3), 2617–2652.

und schärft damit gleichzeitig den Fokus auf Dunkle Energie und Dunkle Materie. Und ab 2026 wird das Vera C. Rubin Observatory mit seiner Langzeitbeobachtung des gesamten südlichen Himmels erstmals sogar zeitabhängige BAO-Studien ermöglichen, was eine völlig neue Dimension erschließt und es erlaubt, die Expansion des Universums nicht nur punktuell, sondern kontinuierlich zu verfolgen.[10]

Indem diese Missionen die BAO-Signatur in verschiedenen Rotverschiebungsbereichen vermessen, rekonstruieren sie die Expansionsgeschichte $H(z)$ (z = Rotverschiebung) mit zunehmender Detailtiefe. Jede neue Datenerhebung ist dann nicht nur eine Bestätigung des Standardmodells, sondern zugleich auch eine Prüfung seiner Grenzen – besonders angesichts der Spannungen zwischen frühen und lokalen Messungen der Hubble-Konstante (siehe Essay 25). So offenbart sich die BAO-Forschung nicht nur als Triumph der präzisen Messung, sondern auch als Tor zu möglicher neuer Physik jenseits des bekannten Rahmens.

BAO in der Ära der Präzisionskosmologie: Vom Maßstab zur Prüfung des Standardmodells

Die BAO sind längst mehr als nur ein faszinierendes Relikt aus dem frühen Universum. Sie sind zu einem der präzisesten und vielseitigsten Werkzeuge der modernen Kosmologie geworden (Abb. 5.3).

(a) **Als Maßstab:** Der akustische Horizont (~150 Mpc) lässt sich quer und radial messen und liefert $D_A(z)$ sowie $H(z)$.

[10] Siehe Ivezic, Z. (2014). LSST: from science drivers to reference design and anticipated data products (No. SLAC-PUB-16076). SLAC National Accelerator Lab., Menlo Park, CA (United States).

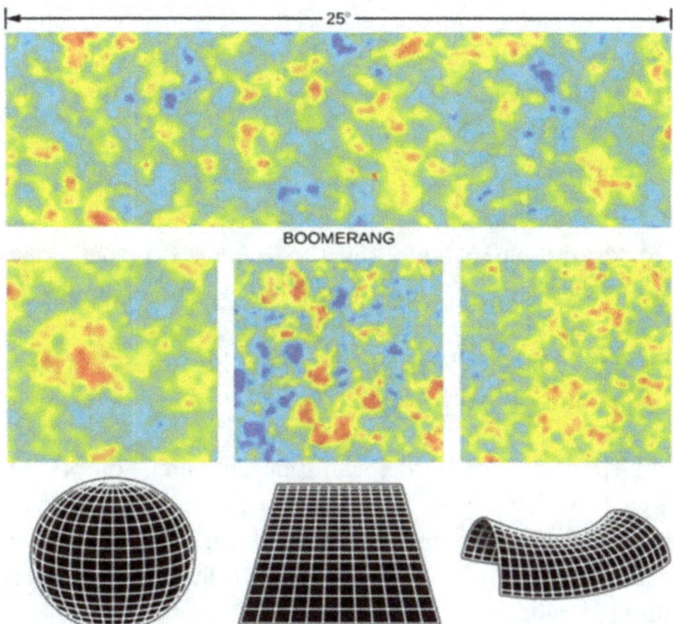

Abb. 5.3 Die Temperaturfluktuationen des kosmischen Mikrowellenhintergrunds (CMB), gemessen vom BOOMERANG-Satelliten, zeigen ein charakteristisches Muster, das auf die Geometrie des Universums schließen lässt. Die runden, wellenartigen Strukturen (akustische Peaks) im Fluktuationenbild entsprechen Dichtewellen aus der Urzeit. In einem flachen Universum (mittleres Diagramm) haben diese Wellen eine bestimmte maximale Skala (~1°), während gekrümmte Modelle (sphärisch/geschlossen oben, hyperbolisch/offen rechts) andere Muster erzeugen würden. Die Übereinstimmung mit der flachen Geometrie bestätigt das ΛCDM-Modell und legt nahe, dass das Universum eine nahezu ebene Topologie hat. (NASA, OpenStax Astronomy Textbook)

In Kombination mit CMB-Daten (Planck) ergibt sich eine präzise Bestimmung der kosmologischen Parameter:

- Alter des Universums: 13,787 ± 0,020 Mrd. Jahre
- Krümmung: Ω_k = 0,0007 ± 0,0019 (konsistent mit euklidischer Metrik)

- Energiebilanz: 68,6 % Dunkle Energie, 26,5 % Dunkle Materie, 4,9 % baryonische Materie
- Hubble-Konstante: $H_0 \approx 67{,}4$ km $s^{-1}Mpc^{-1}$ (im CMB + BAO-Szenario)

  Alle diese Daten sind konsistent innerhalb des ΛCDM-Modells.[11]

(b) **Hubble-Spannung:** Lokale Messungen ergeben höhere Werte ($H_0 \approx 73$ km $s^{-1}Mpc^{-1}$), eine Abweichung $> 5\sigma$.

(c) ***S*8-Spannung:** Schwache Linsenmessungen deuten auf ein geringeres Strukturanwachsen hin, als es das Standardmodell vorhersagt.

Neben diesen Kernergebnissen enthalten die BAO-Signale weitere Feinheiten wie die Silk-Dämpfung oder mögliche Abweichungen in der Peakform, die Hinweise auf neue Teilchen oder Wechselwirkungen im frühen Universum liefern könnten.

Zukünftige Projekte wie SPHEREx, LiteBIRD, CMB-S4, das Simons Observatory oder sogar Gravitationswellen-Missionen wie LISA könnten BAO mit anderen kosmischen Standardkerzen kombinieren und eine unabhängige Kalibrierung der Entfernungsskala ermöglichen.

Das Echo der Urzeit als Prüfstein einer „neuen Physik"?

Die BAO sind weit mehr als ein einfaches kosmisches Lineal. Sie sind ein universelles Echo der ersten 380.000 Jahre, das sich in der kosmischen Mikrowellenhintergrund-

---

[11] Siehe Alam, S., Ata, M., Bailey, S., Beutler, F., Bizyaev, D., Blazek, J. A., … & Zhao, G. B. (2017). The clustering of galaxies in the completed SDSS-III Baryon Oscillation Spectroscopic Survey: cosmological analysis of the DR12 galaxy sample. Monthly Notices of the Royal Astronomical Society, 470(3), 2617–2652.

strahlung und in der Verteilung heutiger Galaxien manifestiert.

Sie ermöglichen die präzise Vermessung der Expansionsgeschichte, bestätigen das ΛCDM-Modell und legen zugleich „Spannungen" offen, die auf eine „neue Physik" hindeuten könnten – sei es frühe Dunkle Energie, selbstwechselwirkende Dunkle Materie oder modifizierte Gravitation.

Damit bleibt die offene Frage: Ist das „Standardlineal" wirklich konstant – oder ein dynamischer Zeuge jenseits des Bekannten?

Schlüsselgedanken

Baryonische akustische Oszillationen (BAO) sind ein universelles „Standardlineal". Sie entstanden als Schallwellen im heißen Plasma des frühen Universums und hinterließen eine eingefrorene Distanz von etwa 490 Mio. Lichtjahren, die als kosmischer Maßstab dient.

Sie sind tief in der Physik der ersten 380.000 Jahre verwurzelt – ein Echo aus einer Zeit, als Photonen und Materie stark gekoppelt waren – und bieten eine robuste Alternative zu astrophysikalisch komplexen Methoden wie der Entfernungsbestimmung mittels Supernovae vom Typ Ia.

Ihre Signatur ist an zwei Orten nachweisbar:

1. **im Leistungsspektrum der kosmischen Mikrowellenhintergrundstrahlung (CMB),** wo sie als charakteristische akustische Peaks erscheinen.
2. **in der großräumigen Verteilung von Galaxien,** wo statistische Analysen einen Überschuss an Paaren im Abstand der akustischen Skala zeigen.

Diese Messungen ermöglichen eine präzise Rekonstruktion der Expansionsgeschichte H(z) und liefern unabhängige Bestätigungen für die Parameter des ΛCDM-Modells, insbesondere die Geometrie und Zusammensetzung des Universums.

BAO sind mehr als ein Werkzeug. Sie sind ein direkter Fingerabdruck der Urzeit, der die Kohärenz zwischen den Anfangsbedingungen und der heutigen Struktur aufzeigt.

Die Zukunft gehört den Großprojekten. DESI, Euclid und das Vera C. Rubin Observatory werden die BAO-Signatur mit beispielloser Präzision kartieren – nicht nur um das Standardmodell zu bestätigen, sondern auch um seine Grenzen zu finden und mögliche Hinweise auf eine „neue Physik" sichtbar zu machen.

6

Kosmologische Konstanten (Stand 2025)

Inhaltsverzeichnis

Im Jahr 2025 befindet sich die Kosmologie in einer paradoxen Situation. Einerseits besitzt sie mit dem ΛCDM-Modell ein erstaunlich erfolgreiches Rahmenwerk, das Einsteins Allgemeine Relativitätstheorie mit präzisen Beobachtungen verbindet und die Entwicklung des Universums über fast 14 Mrd. Jahre hinweg außerordentlich gut beschreibt. Andererseits geraten ausgerechnet die fundamentalen Parameter, auf denen dieses Modell beruht, zunehmend unter Druck. Die kosmologischen Konstanten (siehe Tab. 6.1) sind damit nicht nur Messgrößen, sondern

M. Scholz, *Das frühe Universum*,
https://doi.org/10.1007/978-3-662-73261-8_6

Brennpunkte, an denen sich zeigt, wie weit unser Verständnis reicht – und wo sich Risse auftun, die auf eine „neue Physik" hinweisen könnten.

Das älteste Licht: Die CMB als kosmisches Archiv

Die wichtigste Quelle für die Bestimmung dieser Konstanten ist die kosmische Mikrowellenhintergrundstrahlung (CMB, siehe Essay 2) – das älteste direkt beobachtbare Licht im Universum. Es entstand vor etwa 380.000 Jahren nach dem Urknall, als das Universum durch Abkühlung so weit transparent wurde, dass Photonen erstmals ungehindert durch den Raum wandern konnten (Rekombination). Heute erreicht uns diese Strahlung stark rotverschoben bei einer Temperatur von $T_{\mathrm{CMB}} = 2{,}7255 \pm 0{,}0006$ K, gemessen mit höchster Präzision durch den COBE-FIRAS-Spektrometer – eines der genauesten in der gesamten Physik.[1] Dass es sich um ein nahezu perfektes Schwarzkörperspektrum handelt, gilt als einer der stärksten Belege für das heiße Urknallmodell.

Noch bedeutsamer als ihre mittlere Temperatur sind die winzigen Temperaturanisotropien des CMB, die auf Dichteunterschiede im frühen Universum hinweisen. Diese Fluktuationen im Bereich von Millionstel Kelvin sind die Keimzellen aller großräumigen Strukturen – Galaxien, Haufen und Filamente. Ihre statistische Verteilung, insbesondere die Position und Höhe der akustischen Peaks im Leistungsspektrum, enthält detaillierte Informationen über Geometrie, Zusammensetzung und Dynamik des Universums.[2]

---

[1] Siehe Mather, J. C., Fixsen, D. J., Shafer, R. A., Mosier, C., & Wilkinson, D. T. (1999). Calibrator design for the COBE* far infrared absolute spectrophotometer (FIRAS). The Astrophysical Journal, 512(2), 511.

[2] Siehe Ade, P. A., Aghanim, N., Arnaud, M., Ashdown, M., Aumont, J., Baccigalupi, C., … & Matarrese, S. (2016). Planck 2015 results. XIII. Cosmological parameters. Astronomy & Astrophysics, 594, A13.

Die Missionen WMAP und Planck haben dieses Muster kartiert, wobei Planck (2018) mit einer räumlichen Auflösung von 5 Bogenminuten und einer Temperaturgenauigkeit von Zehntausendsteln Kelvin das bislang präziseste Bild lieferte.[3] Aus diesen Daten leiten sich die meisten Parameter des ΛCDM-Modells ab – jenes Standardmodells, das die kosmische Evolution konsistent beschreibt.

Konstanten im Konflikt: Erfolg und Spannung zugleich

Die aus der CMB abgeleiteten Werte zeichnen ein klares Bild: Das Universum ist 13,787 ± 0,020 Milliarden Jahre alt, besitzt eine nahezu flache Geometrie ($\Omega_{\text{tot}} \approx 1$), was auf eine Gesamtenergiedichte nahe dem kritischen Wert hindeutet, und setzt sich aus drei Hauptkomponenten zusammen: 68,5 % Dunkler Energie, modelliert als kosmologische Konstante Λ, 26,5 % Dunkler Materie (kalte, nicht-baryonische Teilchen) und 4,93 % baryonischer Materie – also der „normalen" Materie aus Atomen. Der spektrale Index der primordialen Dichtefluktuationen beträgt $n_s \approx 0{,}9649$, was eine leichte Abweichung von perfekter Skaleninvarianz bedeutet, genau wie es einfache Inflationsmodelle vorhersagen.[4] Diese Übereinstimmung zwischen Theorie und Beobachtung zählt zu den größten Erfolgen der modernen Kosmologie.

Doch gerade diese hohe Präzision macht die bestehenden Unstimmigkeiten besonders auffällig. Am prominentesten

[3] Siehe Aghanim, N. (2020). Planck 2018 results. VI. Cosmological parameters. Astron. Astrophys, 641, A6.

[4] Siehe Peiris, H. V., Komatsu, E., Verde, L., Spergel, D. N., Bennett, C. L., Halpern, M., … & Wright, E. L. (2003). First-year Wilkinson microwave anisotropy probe (WMAP)* observations: Implications for inflation. The Astrophysical Journal Supplement Series, 148(1), 213.

ist die sogenannte Hubble-Spannung (siehe Essay 25): die Diskrepanz zwischen der aus der CMB abgeleiteten Expansionsrate und direkten lokalen Messungen. Unter Annahme des ΛCDM-Modells ergibt die Analyse der Planck-Daten einen Wert von $H_0 \approx 67{,}36$ km s^{-1} Mpc^{-1}. Dem gegenüber stehen lokale Messungen mithilfe der kosmischen Entfernungsleiter – basierend auf veränderlichen Sternen vom Typus der Delta-Cepheiden und von Supernovae vom Typ Ia (siehe Essay 12) –, die einen signifikant höheren Wert von $H_0 \approx 73{,}04$ km s^{-1} Mpc^{-1} ergeben (SH0ES 2022).[5] Die Differenz von rund 5,7 km s^{-1} Mpc^{-1} mag zunächst gering erscheinen, doch die statistische Signifikanz liegt inzwischen bei über 5σ, was eine Erklärung durch bloßen Zufall ausschließt. Diese Diskrepanz deutet entweder auf noch unentdeckte systematische Unsicherheiten in den Kalibrierungen oder, weitaus spannender, auf eine physikalische Inhomogenität in der Expansionshistorie des Universums hin. Mögliche Erweiterungen des Modells, wie eine kurzzeitige Phase „früher Dunkler Energie" (*Early Dark Energy*) oder sterile Neutrinos (siehe Essay 26), wurden diskutiert, stoßen jedoch oft auf Widersprüche mit anderen Datensätzen. Auf die Hubble-Spannung wird ausführlich in Essay 25 eingegangen, wo ihre möglichen Ursachen und Implikationen ausführlich behandelt werden.

Ein weiterer Hinweis auf mögliche Defizite des Modells ist die S_8-Spannung, die die Stärke der Strukturbildung betrifft. Der Parameter S_8 fasst zusammen, wie stark die Materie auf bestimmten Skalen quasi „geklumpt" ist. Während die CMB-Analyse eine gewisse Amplitude der Dichteschwankungen vorhersagt, zeigen erstaunlicherweise großräumige Linsen- und Galaxienverteilungsdaten – etwa von

---

[5] Siehe Riess, A. G., Yuan, W., Macri, L. M., Scolnic, D., Brout, D., Casertano, S., … & Zheng, W. (2022). A comprehensive measurement of the local value of the Hubble constant with 1 km s^{-1} Mpc^{-1} uncertainty from the Hubble Space Telescope and the SH0ES team. The Astrophysical journal letters, 934(1), L7.

DESI oder KiDS – einen geringeren Wert.[6] Dies könnte darauf hindeuten, dass das Universum strukturärmer ist, als es das Standardmodell erwarten ließe. Auch hier bleibt offen, ob dies auf systematische Effekte zurückzuführen ist oder ob es tiefere physikalische Ursachen hat, etwa selbstwechselwirkende Dunkle Materie oder eine zeitabhängige Dunkle Energie.

Fundamentale Rätsel: Warum ist die Konstante so klein?

Am tiefsten reicht das sogenannte kosmologische Konstantenproblem: Quantenfeldtheorien sagen eine enorme Vakuumenergie voraus, da virtuelle Teilchenpaare ständig aus dem „Nichts" entstehen und vergehen (siehe Essay 38). Doch der beobachtete Wert der Dunklen Energie entspricht einer Energiedichte, die um den Faktor 10^{120} kleiner ist als diese theoretische Vorhersage. Dies ist die größte Diskrepanz zwischen Theorie und Beobachtung in der gesamten Physik.[7] Warum die effektive kosmologische Konstante so winzig, aber nicht null ist, bleibt ungeklärt – und stellt eine der größten Herausforderungen für die Vereinigung von Quantentheorie und Gravitation dar.

Auch die Inflation bleibt, obwohl sie Homogenität, Isotropie und Flachheit elegant erklärt, immer noch hypothetisch. Ihre Vorhersagen stimmen zwar exzellent mit den CMB-Daten überein, doch ein direkter Nachweis fehlt: Primordiale Gravitationswellen – ein zentraler Vorläufer

[6] Siehe Alam, S., Ata, M., Bailey, S., Beutler, F., Bizyaev, D., Blazek, J. A., … & Zhao, G. B. (2017). The clustering of galaxies in the completed SDSS-III Baryon Oscillation Spectroscopic Survey: cosmological analysis of the DR12 galaxy sample. Monthly Notices of the Royal Astronomical Society, 470(3), 2617–2652.

[7] Siehe Weinberg, S. (1989). The cosmological constant problem. Reviews of modern physics, 61(1), 1.

der Inflation – würden sich in spezifischen Polarisationssignalen der CMB (sogenannte B-Moden) manifestieren. Bislang blieben solche Signale aus; Experimente wie BICEP/Keck konnten nur Obergrenzen setzen.[8] Ohne diese „Smoking Gun" bleibt die Inflation zwar das plausibelste Szenario für die Frühphase des Universums, aber kein bewiesenes Geschehen.

Kosmologische Konstanten als Wegweiser zu einer „neuen Physik"

Die kosmologischen Konstanten sind mehr als Zahlen – sie sind genau genommen die DNA des Universums. Sie bestätigen, dass wir dessen Geschichte und Struktur in weiten Teilen verstehen. Gleichzeitig offenbaren gerade die Unstimmigkeiten zwischen den Werten – insbesondere bei H_0 und S_8 – mögliche Grenzen des ΛCDM-Modells.

Vielleicht ist die „Konstante" gar nicht konstant, sondern ein dynamisches Feld (wie beispielsweise die „Quintessenz"). Vielleicht fehlen uns noch unbekannte Teilchen oder Wechselwirkungen im frühen Universum. Oder die Gravitation muss auf kosmologischen Skalen modifiziert werden.

Wie ein verschlüsseltes Manuskript trägt die CMB eine Botschaft aus der Frühzeit des Kosmos in sich. Jede neue Messung, jede zusätzliche Nachkommastelle in der Bestimmung einer Konstanten ist ein Schlüssel, der ein Stück dieser Botschaft entschlüsselt. Was wir am Ende lesen werden, könnte unser heutiges Verständnis von Raum, Zeit und Materie grundlegend verändern (Tab. 6.1).

---

[8] Siehe Ade, P. A., Ahmed, Z., Amiri, M., Barkats, D., Thakur, R. B., Bischoff, C. A., … & (BICEP/Keck Collaboration). (2021). Improved constraints on primordial gravitational waves using Planck, WMAP, and BICEP/Keck observations through the 2018 observing season. Physical review letters, 127 (15), 151301.

Tab. 6.1 Kosmologische Konstanten (Stand 2025)

Parameter	Symbol	Wert	Einheit	Quelle
Hubble-Konstante (CMB)	H_0	67,36 ± 0,5	km s^1 Mpc^{-1}	Planck 2018
Hubble-Konstante (lokal)	H_0	73,04 ± 1,0	km s^1 Mpc^{-1}	SH0ES 2022
Weltalter	t_0	13,787 ± 0,020	Mrd. Jahre	Planck 2018
Dichteparameter Dunkle Energie	Ω_Λ	0,685 ± 0,007	–	Planck 2018
Dichteparameter Gesamtmasse/Energie	Ω_{tot}	1,00 ± 0,02	–	
Dichteparameter Materie (gesamt)	Ω_m	0,315 ± 0,007	–	
Dichteparameter baryonische Materie	Ω_b	0,0493 ± 0,0002	–	Planck 2018
Temperatur CMB	T_{CMB}	2,7255 ± 0,0006	K	COBE-FIRAS
Spektralindex primordiale Fluktuationen	n_s	0,9649 ± 0,0042	–	
Amplitude der Dichtefluktuationen	A_s	(2,100 ± 0,030) × 10^{-9}	–	

Schlüsselgedanken

Die kosmologischen Konstanten sind das Fundament des modernen Weltbilds: präzise Zahlen, die aus der CMB, Supernovae und großräumigen Strukturen abgeleitet werden und gemeinsam das ΛCDM-Modell definieren – das aktuelle Standardmodell der Kosmologie.

Sie beschreiben nicht willkürlich gewählte Parameter, sondern messbare Größen, die Geometrie, Zusammensetzung, Altersangabe und Expansionsgeschichte des Universums festlegen: flache Geometrie ($\Omega\_{tot} \approx 1$), 68,5 % Dunkle Energie, 26,5 % Dunkle Materie, 4,93 % baryonische Materie, ein Alter von 13,787 ± 0,020 Mrd. Jahren – alles basierend auf hochpräzisen Daten der Planck-Mission und anderen Beobachtungen.

Die CMB ist das älteste Licht und zugleich das genaueste kosmologische Archiv. Mit einer Temperatur von 2,7255 K und nahezu perfektem Schwarzkörperspektrum bestätigt sie das Urknallmodell; ihre Millionstel Grad-Fluktuationen enthalten die Keimzellen aller Strukturen und ermöglichen die präzise Bestimmung der kosmologischen Parameter.

Doch genau diese Präzision offenbart zwei große Spannungen:

1. **die Hubble-Spannung:** Zwischen dem aus der CMB im ΛCDM-Modell abgeleiteten Wert von $H_0 \approx 67{,}36$ km/s/Mpc und lokalen Messungen mittels Cepheiden und Supernovae Ia ($H_0 \approx 73{,}04$ km/s/Mpc) besteht eine Diskrepanz von über 5σ – kein statistischer Zufall, sondern ein starkes Indiz für „neue Physik“.

2. **die S_8-Spannung:** Die beobachtete Stärke der Strukturbildung ist geringer als vom Modell vorhergesagt – das Universum ist strukturärmer, als es sein dürfte.

Zusätzlich bleibt das kosmologische Konstantenproblem ungelöst. Die Quantenfeldtheorie sagt eine Vakuumenergie voraus, die um den Faktor 10^{120} größer ist als der beobachtete Wert – die größte Diskrepanz in der Physik.

Auch der Inflation fehlt, obwohl sie Homogenität, Flachheit und Dichtefluktuationen erklärt, ihre „Smoking Gun". Primordiale Gravitationswellen (B-Moden) konnten bislang nicht nachgewiesen werden.

Die Konstanten sind daher mehr als Zahlen – sie sind die DNA des Universums. Ihre Übereinstimmung bestätigt das ΛCDM-Modell, ihre Abweichungen zeigen seine Grenzen auf.

Mögliche Erweiterungen tauchen auf: frühe Dunkle Energie, Quintessenz, sterile Neutrinos, selbstwechselwirkende Dunkle Materie oder modifizierte Gravitation – doch kein Modell löst beide Spannungen vollständig, ohne mit anderen Daten zu kollidieren.

ΛCDM ist kein gescheitertes Modell – es ist so erfolgreich, dass es seine eigenen Widersprüche sichtbar macht. Die Zukunft gehört den Präzisionsmissionen. Euclid, Rubin-LSST und das Roman Space Telescope werden entscheiden, ob wir am Rande eines Paradigmenwechsels stehen – oder ob das Standardmodell sich durch Anpassung weiterentwickelt.

II

Struktur und Dynamik des Universums

7

Dunkle Materie: Warum wir sie postulieren

Inhaltsverzeichnis

Dunkle Materie ist eine nicht-baryonische, nicht-luminöse Komponente des Universums, die weder Licht emittiert, absorbiert noch streut und daher für elektromagnetische

M. Scholz, *Das frühe Universum*,
https://doi.org/10.1007/978-3-662-73261-8_7

Beobachtungen unsichtbar ist. Dennoch wirkt sie gravitativ und prägt die Dynamik und Struktur des Kosmos. Sie trägt zur Stabilisierung von Galaxien bei, beeinflusst die Lichtablenkung durch Gravitationslinsen und formt das großräumige Netzwerk aus Filamenten und Haufen. Ihre Existenz wird nicht postuliert, um eine Lücke zu füllen, sondern weil ihre gravitative Wirkung in mehreren unabhängigen Beobachtungsbereichen nachweisbar ist – insbesondere in der Dynamik von Galaxien, der Struktur des Universums und den Anisotropien der kosmischen Hintergrundstrahlung.

Das Konzept der Dunklen Materie ist keine spekulative Annahme, sondern eine konsequente Schlussfolgerung aus der Diskrepanz zwischen beobachteter gravitativer Wirkung und der Masse der sichtbaren Materie. In zahlreichen astrophysikalischen Systemen – von Galaxien bis hin zu großräumigen Strukturen – übersteigt die gravitativ wirksame Masse deutlich die Masse aller sichtbaren Komponenten (Sterne, Gas, Staub). Diese Differenz erfordert eine zusätzliche, nicht-luminöse Massenkomponente, deren Existenz durch ihre gravitative Dynamik indirekt nachgewiesen wird.

Die Rotation der Galaxien: Ein erster Widerspruch

Die ersten klaren Hinweise auf Dunkle Materie ergaben sich aus der Rotationsdynamik von Spiralgalaxien. In den 1970er-Jahren zeigten Beobachtungen von Vera Rubin und Kollegen, dass die Rotationsgeschwindigkeiten von Sternen in den äußeren Bereichen dieser Galaxien mit zunehmendem Abstand zum Zentrum nicht abnehmen, wie es bei einer massendominierenden sichtbaren Materie

(Sterne, Gas) nach den Newtonschen Gesetzen zu erwarten wäre. Stattdessen bleibt die Rotationskurve annähernd konstant – ein Verhalten, das nur durch eine massereiche, weit ausgedehnte, nicht-sichtbare Materieverteilung erklärt werden kann, die heute als „Dunkle-Materie-Halo" bezeichnet wird (Abb. 7.1).

Dieser „Dunkle-Materie-Halo" stellt dabei die dominante Massenkomponente dar – mit einer Masse, die typischerweise das 5- bis 10-Fache der sichtbaren Materie beträgt, in extremen Fällen sogar noch mehr. Ohne diesen gravitativen Beitrag wären die äußeren Sterne aufgrund ihrer hohen Bahngeschwindigkeiten nicht gravitativ gebunden und die Galaxien wären dynamisch instabil. Die Beobachtungen zeigen eindeutig: Die sichtbare Materie allein kann die in den Galaxien beobachtete Dynamik nicht erklären.

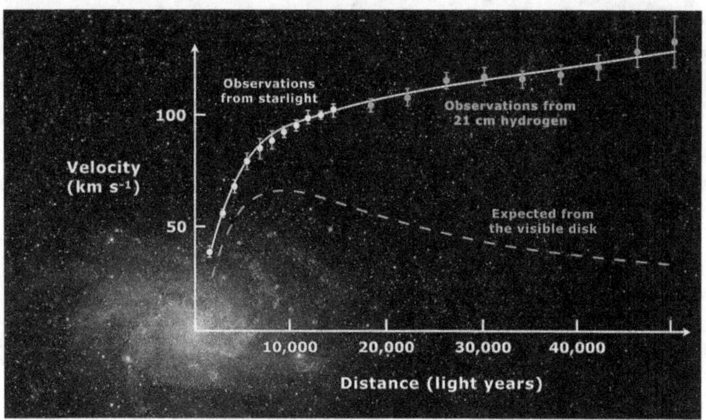

Abb. 7.1 Die Rotationskurve von Messier 33 zeigt, dass Sterne im äußeren Bereich eine unerwartet hohe Geschwindigkeit aufweisen (gelbe Datenpunkte), die nicht durch die sichtbare Materie (gestrichelte Linie) erklärt werden kann. Diese Anomalie, entdeckt durch Vera Rubin und Kollegen, legt nahe, dass Dunkle Materie die Gravitationskraft verstärkt – ein Schlüsselargument für ihre Existenz. (Wikimedia)

Der Bullet Cluster: Ein entscheidender Beweis

Um die Hypothese modifizierter Gravitationstheorien zu testen, bot die Kollision zweier Galaxienhaufen – das sogenannte Bullet Cluster (1E 0657–56) – eine natürliche Laborbedingung. Bei solchen Kollisionen interagiert das heiße, ionisierte Gas (die dominante Form baryonischer Materie) durch elektromagnetische Prozesse, wird abgebremst und bleibt im Zentrum zurück. Dunkle Materie hingegen, die nur gravitativ wechselwirkt, passiert die Kollision weitgehend unbeeinflusst (Abb. 7.2).

Abb. 7.2 Der Bullet Cluster (1E 0657–558): Kollision zweier Galaxienhaufen, visualisiert durch eine Mischung aus sichtbarem Licht (Magellan-/Hubble-Bildern, Sterne und Galaxien), Röntgenstrahlung (Chandra, rosa Farbe für heißes intergalaktisches Gas) und der durch Gravitationslinseneffekte rekonstruierten Gesamtmassenverteilung (blau). Die räumliche Trennung zwischen Gas (rosa), Sternen (weiß/gelb) und Dunkler Materie (blau) belegt, dass die überwiegende Masse des Universums nicht mit baryonischer Materie identisch ist – ein Schlüsselargument für die Existenz von Dunkler Materie. (Wikimedia)

Durch die Analyse von Gravitationslinseneffekten – sowohl schwacher als auch starker Linsen – konnten Astronomen die Gesamtmasseverteilung kartieren. Das Ergebnis: Die Masse ist räumlich versetzt gegenüber dem sichtbaren Gas und konzentriert sich an den Positionen der Galaxien – also dort, wo die Dunkle Materie erwartet wird.

Dieser Befund gilt als ein zentraler indirekter Nachweis für Dunkle Materie.[1] Er zeigt, dass die gravitativ wirksame Masse räumlich von der baryonischen Materie getrennt ist – eine Beobachtung, die sich nicht durch lokale Modifikationen der Gravitation erklären lässt, sofern diese an die Verteilung der sichtbaren Materie gekoppelt sind. Damit stellt der Bullet Cluster eine erhebliche Herausforderung für gravitationsmodifizierende Alternativen wie beispielsweise MOND dar, die keine solche Trennung vorhersagen.

Die Wiege des Universums: Der kosmische Mikrowellenhintergrund

Die tiefste und präziseste Evidenz für Dunkle Materie stammt aus der Analyse der kosmischen Mikrowellenhintergrundstrahlung (CMB), die bekanntlich aus einer Zeit etwa 380.000 Jahre nach dem Urknall stammt. Die winzigen Temperaturanisotropien in der CMB sind genau genommen die projizierten Dichtefluktuationen des frühen Universums – ursprünglich erzeugt während der Inflation – und bilden die Anfangsbedingungen für die spätere Strukturentstehung.

Die Position des ersten akustischen Peaks im CMB-Leistungsspektrum bestätigt die räumliche Flachheit des Universums, während das Verhältnis der Amplituden auf-

[1] Siehe Clowe, D., Bradač, M., Gonzalez, A. H., Markevitch, M., Randall, S. W., Jones, C., & Zaritsky, D. (2006). A direct empirical proof of the existence of dark matter. The Astrophysical Journal, 648(2), L109.

einanderfolgender Peaks eine Dichte von Dunkler Materie von etwa $\Omega_c \approx 0{,}265$ und baryonischer Materie von $\Omega_b \approx 0{,}049$ ergibt – ein Verhältnis von etwa 5,4 : 1. Dies ist möglich, weil Dunkle Materie nicht an elektromagnetische Wechselwirkungen gekoppelt ist. Ihre Dichtefluktuationen konnten sich bereits vor der Rekombination durch gravitative Instabilität verstärken, während baryonische Materie bis zur Entkopplung durch den Strahlungsdruck gehemmt wurde. So entstanden gravitative Potentialmulden, in denen sich das baryonische Gas nach der Rekombination sammeln konnte.

Die CMB ist kein bloßes Relikt, sondern ein hochpräzises kosmologisches Experiment, das im Rahmen des ΛCDM-Modells die Notwendigkeit einer kalt-dunklen, nicht-baryonischen Materiekomponente mit einer relativen Genauigkeit von mehr als 3 % bestätigt. Die beobachteten Anisotropien lassen sich nur unter Einbeziehung dieser Komponente konsistent und quantitativ präzise erklären.

Das kosmische Netz: Dunkle Materie als Architekt

Heute können wir das Ergebnis dieser frühen Strukturentstehung beobachten: das großräumige Netzwerk aus Galaxienfilamenten, Galaxienhaufen und Voids. Numerische Simulationen wie die Millennium-Serie zeigen, dass unter Verwendung der Anfangsbedingungen aus den CMB-Daten und der Annahme dominanter kalter Dunkler Materie eine Struktur entsteht, die in Morphologie, Hierarchie und Korrelationsfunktion bemerkenswert gut mit den beobachteten Verteilungen übereinstimmt[2] (siehe Essay 8).

[2] Siehe Springel, V., White, S. D., Jenkins, A., Frenk, C. S., Yoshida, N., Gao, L., … & Pearce, F. (2005). Simulating the joint evolution of quasars, galaxies and their large-scale distribution. arXiv preprint astro-ph/0504097.

Ohne eine solche nicht-baryonische Massenkomponente wäre die gravitative Instabilität zu schwach gewesen, um die beobachtete Struktur innerhalb der Altersgrenze des Universums zu bilden.

Kandidaten im Dunkeln: Was könnte die Dunkle Materie sein?

Obwohl die gravitative Wirkung der Dunklen Materie gut belegt ist, bleibt ihre mikrophysikalische Natur weiterhin unbekannt. In der Teilchenphysik werden mehrere Kandidaten diskutiert. Lange galten WIMPs *(Weakly Interacting Massive Particles)* als führende Hypothese, doch Experimente wie XENONnT und LUX-ZEPLIN konnten bisher kein einziges Signal nachweisen. Es gibt aber trotzdem wichtige Ergebnisse zu berichten: Denn neueste Ergebnisse von XENONnT und dem LUX-ZEPLIN-Experiment (LZ, 2025) haben die Empfindlichkeit weiter gesteigert: Für WIMP-Massen im Bereich von etwa 30–50 GeV konnten die Experimente die Spin-unabhängige Streuquerschnittsobergrenze auf Größenordnungen von $\sigma \lesssim 5 \times 10^{-48}\ \mathrm{cm}^2$ senken – das bislang strengste Limit. Damit wird ein großer Teil des klassischen WIMP-Parameterraums ausgeschlossen, ohne dass ein eindeutiges Signal gefunden wurde. Die Dunkle-Materie-Forschung steht somit an einem spannenden Punkt: Einerseits steigt der Druck, noch empfindlichere Detektoren (z. B. DARWIN) zu bauen, andererseits werden alternative Kandidaten wie Axionen oder ultraleichte Teilchen wieder stärker diskutiert.[3]

Neben WIMPs rücken zunehmend alternative Kandidaten in den Fokus. Ein prominentes Beispiel sind die eben

[3] Siehe z. B. LZ Collaboration, Phys. Rev. Lett. 134, 101301 (2025); XENONnT Collaboration, J. High Energy Phys. 02 (2025) 067. (Zusammenfassung unter physics.lbl.gov – LZ News).

erwähnten Axionen – extrem leichte, immer noch hypothetische pseudoskalare Teilchen, die ursprünglich zur Lösung des sogenannten Strong-CP-Problems in der Quantenchromodynamik vorgeschlagen wurden. In vielen Modellen könnten sie in ausreichender Dichte produziert worden sein, um die Dunkle Materie zu stellen. Experimente wie ADMX oder das geplante IAXO nutzen starke Magnetfelder, um Axionen in Mikrowellenphotonen umzuwandeln, und durchkämmen systematisch große Frequenzbereiche nach diesem schwachen Signal.

Auch sterile Neutrinos (siehe Essay 26), schwer nachweisbare, schwerere Verwandte der bekannten Neutrinos, gelten als mögliche Kandidaten. Schließlich wird selbstwechselwirkende Dunkle Materie (SIDM) diskutiert, die Abweichungen in den Dichteprofilen von Zwerggalaxien erklären könnte (siehe Essay 11).

Neben diesen beiden Hauptkandidaten werden aber auch noch andere Szenarien diskutiert:

- **sterile Neutrinos:** hypothetische Neutrino-Typen, die nicht am schwachen Wechselwirkungszweig des Standardmodells teilnehmen, aber über Mischung mit aktiven Neutrinos indirekt koppeln könnten. In bestimmten Massenbereichen (mehrere keV) könnten sie warme Dunkle Materie bilden und Effekte in der Satellitengalaxienverteilung erklären. (Essay 26)
- **selbstwechselwirkende Dunkle Materie (SIDM):** die Annahme, dass Dunkle Materie nicht nur gravitativ, sondern auch über eine neue, schwache Wechselwirkung mit sich selbst koppelt. Solche Modelle können die flachen Dichteprofile von Zwerggalaxienzentren besser erklären als das klassische CDM-Modell. (Essay 11)
- **primordiale Schwarze Löcher (PBH):** Schwarze Löcher, die nicht aus Sternkollaps, sondern Dichtefluktuationen in der frühen Phase des Universums

entstanden sein könnten. In bestimmten Massenfenstern (z. B. asteroidenartig oder stellarmassig) könnten sie einen Anteil der Dunklen Materie ausmachen, sind aber durch Beobachtungen (Mikrolinsen, CMB, Gravitationswellen) stark eingeschränkt. (Essay 20)

Trotz intensiver experimenteller und beobachtender Bemühungen bleibt die mikrophysikalische Natur der Dunklen Materie unbekannt. Die kommenden Jahre – mit neuen Detektoren, Satellitenmissionen und verbesserten Simulationen – werden entscheidend sein: Entweder wird ein direkter Nachweis gelingen oder es wird notwendig sein, die theoretischen Rahmenbedingungen – sei es das Teilchenmodell, sei es die Gravitationstheorie – zu überarbeiten (Abb. 7.3).

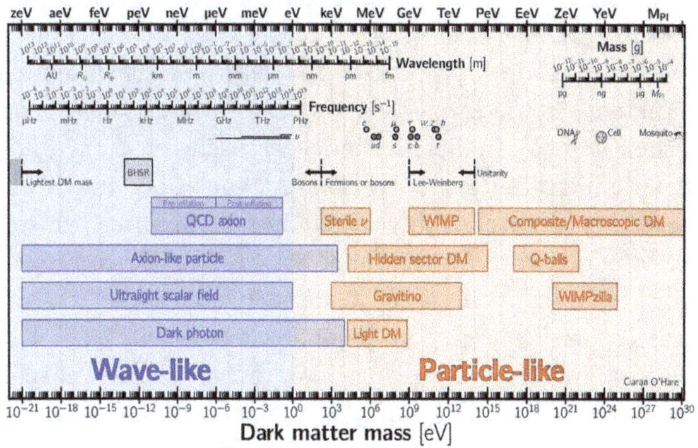

Abb. 7.3 Diese Darstellung gliedert Dunkle-Materie-Kandidaten in zwei Hauptkategorien: wellenartige (z. B. Axionen) und teilchenartige Modelle (z. B. WIMPs). Die Masse reicht von ultraleichten Axionen (10^{-21}–10^{-3} eV) bis zu schweren Kompositpartikeln (10^{20}–10^{30} eV). Dargestellt sind auch die Compton-Wellenlänge und -Frequenz der Teilchen sowie Referenzpunkte wie das QCD-Axion oder sterile Neutrinos. Die Trennung in Wellen- und Teilchencharakter spiegelt unterschiedliche Wechselwirkungsmechanismen wider, die ein Schlüssel für die Suche nach der Natur der Dunklen Materie sind. (Wikimedia, Ciaran O'Hare)

Die Formbarkeit der Unsichtbarkeit: SIDM und die Herausforderung durch neue Daten

Während das Modell der kalten, nicht-wechselwirkenden Dunklen Materie (CDM) innerhalb des ΛCDM-Frameworks die großräumige Struktur des Universums bemerkenswert gut beschreibt, zeigen neuere Beobachtungen von Zwerg- und insbesondere irregulären Zwerggalaxien systematische Abweichungen von den Simulationen. Insbesondere die beobachteten flachen Dichteprofile im Zentrum dieser Systeme – im Gegensatz zu den steilen „Spitzen" *(Cusps),* die in CDM-Simulationen wie der Millennium-Serie vorhergesagt werden – deuten darauf hin, dass Dunkle Materie unter bestimmten Bedingungen mehr tun könnte, als nur als Schwerkraft zu wirken.

Hier setzt die Hypothese der selbstwechselwirkenden Dunklen Materie (*Self-Interacting Dark Matter,* SIDM) an (siehe Essay 11). In diesem Modell wechselwirkt die Dunkle Materie nicht nur gravitativ, sondern auch über eine neue, schwache, nicht-gravitative Kraft mit sich selbst – analog zur Streuung von Gaspartikeln. Solche Wechselwirkungen könnten im Inneren von Galaxienhaufen oder Zwerggalaxien dazu führen, dass Dunkle Materie-Teilchen Energie und Impuls austauschen, wodurch sich die zentrale Dichteverteilung glättet und ein *„Core"* (Kern) statt eines *„Cusp"* entsteht.[4] Die erforderliche Streuquerschnitt pro Masse – σ/m – liegt dabei bei etwa 1 cm^2/g, ein Wert, der mit Beobachtungen von Systemen wie NGC 1052-DF2 oder dem *„Too Big to Fail"*-Problem vereinbar ist, aber gleichzeitig durch Galaxienhaufen wie dem Bullet Cluster

---

[4] Siehe Tulin, S., & Yu, H. B. (2018). Dark matter self-interactions and small scale structure. Physics Reports, 730, 1–57.

stark eingeschränkt wird, wo die Wechselwirkung nicht zu stark sein darf.[5]

SIDM ist damit kein Ersatz für Dunkle Materie, sondern eine physikalische Erweiterung ihres Eigenschaftsraums – ähnlich wie die Unterscheidung zwischen idealem und realem Gas in der Thermodynamik. Es ist kein Ad-hoc-Modell, sondern ein ernsthafter Kandidat, der inzwischen in Hydrodynamik-ähnlichen Simulationen (z. B. mit GADGET oder AREPO) implementiert wird und für bestimmte Galaxientypen bessere Übereinstimmung mit den Daten liefert als klassisches CDM.

Euclid, LSST und JWST: Neue Augen auf das dunkle Universum

Die entscheidende Frage – ob Dunkle Materie wirklich selbstwechselwirkt – wird in den kommenden Jahren sicherlich durch eine Flut neuer Beobachtungsdaten entschieden werden. Drei Missionen stehen dabei im Fokus:

- **Euclid (ESA):** Gestartet 2023, kartiert das Weltraumteleskop seit 2024 die Verteilung von Dunkler Materie über mehr als ein Drittel des Himmels mittels schwacher Gravitationslinsen und Baryonen-Oszillationen. Mit seiner hohen Winkelauflösung und photometrischen Präzision ermöglicht Euclid die detaillierte Rekonstruktion von Massendichteprofilen in Tausenden von Galaxien – von Zwergsystemen bis zu massiven Haufen. Erste Daten deuten bereits auf systematische Abweichungen in Satellitengalaxien hin, die mit SIDM-Szenarien vereinbar wären.

[5] Siehe Harvey, D., Massey, R., Kitching, T., Taylor, A., & Tittley, E. (2015). The nongravitational interactions of dark matter in colliding galaxy clusters. Science, 347(6229), 1462–1465.

- **Vera C. Rubin Observatory (LSST):** Ab 2026 wird das ehemals als „Legacy Survey of Space and Time“ (LSST) geplante Teleskop über zehn Jahre hinweg den südlichen Himmel systematisch durchleuchten. Mit über 500 Petabyte an Daten wird LSST die Dynamik von Millionen von Zwerggalaxien verfolgen, ihre Sterne vermessen und ihre Massenmodelle verfeinern. Die hohe zeitliche Abtastrate erlaubt es dann erstmals, veränderliche Linseneffekte und subtile Dynamiken in Satellitensystemen zu beobachten. Im Großen und Ganzen werden damit einzigartige Tests für SIDM und alternative Modelle möglich.
- **James Webb Space Telescope (JWST):** Obwohl nicht primär für Dunkle-Materie-Forschung konzipiert, liefert das JWST unerwartet tiefe Einblicke in die frühe Galaxienbildung (siehe Essay 34). Die Entdeckung massereicher, strukturierter Galaxien in hohen Rotverschiebungen ($z > 10$) stellt nämlich die CDM-Modelle vor ernsthafte Herausforderungen: Wie konnten sich solche Systeme so schnell bilden? Einige Forscher argumentieren, dass selbstwechselwirkende oder „wärmere“ Formen der Dunklen Materie die Strukturbildung beschleunigen könnten – oder dass die beobachteten Profile auf eine komplexe Wechselwirkung zwischen Dunkler Materie und frühen Sternentstehungsprozessen hindeuten. JWST erweitert damit indirekt den Parameterraum für Dunkle-Materie-Modelle.

Diese Missionen verändern die Lage: Dunkle Materie wird nicht länger nur als passiver Hintergrund betrachtet, sondern als dynamische Komponente mit möglicher Mikrophysik, deren Eigenschaften sich aus der Feinstruktur der Galaxien ableiten lassen. Die Kombination aus hochauflösender Gravitationslinsenanalyse, kinematischen Messungen und Simulationen eröffnet eine neue Ära der Dunkle-Materie-Astrophysik, einer Wissenschaft, die nicht nur nach Teilchen sucht, sondern auch deren kollektives Verhalten im kosmischen Netz untersucht.

Die Antwort auf die Frage „Was ist Dunkle Materie?" könnte also nicht in einem Detektor im Untergrund liegen, sondern in der Form einer fernen Zwerggalaxie, sichtbar gemacht durch die Präzision von Euclid und dem Vera C. Rubin-Teleskop.

Alternativen: Wenn die Theorie sich wehrt

Einige Wissenschaftler argumentieren, dass die Beobachtungen nicht auf eine unsichtbare Materiekomponente, sondern auf eine Modifikation der Gravitation selbst hindeuten. Die bekannteste Theorie ist MOND *(Modified Newtonian Dynamics)*, die postuliert, dass die Gravitationsbeschleunigung bei Werten unterhalb einer kritischen Schwelle ($a_0 \approx 1{,}2 \times 10^{-10}$ m/s^2) stärker abnimmt als nach dem Newtonschen Gravitationsgesetz. MOND beschreibt die Rotationskurven vieler Spiralgalaxien mit weniger Freiparametern als ΛCDM, versagt jedoch deutlich bei Galaxienhaufen, Gravitationslinsen (insbesondere im Bullet Cluster) und der Struktur der CMB-Anisotropien. Relativistische Erweiterungen wie TeVeS[6] konnten diese Probleme nicht vollständig lösen. Eine konsistente Theorie müsste daher sowohl galaktische als auch kosmologische Phänomene erklären, was eine bislang unerreichte Anforderung ist.

[6] **TeVeS** (Tensor-Vektor-Skalar-Gravitation) ist eine relativistische Erweiterung von MOND, die versucht, modifizierte Gravitation im Einklang mit der Relativitätstheorie zu formulieren, indem sie zusätzlich zu dem metrischen Tensor Vektor- und Skalarfelder einführt.

Weitere Ansätze wie *f(R)*-Gravitation[7] oder primordiale Schwarze Löcher sind durch Beobachtungen stark eingeschränkt oder erfordern fein abgestimmte Parameter. Im Vergleich dazu bietet das ΛCDM-Modell mit kalter Dunkler Materie eine einheitliche Erklärung für Galaxiendynamik, Gravitationslinsen, großräumige Struktur und CMB-Anisotropien – nicht aus Bequemlichkeit, sondern weil es auf mehreren unabhängigen Beobachtungsebenen konsistent mit den Daten ist.

Die Jagd nach dem Unsichtbaren

Trotz ihrer nachgewiesenen gravitativen Wirkung bleibt die mikrophysikalische Natur der Dunklen Materie unbekannt. Handelt es sich um schwere, schwach wechselwirkende Teilchen (WIMPs), um ultraleichte Axionen, die als kohärente Quantenfelder oszillieren, oder um eine bislang unbekannte Klasse von Teilchen oder Feldern jenseits des Standardmodells der Teilchenphysik?[8]

Direkte Nachweisexperimente wie XENONnT und LUX-ZEPLIN suchen in tiefen Untergrundlaboren nach seltenen Kollisionen zwischen Dunkler Materie und Atomkernen. Indirekte Suche zielt auf Zerfalls- oder Annihilationsprodukte in kosmischer Strahlung. Gleichzeitig kartieren Weltraumteleskope wie Euclid und bodengebundene Survey-Teleskope wie das des Vera C. Rubin Observatory die großräumige Verteilung von Dunkler Materie durch schwere Gravitationslinsen. Die kommenden

[7] **f(R)-Gravitation** ist eine modifizierte Gravitationstheorie, bei der die Einsteinsche Wirkung nicht linear vom Ricci-Skalar R abhängt, sondern von einer allgemeineren Funktion f(R), was zusätzliche Freiheitsgrade im Gravitationsfeld einführt und kosmologische Phänomene ohne dunkle Energie erklären könnte.

[8] Siehe Semertzidis, Y. K., & Youn, S. (2022). Axion dark matter: How to see it? Science Advances, 8(8), eabm9928.

Jahre könnten entscheidend sein. Entweder gelingt ein direkter Nachweis oder die bestehenden Modelle müssen grundlegend überdacht werden.

Ein Mysterium mit Gewicht

Dunkle Materie ist keine Hypothese aus einer Not heraus, sondern die konsequenteste Interpretation einer Vielzahl unabhängiger Beobachtungen. Sie erklärt die Dynamik von Galaxien, die Lichtablenkung durch Gravitationslinsen, die großräumige Struktur des Universums und die Anisotropien der Hintergrundstrahlung innerhalb des ΛCDM-Framework. Während ihre gravitative Wirkung gut dokumentiert ist, bleibt ihre Natur unentdeckt.

Möglicherweise handelt es sich um eine neue Klasse von Teilchen oder sie entzieht sich bisherigen Detektionsmethoden. Eines ist klar: Die beobachtbare Materie bildet nur einen kleinen Bruchteil des Universums. Dunkle Materie ist der deutlichste Hinweis darauf, dass unsere Vorstellung von Materie und der Struktur des Kosmos unvollständig ist.

Schlüsselgedanken

Dunkle Materie ist keine Theorie aus der Not heraus, sondern ein Faktum aus Beobachtung. Ihre Existenz ergibt sich aus der Diskrepanz zwischen sichtbarer Masse und gravitativer Wirkung – in Galaxien, Galaxienhaufen und dem großräumigen Netz.

Drei unabhängige Beweise bestätigen ihre Notwendigkeit:

1. Flache Rotationskurven von Spiralgalaxien zeigen, dass sichtbare Materie nicht ausreicht, um Sterne zu binden.

2. **Das Bullet Cluster-Ereignis** trennt sichtbare und unsichtbare Masse räumlich – ein Befund, der modifizierte Gravitationstheorien wie MOND schwer beschädigt.
3. **Die CMB-Anisotropien** liefern präzise Werte: Dunkle Materie macht ~26,5 % des Universums aus und war entscheidend für die Strukturbildung vor der Rekombination.

Ohne Dunkle Materie gäbe es keine Galaxien. Sie bildete frühzeitig gravitative Potentiale – das unsichtbare Gerüst, in dem sich baryonische Materie sammelte.

Ihre Natur bleibt unbekannt. WIMPs blieben unauffindbar, Axionen und sterile Neutrinos sind Kandidaten. Selbstwechselwirkende Dunkle Materie (SIDM) könnte Probleme im CDM-Modell lösen.

Die Zukunft gehört den Präzisionsmessungen. Mit Euclid, Rubin-LSST und JWST wird Dunkle Materie nicht nur gesucht, sondern auch vermessen – anhand der Form und Dynamik von Galaxien.

Die Antwort könnte nicht im Labor liegen, sondern am Himmel. Die wahre Natur der Dunklen Materie könnte sich nicht in einem Detektor, sondern in der Feinstruktur einer fernen Zwerggalaxie offenbaren.

8

Simulationen des kosmischen Netzes

Inhaltsverzeichnis

Wie entstand die großräumige Struktur des Universums – das Netz aus Galaxienfilamenten, Haufen und Leerräumen? Die reine Beobachtung allein reicht nicht aus, um die Entstehung dieser Struktur zu verstehen. Kosmologen verwenden daher großskalige Computersimulationen, um die Entwicklung des Universums von den anfänglichen Dichtefluktuationen bis zur Gegenwart numerisch zu modellieren. Heutige Simulationen können die statistischen Eigenschaften der beobachteten großräumigen Struktur erstaunlich gut reproduzieren und machen zugleich die Rolle

M. Scholz, *Das frühe Universum*,
https://doi.org/10.1007/978-3-662-73261-8_8

unsichtbarer Komponenten wie der Dunklen Materie sichtbar. Zu den bedeutendsten Projekten zählen die Millennium-Simulation (2005) und die Illustris- sowie IllustrisTNG-Simulationen (2014–2018). Alle basieren auf dem ΛCDM-Modell und berechnen die gravitative Dynamik von Milliarden Teilchen unter Einfluss der Expansion und der Dunklen Energie.

Die Millennium-Simulation – das erste kosmische Netz im Computer

Die Millennium-Simulation wurde 2005 am Max-Planck-Institut für Astrophysik durchgeführt und war damals die umfangreichste kosmologische *N*-Körper-Simulation. Sie nutzte die kosmologischen Parameter des ΛCDM-Modells, wie sie aus den CMB-Fluktuationen (WMAP) abgeleitet wurden. Die Simulation verfolgte die gravitative Entwicklung von 10^{10} Dunkle-Materie-Teilchen von einem sehr frühen Zeitpunkt ($z \approx 127$, wenige Millionen Jahre nach dem Urknall) bis zur Gegenwart.

Das Ergebnis war beeindruckend: Das simulierte Universum bildete ein Netzwerk aus Filamenten und Knoten, welches der beobachteten großräumigen Struktur erstaunlich stark ähnelt. Galaxienhaufen entstanden in den dichtesten Regionen der Dunklen Materie – den Knoten des Netzes. Die Positionen und Massenverteilungen der simulierten Halos stimmten statistisch mit der beobachteten Verteilung von Galaxienhaufen überein (Abb. 8.1).[1]

[1] Siehe Springel, V., White, S. D., Jenkins, A., Frenk, C. S., Yoshida, N., Gao, L., ... & Pearce, F. (2005). Simulations of the formation, evolution and clustering of

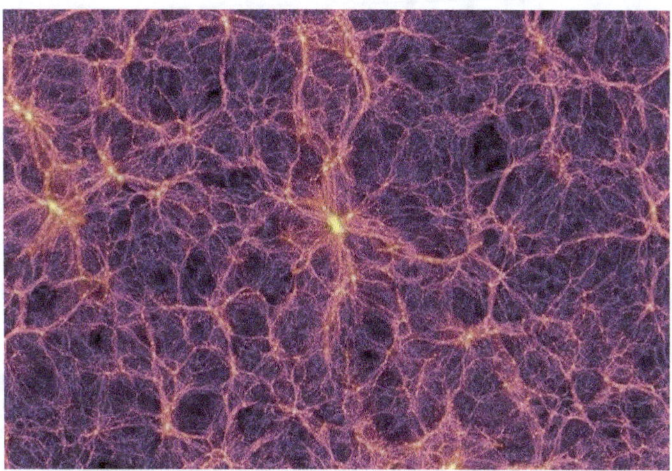

Abb. 8.1 Die Millennium-Simulation visualisiert die Verteilung der Dunklen Materie im heutigen Universum – das unsichtbare Gerüst, auf dem sich Galaxien und kosmische Strukturen bilden. Mit über 10 Mrd. Teilchen modelliert sie den Kosmos auf einer räumlichen Skala von mehreren Gigaparsec (Gpc) bis zu subgalaktischen Einheiten (~10 Kiloparsecs, kpc), wobei die dynamische Reichweite (10^5 pro Dimension in 3-D) die hierarchische Entwicklung des universellen Netzes zeigt. Die leuchtenden Fäden und Knoten symbolisieren Dichtebereiche, in denen Galaxienhaufen entstehen, während die dunklen Voids nahezu leer sind. Diese Darstellung bestätigt das ΛCDM-Modell als Standardtheorie der Kosmologie, indem sie die Beobachtungen der großräumigen Struktur mit theoretischen Vorhersagen übereinstimmen lässt. (Wikimedia)

Die Simulation demonstrierte eindrucksvoll:

- Die gravitative Verstärkung anfänglicher Dichtefluktuationen aus dem CMB führt über Milliarden von Jahren zur heutigen großräumigen Struktur.
- Die Dunkle Materie bildet frühzeitig gravitative Potentiale (Halos), die als Grundlage für die spätere Ansammlung baryonischer Materie dienen.

---

galaxies and quasars. Nature, 435(7042), 629–636.

- Die beobachtete räumliche Verteilung und Dynamik von Galaxien ist nur mit der Annahme einer dominanten Dunklen Materie erklärbar.

Volker Springel, Leiter der Simulation, fasste es in einem Vortrag wie folgt prägnant zusammen:

> *„Die Übereinstimmung zwischen Simulation und Beobachtung ist so gut, dass wir heute sagen können: Wir verstehen, wie das Universum gebaut ist – zumindest auf großen Skalen."*

Illustris, TNG und FLAMINGO – die nächste Generation

Seit 2014 haben Projekte wie Illustris (2014) und IllustrisTNG (2018) die kosmologische Simulationstechnik erheblich weiterentwickelt. Im Gegensatz zur Millennium-Simulation, die nur die Gravitation der Dunklen Materie modelliert, verwenden diese hydrodynamischen Simulationen vollständige Magnetohydrodynamik (MHD) und berücksichtigen auch Prozesse wie Sternentstehung, das Rückwirken von Supernova-Explosionen, Ausflüsse aus den Zentren aktiver Galaxien (AGN, also supermassereiche Schwarze Löcher) und die Wirkung kosmischer Magnetfelder. Damit lassen sich nicht nur die großräumige Struktur, sondern auch Eigenschaften einzelner Galaxien – wie Morphologie, Metallizität und Sternentstehungsrate – realistisch abbilden.[2]

[2] Siehe Vogelsberger, M., Genel, S., Springel, V., Torrey, P., Sijacki, D., Xu, D., ... & Hernquist, L. (2014). Introducing the Illustris Project: simulating the coevolution of dark and visible matter in the Universe. Monthly Notices of the Royal Astronomical Society, 444(2), 1518–1547.

Das jüngste Projekt, FLAMINGO (2023), stellt eine neue Benchmark dar: Mit bis zu 300 Mrd. Teilchen ist es die bisher größte hydrodynamische Simulation des Universums, die großskalige Strukturbildung und galaxienphysikalische Prozesse in einem einheitlichen Modell vereint. Besonders bemerkenswert ist die explizite Einbeziehung von Neutrinos. Obwohl sie fast masselos sind, bewegen sie sich extrem schnell und können dadurch die Bildung kleiner Strukturen verlangsamen. Dies führt zu einem beobachtbaren Effekt, der sich letztendlich in der Verteilung der Galaxien widerspiegelt.[3]

Simulationen wie Millennium, Illustris und FLAMINGO zeigen: Ohne Dunkle Materie gäbe es keine kosmischen Netze, keine Galaxienhaufen, keine vertraute Struktur des Himmels. Sie sind der unsichtbare Architekt unseres Universums.

Schlüsselgedanken

Das kosmische Netz entstand aus winzigen Dichtefluktuationen. Die großräumige Struktur des Universums entwickelte sich über Milliarden von Jahren aus den kleinen Anomalien im CMB – verstärkt durch Gravitation.

Computermodelle sind unverzichtbar. Simulationen wie Millennium (2005), IllustrisTNG (2018) und FLAMINGO (2023) rekonstruieren die Strukturentstehung mit Milliarden von Teilchen – von der Dunklen Materie bis zu einzelnen Galaxien.

---

[3] Siehe Schaye, J., Kugel, R., Schaller, M., Helly, J. C., Braspenning, J., Elbers, W., ... & Nobels, F. S. (2023). The FLAMINGO project: cosmological hydrodynamical simulations for large-scale structure and galaxy cluster surveys. Monthly Notices of the Royal Astronomical Society, 526(4), 4978–5020.

Dunkle Materie ist das unsichtbare Gerüst. Sie bildete frühzeitig gravitative Potentiale (Halos), in denen sich baryonische Materie sammelte – ohne sie gäbe es kein kosmisches Netz.

Baryonen-Physik formt die Details. Moderne Simulationen berücksichtigen Sternentstehung, Supernovae, AGN-Ausflüsse und Magnetfelder – und erzeugen realistische Galaxien.

Neutrinos beeinflussen die Struktur. In FLAMINGO wurden massereiche Neutrinos erstmals explizit eingebaut – sie dämpfen die Bildung kleiner Strukturen und verfeinern die Vorhersagen.

Die Simulationen bestätigen das ΛCDM-Modell. Die Übereinstimmung mit Beobachtungen ist beeindruckend – doch Abweichungen könnten auf „neue Physik" hindeuten.

Sie sind der Dialog zwischen Theorie und Beobachtung. Simulationen testen Modelle, generieren Vorhersagen und helfen, die Daten von JWST und Euclid zu interpretieren – sie zeigen, wie das Universum sich selbst gebaut hat.

9

Die Geburt des kosmischen Netzes – die erste Milliarde Jahre

Inhaltsverzeichnis

Wie entwickelte sich die großräumige Struktur des Universums in den ersten Milliarden Jahren nach dem Urknall? Diese Phase war geprägt von der schrittweisen Entstehung von Strukturen aus anfänglichen Dichtefluktuationen – ein Prozess, der heute durch Beobachtungen und Simulationen

M. Scholz, *Das frühe Universum*,
https://doi.org/10.1007/978-3-662-73261-8_9

(siehe Essay 8) rekonstruiert werden kann. Was wäre zu beobachten, wenn man diese Entwicklung direkt verfolgen könnte?

Am Anfang: Stille und Dunkelheit

Nach der Rekombination vor etwa 380.000 Jahren wurde das Universum für Photonen transparent. Die kosmische Mikrowellenhintergrundstrahlung (CMB) entkoppelte und breitet sich seitdem frei aus. Keine Sterne oder Galaxien existierten zu diesem Zeitpunkt; das Universum war frei von Licht emittierenden Quellen. Die Dichtefluktuationen, wie sie in der CMB mit einer Amplitude von etwa 18 μK sichtbar sind, repräsentieren jedoch bereits die Anfangsbedingungen für die spätere Strukturbildung. Die Voraussetzungen für die Entwicklung des kosmischen Netzes waren damit zu diesem Zeitpunkt bereits gegeben.

Die Dunkle Materie begann sich bereits vor der Rekombination unter Wirkung der Gravitation zu verdichten. Aus den anfänglichen Dichtefluktuationen – vermutlich erzeugt durch Quantenfluktuationen während der Inflation – wuchsen durch gravitative Instabilität die ersten Dunkle-Materie-Halos mit Massen von 10^5–10^8 Sonnenmassen. Diese Halos bildeten gravitative Potentialmulden, die nach der Rekombination neutrale baryonische Materie anziehen konnten, was die Grundvoraussetzung für die Bildung von Sternen und Galaxien ist (Abb. 9.1).

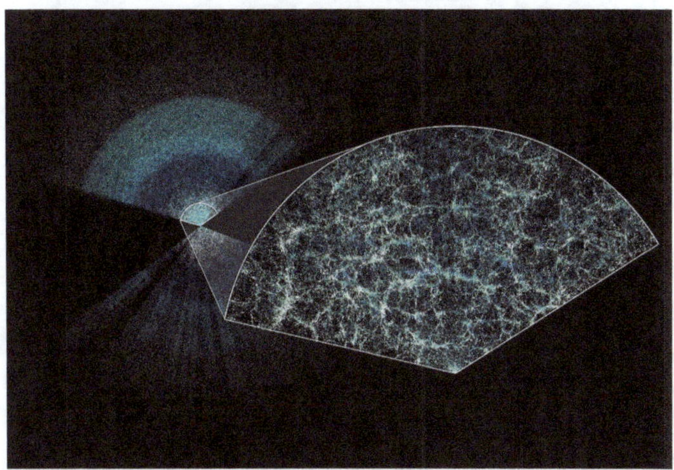

Abb. 9.1 Das kosmische Netz ist die hierarchische Architektur des Universums, geprägt von Gravitationskräften und Dunkler Materie. Die Abbildung zeigt ein Fragment dieser Struktur: Dichte Filamente (blau) bündeln Galaxien, während leere Voids (dunkle Bereiche) das größte Volumen ausmachen. Diese Muster entstanden durch die Verstärkung winziger Quantenfluktuationen nach dem Urknall – ein Schlüssel für die Entstehung von Galaxienhaufen, Sternentstehung und der räumlichen Ordnung unseres Kosmos. (DESI Collaboration)

100 Mio. Jahre nach dem Urknall

Etwa 100 bis 200 Mio. Jahre nach dem Urknall ($z \approx 20$–30) erreichten die dichtesten Regionen im Gravitationspotential der Dunklen Materie eine kritische Dichte. In diesen Zentren sammelte sich nämlich der neutrale Wasserstoff, verdichtete sich gravitativ und heizte sich auf. In den dichten Gaswolken erreichten nach kurzer Zeit die Kerne Temperaturen von ca. einer Million Grad, sodass die Kernfusion (Wasserstoffbrennen) zündete. Das stellt nichts anderes als die Geburt der ersten Sterne dar, die man heute als „Population-III-Sterne" klassifiziert. Diese waren äußerst massereich (10–300 Sonnenmassen), extrem heiß (Oberflächentemperaturen bis 100.000 K) und aufgrund ihrer großen Masse auch äußerst kurzlebig (nur wenige Millionen Jahre). Ihre intensive UV-Strahlung markierte den Beginn der elektromagnetischen Aktivität im Universum und damit den Anfang der Reionisationsära.

Die UV-Strahlung der massereichen Population-III-Sterne ionisierte den umgebenden neutralen Wasserstoff, indem sie Elektronen von Protonen trennte. Diese ionisierten Regionen – sogenannte H-II-Gebiete – dehnten sich langsam aus. Aufgrund der geringen Zahl früher Sterne blieb der Prozess zunächst lokal begrenzt und bildete isolierte Blasen im ansonsten neutralen intergalaktischen Medium.

200 bis 500 Mio. Jahre

Zwischen 200 und 500 Mio. Jahren nach dem Urknall ($z \approx$ 15–6) nahm die Zahl der Sterne und Galaxien zu. Dunkle-Materie-Halos wuchsen durch Akkretion und Verschmelzung, sammelten baryonische Materie ein und bildeten die ersten Zwerggalaxien. Die UV-Strahlung dieser Systeme erweiterte die ionisierten Blasen kontinuierlich. Zwischen $z \approx 7$ und 6 überlappten die ionisierten Blasen zunehmend, bis das intergalaktische Medium großflächig ionisiert war – ein Übergang, der sich über mehrere Hundert Millionen Jahre erstreckte. Danach war das intergalaktische Medium dauerhaft transparent für UV- und sichtbares Licht.

Obwohl die Strahlung früher Sterne als Hauptquelle der Reionisation gilt, könnten durchaus auch weitere Energiequellen zur Wasserstoffionisation beigetragen haben. Einige massereiche Population-III-Sterne sollten ziemlich schnell als Schwarze Löcher mit Massen von 10^2–10^4 Sonnenmassen geendet haben – als sogenannte Seed-Black holes

Das von ihnen angezogene Gas heizte sich in deren Akkretionsscheibe extrem auf und emittierte intensive Strahlung im UV- und Röntgenbereich. Solche aktiven galaktischen Kerne (AGN) könnten lokal zur Ionisation beigetragen haben, besonders in der späten Phase der Reionisation, obwohl ihre Zahl in der frühen Phase vermutlich eher gering war.

800 Mio. bis 1 Mrd. Jahre

Zwischen 800 Mio. und 1 Mrd. Jahren nach dem Urknall ($z \approx 6$–4) war die großräumige Struktur bereits deutlich ausgeprägt. Entlang der filamentartigen Verteilung der Dunklen Materie bildeten sich Galaxienketten und Galaxiengruppen. In den dichtesten Knoten entstanden die ersten Vorläufer von Galaxienhaufen. Diese Struktur – das kosmische Netz – ist das Resultat der gravitativen Verstärkung anfänglicher kleiner Dichtefluktuationen.

In solchen Umgebungen entstand auch der Vorläufer der Milchstraße durch hierarchische Verschmelzung kleinerer Systeme. In den Sternen dieser Galaxien wurden bei Kernfusion und in Supernova-Explosionen die ersten schweren Elemente (C, O, Fe) erzeugt. Diese chemische Anreicherung markierte den Beginn der nuklearen Evolution, die später die Bildung von Planetensystemen und die Entstehung einer komplexen Chemie ermöglichte.

Simulierte Welten: Wie Simulationen die Geschichte des Netzes erzählen

Die Geschichte des kosmischen Netzes ist kein statisches Bild – sie ist ein dynamischer Prozess über Milliarden von Jahren, der sich nur durch die Kombination aus Theorie,

Beobachtung und Simulation rekonstruieren lässt. Während die großräumige Struktur heute beobachtbar ist, bleibt ihre Entstehung verborgen – doch Computersimulationen wie IllustrisTNG und MillenniumTNG ermöglichen es uns, diese Entwicklung Schritt für Schritt nachzuvollziehen (siehe Essay 8).

Im Gegensatz zu früheren Modellen integrieren diese modernen Simulationen nicht nur die Gravitation der Dunklen Materie, sondern auch die komplexen Rückkopplungsprozesse baryonischer Physik: Supernova-Ausbrüche, die Gas aus Zwerggalaxien herausblasen, und Energieinjektion durch aktive galaktische Kerne (AGN), welche die Bildung neuer Sterne hemmen können. Erst mit diesen Effekten entstehen realistische Galaxien, die nicht zu massereich und auch nicht zu leuchtkraftstark sind und, was das Wichtigste ist, mit den Beobachtungen übereinstimmen.[1]

Besonders wertvoll sind diese Simulationen für die Rekonstruktion der ersten Milliarde Jahre der Geschichte des Urknalls. Sie zeigen, wie sich aus kleinen Dunkle-Materie-Halos bei $z \approx 30$ die ersten Sterne bilden, wie deren UV-Strahlung langsam das intergalaktische Medium ionisiert und wie sich die ersten Filamente aus Galaxienketten entlang der gravitativen Potentialmulden entwickeln. Diese Modelle liefern Vorhersagen für die Verteilung, Helligkeit und Massen der frühen Galaxien – genau die Größen, die nun mit dem JWST beobachtet werden (siehe Essay 34).

Und hier zeigt sich eine faszinierende Erscheinung: Einige der von JWST entdeckten Galaxien bei $z > 10$ sind massereicher und strukturierter, als es die meisten Simulationen vorhersagen. Das könnte bedeuten, dass die Rück-

---

[1] Siehe Nelson, D., Springel, V., Pillepich, A., Rodriguez-Gomez, V., Torrey, P., Genel, S., ... & Hernquist, L. (2019). The IllustrisTNG simulations: public data release. Computational Astrophysics and Cosmology, 6(1), 2.

kopplungsmodelle angepasst werden müssen – oder dass die Anfangsbedingungen (z. B. die Amplitude der primordialen Fluktuationen) anders waren, als im Standardmodell angenommen wird. Die Simulationen sind also nicht nur Bestätigungsinstrumente – sie sind Testfelder für die Grenzen des ΛCDM-Modells.

Indem wir Beobachtungen mit Simulationen vergleichen, verwandeln wir die Kosmologie von einer deskriptiven in eine experimentelle Wissenschaft: Was wir heute sehen, wird mit dem verglichen, was unter bestimmten physikalischen Annahmen entstehen sollte. Der Unterschied zwischen beiden ist kein Versagen der Modelle – er ist vielmehr eine erwünschte Information. Er zeigt, was wir noch nicht verstehen – und wo eventuell eine „neue Physik" lauern könnte.

So wird die Geburt des kosmischen Netzes nicht nur erzählt – sie wird nachgerechnet, überprüft, angepasst. Die Simulationen sind nicht das Modell – sie sind der Dialog zwischen Theorie und Beobachtung.

Was diese Reise lehrt

Die Entstehung der großräumigen Struktur ist kein einmaliges Ad-hoc-Ereignis, sondern vielmehr ein hierarchischer Prozess, der über Milliarden von Jahren ablief. Er wurde getrieben von

- der gravitativen Wirkung der Dunklen Materie, deren Verteilung die großräumige Struktur vorgab,
- der ersten Sternentstehung, die das intergalaktische Medium ionisierte und mit „Metallen" anreicherte,
- und der Energieabgabe durch frühe Schwarze Löcher, die durch Akkretion lokale Rückkopplungseffekte erzeugten.

Direkt beobachten können wir diese ersten Strukturen noch nicht – doch das JWST liefert immerhin die ersten Bilder von Galaxien jener Ära und macht die Rekonstruktion der Geburt des kosmischen Netzes möglich. Jede detektierte Quelle liefert Daten über Sternentstehung, chemische Zusammensetzung und Umgebung – alles Bausteine für die Rekonstruktion der Entwicklung des kosmischen Netzes. Damit beginnt quasi eine neue Ära in der empirischen Frühzeitkosmologie.

Schlüsselgedanken

Das kosmische Netz entstand schrittweise aus winzigen Dichtefluktuationen. Die 18 μK-Schwankungen im CMB waren die Keime für Galaxien, Filamente und Voids – verstärkt durch Gravitation über Milliarden von Jahren.

Dunkle Materie baute das unsichtbare Gerüst. Schon vor der Rekombination bildeten sich Dunkle-Materie-Halos – die gravitativen Potentiale, in denen sich Baryonen sammelten und Sterne entstehen konnten.

Die ersten Sterne (Population III) leiteten die Reionisation ein. Vor 100–200 Mio. Jahren zündeten massereiche, metallfreie Sterne – ihr UV-Licht ionisierte das neutrale Gas und brachte das Universum aus der Dunkelheit.

Die Reionisation war ein inhomogener Prozess. Aus kleinen H-II-Blasen entstand über Hunderte von Millionen Jahren ein durchgängig transparentes Universum bis $z \approx 6$.

Galaxien entstanden hierarchisch. Kleine Systeme verschmolzen zu größeren Strukturen – die Vorläufer der Milchstraße entstanden durch Akkretion und Kollision.

Simulationen wie IllustrisTNG und MillenniumTNG sind entscheidend. Sie verbinden Theorie und Beobachtung und zeigen, wie Rückkopplungseffekte (Supernovae, AGN) die Galaxienbildung formen.

JWST bringt eine neue Ära. Die Entdeckung massereicher früher Galaxien stellt Simulationen auf die Probe – und könnte auf „neue Physik" oder angepasste Modelle der Strukturentstehung hindeuten.

Das Universum ist kein Zufall. Die heutige Struktur ist das Ergebnis eines hierarchischen, über Milliarden von Jahren ablaufenden Prozesses – von Quantenfluktuationen bis zur kosmischen Großstruktur.

10

Silk-Dämpfung: Wie das Licht die Geburt der Strukturen bremste

Inhaltsverzeichnis

In den ersten etwa 380.000 Jahren nach dem Urknall befand sich das Universum in einem Zustand eines heißen, dichten Plasmas, in dem Photonen, Elektronen und Atomkerne durch häufige Streuung stark miteinander gekoppelt waren. In dieser Phase entfaltete sich eine entscheidende, aber indirekt beobachtbare Dynamik: Während die Dunkle Materie bereits unter Wirkung der Gravitation Dichtefluktuationen ausbilden konnte, wurde die baryonische

M. Scholz, *Das frühe Universum*,
https://doi.org/10.1007/978-3-662-73261-8_10

Materie durch die Wechselwirkung mit dem Strahlungsfeld daran gehindert, sich effizient zu verdichten.

Dieses Phänomen wird als „Silk-Dämpfung“ bezeichnet – benannt nach dem Astrophysiker Joseph Silk, der 1968 zeigte, dass die Diffusion von Photonen in dem heißen Plasma zu einer Glättung kleiner Dichtefluktuationen führt.[1] Es handelt sich um einen subtilen, aber fundamentalen Effekt, der die Entwicklung der großräumigen Struktur des Universums maßgeblich beeinflusst hat.

Was geschieht bei der Silk-Dämpfung?

Im frühen Universum bestand das baryonische Plasma aus freien Elektronen, Protonen und Heliumkernen, die durch Compton-Streuung an Photonen ständig miteinander wechselwirkten. Diese Kopplung hielt das Plasma und die Strahlung im thermischen Gleichgewicht.

Wenn sich eine lokale Dichtefluktuation bildete, verstärkte die Gravitation diese zunächst. Doch die darin enthaltene baryonische Materie wurde durch den Strahlungsdruck der Photonen daran gehindert, sich weiter zusammenzuziehen. Man kann sich dies wie eine Menschenmenge vorstellen: Wo es zu eng wird, drängen einzelne Personen in die weniger dichten Bereiche. Ähnlich glätten Photonen kleine Überdichten, indem sie aus dichteren Regionen entweichen. Diese Diffusion transportierte Energie und glättete Temperatur- und Dichteunterschiede.

Auf kleinen Skalen überwog dieser Ausgleichseffekt die gravitative Instabilität, sodass kleine Fluktuationen gedämpft wurden. Nur auf größeren Skalen, dort wo die

---

[1] Siehe Silk, J. (1968). Cosmic black-body radiation and galaxy formation. Astrophysical Journal, vol. 151, p. 459.

Gravitation schneller wirkte, als die Photonen diffundieren konnten, überlebten die Dichteanomalien. Dieser Prozess der Glättung kleiner Strukturen durch Photonen-Diffusion wird als Silk-Dämpfung bezeichnet und setzt eine untere Grenze für die Skalen, auf denen baryonische Strukturen entstehen konnten.

Wie zeigt sich Silk-Dämpfung in den Beobachtungsdaten?

Die Silk-Dämpfung ist kein rein theoretisches Konzept, sondern wird direkt im Leistungsspektrum der kosmischen Mikrowellenhintergrundstrahlung (CMB) beobachtet (Abb. 10.1).

Die CMB weist Temperaturanisotropien von etwa 18 μK auf, die den räumlichen Dichtefluktuationen zum Zeitpunkt der Rekombination entsprechen. Im Leistungsspektrum (dargestellt als Funktion der multipolen ℓ) zeigt sich ein klares Muster:

- Auf großen Winkelskalen (niedrige ℓ-Werte, $\ell \lesssim 200$) ist die Amplitude der Fluktuationen hoch – hier dominierten gravitative Effekte (Sachs-Wolfe-Effekt).
- Auf kleinen Skalen (hohe ℓ-Werte, $\ell > 1000$) nimmt die Amplitude deutlich ab – ein Bereich, in dem die Silk-Dämpfung wirksam ist.

Diese Dämpfung tritt bei Winkeln unter etwa 0,2° auf ($\ell > 1000$) und folgt einer exponentiellen Form: $\propto \exp\left(-\frac{\ell^2}{\ell_D^2}\right)$, wobei ℓ_D die charakteristische „Silk-Skala" ist, die von der baryonischen Dichte und der Expansionsgeschichte abhängt. Die Übereinstimmung mit den Daten

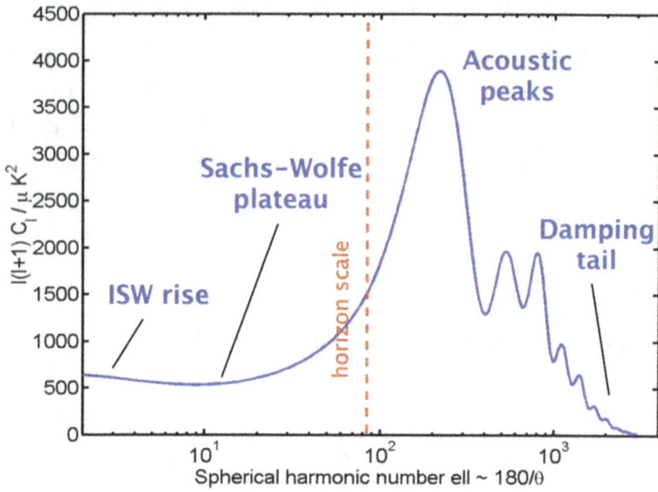

Abb. 10.1 Das CMB-Leistungsspektrum zeigt die Amplitude der Temperaturfluktuationen des kosmischen Mikrowellenhintergrunds über verschiedene Winkelskalen (dargestellt durch den sphärischen Harmonischen Index ℓ). Das „Sachs-Wolfe-Plateau" (links) reflektiert die primordialen Fluktuationen auf großen Skalen. Die charakteristischen „akustischen Peaks" (Mitte) entstehen durch Druckwellen im Urplasma und bestätigen die räumliche Flachheit des Universums. Der „Dämpfungsschwanz" (rechts) resultiert aus der Silk-Dämpfung: Photonen-Diffusion vor der Rekombination glättete kleine Dichtefluktuationen, was zu einer exponentiellen Abnahme der Amplitude auf hohen ℓ-Werten führt. Die rote Linie markiert die Horizontskala (~180/θ), unterhalb derer Silk-Dämpfung dominiert.

von Planck, WMAP und ACT ist übrigens exzellent, was ein klarer Beleg für die physikalische Realität des Effekts ist.

Eine Analogie

Die Silk-Dämpfung wirkt selektiv auf kleine räumliche Skalen und führt dort zur Glättung von Dichtefluktuationen, ähnlich wie viskose Effekte in klassischen Fluiden kleinräumige Turbulenzen dämpfen – ein Prozess, der durch die Diffusion von Photonen im dichten Plasma vermittelt wird.

Was Silk-Dämpfung über das „Dunkle Zeitalter" verrät

Obwohl das „Dunkle Zeitalter" nach der Rekombination nicht direkt beobachtbar ist, liefert die Silk-Dämpfung entscheidende indirekte Informationen über die physikalischen Bedingungen vor und bei der Rekombination.

1. Untere Grenze für Strukturskalen
Silk-Dämpfung unterdrückte Dichtefluktuationen auf Skalen kleiner als die Silk-Länge (typisch einige 10 Mpc (comoving),[2] was heute einigen Dutzend Millionen Lichtjahren entspricht). Nur größere Strukturen überlebten und wurden die Keime für Galaxienhaufen und Filamente des kosmischen Netzes.

2. Beleg für Dunkle Materie
Da Dunkle Materie nicht mit Photonen wechselwirkt, konnte sie sich bereits vor Rekombination verdichten und bildete die gravitativen Potentiale, in die baryonische Materie nach der Entkopplung strömen konnte. Die Tatsache, dass Strukturen trotz Silk-Dämpfung existieren, bestätigt die entscheidende Rolle der Dunklen Materie.

3. Rekonstruktion der Frühzeit
Die Stärke der Dämpfung hängt von der baryonischen Dichte (Ω_b), der Expansionsrate (H_0) und der Opazität des Plasmas ab. Durch die Analyse des CMB-Leistungsspektrums können diese Parameter präzise bestimmt werden – und ermöglichen so eine Rekonstruktion der Physik der ersten 380.000 Jahre.

---

[2] „Comoving" bezeichnet eine Entfernungsmaßeinheit, die die Expansion des Universums herausrechnet. Comoving-Distanzen bleiben zeitlich konstant, während sich physikalische Entfernungen durch die kosmische Expansion vergrößern. Angaben in „Mpc (comoving)" ermöglichen einen direkten Vergleich von Größenverhältnissen über kosmologische Zeiten hinweg.

Silk-Dämpfung und die baryonischen akustischen Oszillationen (BAOs)

Die BAOs sind Druckwellen im Plasma, die eine charakteristische Skala von ~150 Mpc hinterließen (siehe Essay 5). Silk-Dämpfung überlagert diese, indem sie ihre Amplitude auf kleineren Skalen reduziert – was bedeutet, dass die Wellen nicht verschwinden, sondern nur abgeschwächt werden.

Diese Wellen breiteten sich durch das heiße Plasma aus, bis die Rekombination die Kopplung zwischen Photonen und Elektronen beendete und die Wellen „einfroren". Sie hinterließen auf diese Weise eine charakteristische Überschussdichte bei einem Abstand von etwa 150 Mpc (comoving) in der Galaxienkorrelation – die BAO-Skala.

Silk-Dämpfung reduzierte die Amplitude dieser Oszillationen zwar auf kleinen Skalen, ließ sie aber nicht verschwinden. Ihre Beobachtung in großräumigen Surveys (z. B. SDSS, DESI) bestätigt, dass die baryonische Dichte Ω_b klein ist, was ein weiterer deutlicher Hinweis auf die Dominanz der Dunklen Materie ist.

Warum ist Silk-Dämpfung heute noch wichtig?

Die Silk-Dämpfung ist kein bloßer Relikt-Effekt, sondern ein präzises Werkzeug der modernen Kosmologie:

- Sie ermöglicht die Bestimmung der baryonischen Dichte Ω_b aus dem CMB-Spektrum – ein Wert, der hervorragend mit der Urknall-Nukleosynthese übereinstimmt.
- Sie dient als Test für eine eventuelle „neue Physik": Abweichungen könnten auf exotische Wechselwirkungen (z. B. zwischen Dunkler Materie und Photonen) hindeuten.

- Sie erklärt, warum die großräumige Struktur auf kleinen Skalen unterdrückt ist: Nur Fluktuationen oberhalb der Silk-Skala konnten zur Strukturentstehung beitragen.

Das Echo einer unsichtbaren Ära

Silk-Dämpfung war der Filter, der entschied, welche Fluktuationen überlebten und welche nicht – und damit, wie die kosmische Architektur bis heute aussieht. Ohne diesen Effekt wären Galaxien und Galaxienhaufen anders verteilt.

Sie ist ein Beispiel dafür, wie subtile, nicht-sichtbare physikalische Prozesse die großräumige Architektur des Kosmos bestimmen – und wie präzise CMB-Messungen es uns ermöglichen, in eine Ära zu blicken, die vor der Entstehung von Sternen lag.

Silk-Dämpfung erinnert uns daran:
Das Unsichtbare formt das Sichtbare.

Schlüsselgedanken

Silk-Dämpfung glättete kleine Dichtefluktuationen. Im heißen Plasma vor der Rekombination verhinderte die Diffusion von Photonen, dass sich baryonische Materie auf kleinen Skalen verdichtete – ein Effekt, der nach Joseph Silk benannt ist.

Sie wirkt wie ein kosmischer Filter. Nur Dichtefluktuationen auf Skalen größer als die Silk-Länge (~10–30 Mpc) überlebten und konnten später zu Galaxienhaufen und Filamenten werden.

Sie ist direkt im CMB-Leistungsspektrum messbar. Auf kleinen Winkelskalen ($\ell > 1000$) nimmt die Amplitude der

Anisotropien exponentiell ab – ein klares Signal der Dämpfung, das exzellent mit den Daten von Planck und WMAP übereinstimmt.

Sie bestätigt die Rolle der Dunklen Materie. Da Dunkle Materie nicht vom Strahlungsdruck beeinflusst wird, konnte sie bereits vor der Rekombination Strukturen bilden – die Keime, in denen sich Baryonen nach der Rekombination sammelten.

Sie ermöglicht präzise Kosmologie. Aus der Stärke der Dämpfung lassen sich die baryonische Dichte Ω_b und die Expansionsgeschichte bestimmen – Werte, die mit der Urknall-Nukleosynthese übereinstimmen.

Sie formte das kosmische Netz. Ohne Silk-Dämpfung wäre die großräumige Struktur des Universums viel feinkörniger und anders verteilt.

Das Unsichtbare formt das Sichtbare. Ein subtiler Prozess in einer Ära ohne Licht war entscheidend dafür, wie der Kosmos heute aussieht.

11

Self-Interacting Dark Matter (SIDM) und modifizierte Gravitation: Alternativen zu ΛCDM

Inhaltsverzeichnis

Seit den frühen 2000er-Jahren hat sich das ΛCDM-Modell als Standard der modernen Kosmologie etabliert (siehe Essay 3). Es kombiniert eine kosmologische Konstante Λ mit kalter, nicht-wechselwirkender Dunkler Materie und erweist sich in erstaunlichem Maße als erfolgreich. Ob in den winzigen Anisotropien der kosmischen Mikrowellenhintergrundstrahlung, in der großräumigen Galaxienverteilung, in der Gravitationsdynamik von Galaxienhaufen oder in der beschleunigten Expansion des Universums – immer wieder bestätigt sich die Konsistenz des Modells.[1] Gerade

[1] Siehe Aghanim, N. (2020). Planck 2018 results. VI. Cosmological parameters. Astron. Astrophys, 641, A6.

M. Scholz, *Das frühe Universum*,
https://doi.org/10.1007/978-3-662-73261-8_11

diese Erfolgsbilanz jedoch verleiht den verbleibenden Abweichungen besonderes Gewicht. Denn es handelt sich nicht um harmlose statistische Schwankungen, sondern um systematische Widersprüche, die sich im Laufe der Jahre zunehmend verfestigt haben und die Grundlagen des Modells herausfordern.[2]

Zwei Problemfelder stehen im Zentrum dieser Debatte. Auf globaler Ebene sind es die Hubble-Spannung und die S_8-Spannung, also Inkonsistenzen zwischen frühen, auf der CMB-Analyse basierenden Bestimmungen der Expansionsrate und der Strukturamplitude einerseits sowie lokalen, direkt beobachteten Werten andererseits.[3] Die Hubble-Spannung (siehe Essay 25), die mittlerweile über 5σ Signifikanz erreicht, deutet darauf hin, dass entweder systematische Fehler in den Messmethoden vorliegen oder das ΛCDM-Modell die physikalischen Bedingungen im frühen Universum unvollständig beschreibt. Die S_8-Spannung hingegen betrifft die Stärke der Strukturbildung: Während die Planck-CMB-Daten eine bestimmte Amplitude erwarten lassen, zeigen großräumige Linsen- und Galaxiendurchmusterungen wie DESI oder KiDS tendenziell schwächere Fluktuationen.[4] Beide Spannungen könnten Hinweise auf eine „neue Physik" sein – etwa eine zeitlich variable Dunkle Energie, sterile Neutrinos oder selbstwechselwirkende Dunkle Materie.

---

[2] Siehe Di Valentino, E., Mena, O., Pan, S., Visinelli, L., Yang, W., Melchiorri, A., … & Silk, J. (2021). In the realm of the Hubble tension – a review of solutions. Classical and Quantum Gravity, 38(15), 153001.

[3] Siehe Riess, A. G., Yuan, W., Macri, L. M., Scolnic, D., Brout, D., Casertano, S., … & Zheng, W. (2022). A comprehensive measurement of the local value of the Hubble constant with 1 km s - 1 Mpc -1 uncertainty from the Hubble Space Telescope and the SH0ES team. The Astrophysical journal letters, 934(1), L7.

[4] Siehe Alam, S., Ata, M., Bailey, S., Beutler, F., Bizyaev, D., Blazek, J. A., … & Zhao, G. B. (2017). The clustering of galaxies in the completed SDSS-III Baryon Oscillation Spectroscopic Survey: cosmological analysis of the DR12 galaxy sample. Monthly Notices of the Royal Astronomical Society, 470(3), 2617–2652.

Auf kleineren Skalen offenbaren sich weitere Diskrepanzen zwischen Simulationen und Beobachtungen. So sagen CDM-Simulationen wie Millennium oder IllustrisTNG steil ansteigende Dichteprofile in den Zentren galaktischer Halos voraus – sogenannte Cusp-Profile – sowie eine deutlich größere Zahl an Satellitengalaxien um Galaxien von der Art der Milchstraße, als tatsächlich beobachtet wird. Diese beiden Probleme, bekannt als „Cusp Core Problem" und „Missing Satellites Problem", treten besonders bei Zwerggalaxien auf, wo baryonische Effekte wie Supernova-Feedback oft zu schwach sind, um die Diskrepanz vollständig zu erklären. Beobachtungen zeigen stattdessen flache Dichtezentren (*Cores*) und weniger Begleitgalaxien, was die Vorhersagen des klassischen CDM-Szenarios infrage stellt.[5]

Aus dieser Gemengelage heraus haben sich zwei große Richtungen alternativer Ansätze entwickelt. Die erste bleibt innerhalb des Teilchenmodells und erweitert die Eigenschaften der Dunklen Materie, etwa in Form der Hypothese der „selbstwechselwirkenden Dunklen Materie" (SIDM). Die zweite stellt die Gravitation selbst infrage und sucht nach Modifikationen der Einsteinschen Theorie, die den Bedarf an Dunkler Materie überflüssig machen könnten. Beide Richtungen haben zum Ziel, das empirische Bild des Universums kohärenter zu gestalten – die eine evolutionär im Rahmen der bekannten Physik, die andere revolutionär durch einen Angriff auf die Grundlagen.

[5] Siehe Oman, K. A., Navarro, J. F., Fattahi, A., Frenk, C. S., Sawala, T., White, S. D., ... & Theuns, T. (2015). The unexpected diversity of dwarf galaxy rotation curves. Monthly Notices of the Royal Astronomical Society, 452(4), 3650–3665.

Dunkle Materie, die mehr tut als nur Massen anzuziehen

Im klassischen ΛCDM-Szenario ist Dunkle Materie „kalt“, also vergleichsweise langsam bewegt, und ausschließlich durch Gravitation wirksam. Sie bildet massive Halos, in deren Zentren sich Galaxien ansammeln. Numerische Simulationen wie Millennium oder IllustrisTNG zeigen dementsprechend Halos mit steil ansteigenden Dichteprofilen im Zentrum, die einem „Cusp“-Verhalten entsprechen, typischerweise beschrieben durch das Navarro-Frenk-White (NFW)-Profil.[6] Dieses Profil folgt einer Dichteabhängigkeit proportional zu r^{-1} in der Nähe des Zentrums, was bedeutet, dass die Masse im Kern extrem hoch konzentriert wäre.

Beobachtungen von Zwerg- sowie irregulären Galaxien hingegen sprechen für flachere „Core“-Profile, in denen die Dichte über weite Bereiche nahezu konstant bleibt.[7] Dieses sogenannte Cusp-Core-Problem zählt zu den ältesten und robustesten Problemen zwischen Theorie und Beobachtung. Es tritt insbesondere bei Systemen mit niedriger Oberflächenhelligkeit auf, wo die Dunkle-Materie-Dominanz am stärksten ist, sodass baryonische Feedback-Effekte allein kaum ausreichen, um die Abweichung zu erklären.

Die SIDM-Hypothese setzt genau hier an. Sie postuliert, dass Dunkle Materie nicht nur gravitativ wirkt, sondern über eine zusätzliche, schwache Kraft mit sich selbst wechselwirkt – ähnlich wie Moleküle in einem Gas durch

[6] Siehe Navarro, J. F. (1996, January). The structure of cold dark matter halos. In Symposium-international astronomical union (Vol. 171, pp. 255–258). Cambridge University Press.

[7] Siehe Tulin, S., & Yu, H. B. (2018). Dark matter self-interactions and small scale structure. Physics Reports, 730, 1–57.

Streuprozesse Energie und Impuls austauschen.[8] In dichten Zentren galaktischer Halos führt diese Art von Selbstwechselwirkung zu einer thermodynamischen Gleichgewichtsverteilung, wodurch die zentrale Dichte abgeflacht wird. Das Ergebnis ist ein natürlich entstehender „Core", ohne dass extreme Feinabstimmung nötig wäre. Maßgeblich ist dabei das Verhältnis von Streuquerschnitt zu Teilchenmasse (σ/m): Beobachtungen deuten auf Werte im Bereich von etwa 1 cm^2/g hin, was gerade groß genug ist, um galaktische Strukturen zu beeinflussen, aber klein genug, um in größeren Haufen – wo die Geschwindigkeiten höher sind und die Wechselwirkungsrate geringer ist – keine signifikante Wirkung zu zeigen.[9]

Ein weiteres Indiz liefert der berühmte „Bullet Cluster", ein kollidierendes Galaxienhaufen-System, in dem sichtbare und Dunkle Materie deutlich voneinander getrennt erscheinen.[10] Diese Beobachtung gilt als einer der stärksten direkten Belege für die Existenz Dunkler Materie überhaupt. Neuere Analysen haben allerdings Hinweise darauf gefunden, dass auch innerhalb der Dunklen Materie selbst leichte Ablenkungen auftreten könnten – eine Spur möglicher Selbstwechselwirkungen.[11] Insbesondere Studien von Harvey et al. (2015) deuten auf

---

[8] Siehe Clowe, D., Bradač, M., Gonzalez, A. H., Markevitch, M., Randall, S. W., Jones, C., & Zaritsky, D. (2006). A direct empirical proof of the existence of dark matter. The Astrophysical Journal, 648(2), L109.

[9] Siehe Tulin, S., & Yu, H. B. (2018). Dark matter self-interactions and small scale structure. Physics Reports, 730, 1–57.

[10] Siehe Clowe, D., Bradač, M., Gonzalez, A. H., Markevitch, M., Randall, S. W., Jones, C., & Zaritsky, D. (2006). A direct empirical proof of the existence of dark matter. The Astrophysical Journal, 648(2), L109.

[11] Siehe Markevitch, M., Gonzalez, A. H., Clowe, D., Vikhlinin, A., Forman, W., Jones, C., ... & Tucker, W. (2004). Direct constraints on the dark matter self-interaction cross section from the merging galaxy cluster 1e 0657–56. The Astrophysical Journal, 606(2), 819.

eine begrenzte Nicht-Gravitationswechselwirkung hin, was SIDM unterstützen könnte.[12]

Damit wird SIDM zu keiner Ersatztheorie für Dunkle Materie, sondern zu einer physikalischen Erweiterung ihrer Eigenschaften. Der Schritt gleicht in gewisser Weise dem Übergang vom idealen zum realen Gas in der Thermodynamik: Die Grundannahmen bleiben, doch zusätzliche Freiheitsgrade erlauben eine bessere Übereinstimmung mit der Realität. Inzwischen werden SIDM-Simulationen mit Codes wie GADGET oder AREPO durchgeführt, die sowohl gravitative als auch nicht-gravitative Wechselwirkungen abbilden können, und zeigen verbesserte Übereinstimmung mit Beobachtungen bestimmter Galaxientypen.[13]

Unklar bleibt allerdings die fundamentale Natur der zugrunde liegenden Wechselwirkung. Kandidaten reichen von neuen Eichbosonen bis hin zu skalaren Mediatoren (Spin-0-Teilchen, die Kräfte vermitteln) in Erweiterungen des Standardmodells der Teilchenphysik.[14] Noch fehlt jedoch jeder direkte Nachweis. Weder in unterirdischen Detektoren wie XENONnT noch in den Hochenergiekollisionen am LHC konnten Anzeichen dafür bisher gefunden werden. Auch indirekte Signale aus der Annihilation oder Streuung Dunkler Materie im galaktischen Zentrum blieben bisher negativ oder ambivalent.

---

[12] Siehe Harvey, D., Massey, R., Kitching, T., Taylor, A., & Tittley, E. (2015). The nongravitational interactions of dark matter in colliding galaxy clusters. Science, 347(6229), 1462–1465.

[13] Siehe Tulin, S., & Yu, H. B. (2018). Dark matter self-interactions and small scale structure. Physics Reports, 730, 1–57.

[14] Siehe Feng, J. L. (2010). Dark matter candidates from particle physics and methods of detection. Annual Review of Astronomy and Astrophysics, 48(1), 495–545.

Gravitation ohne Dunkle Materie?

Während SIDM die Existenz Dunkler Materie unangetastet lässt, wenden sich andere Ansätze an die Gravitation selbst. Vielleicht, so die Überlegung, sind die Einsteinschen Feldgleichungen auf galaktischen Skalen nicht mehr vollständig gültig. Der bekannteste Versuch in dieser Richtung ist MOND (Modified Newtonian Dynamics), eingeführt von Mordehai Milgrom 1983.[15] MOND verändert die Newtonsche Bewegungsgleichung bei sehr kleinen Beschleunigungen (unterhalb von $a_0 \approx 1.2 \times 10^{-10}$ m s^{-2}), sodass die effektive Trägheit sinkt und die Umlaufgeschwindigkeit von Sternen um galaktische Zentren asymptotisch konstant bleibt – genau wie es auch die Beobachtungen zeigen. Bemerkenswert ist, dass MOND mit nur einem freien Parameter die Rotationskurven vieler Spiralgalaxien oft besser reproduziert als entsprechende CDM-Simulationen.[16]

Doch diese Einfachheit hat ihren Preis. MOND kann die gravitative Linsenwirkung in Galaxienhaufen nicht zufriedenstellend erklären, ohne zusätzliche unsichtbare Masse hinzuzufügen – was ironischerweise dann wieder nach „Dunkler Materie" aussieht. Auch die Kompatibilität mit der Relativitätstheorie ist problematisch: Relativistische Erweiterungen wie TeVeS (Tensor-Vector-Scalar Gravity) sind zwar theoretisch konsistent, scheitern aber daran, die CMB-Anisotropien oder die Entwicklung der großräumigen Struktur adäquat zu beschreiben. Neuere Daten von Euclid oder JWST unterstreichen zudem, wie gut

---

[15] Siehe Milgrom, M. (1983). A modification of the Newtonian dynamics as a possible alternative to the hidden mass hypothesis. Astrophysical Journal, Part 1 (ISSN 0004-637X), vol. 270, July 15, 1983, p. 365–370. Research supported by the US-Israel Binational Science Foundation.

[16] Siehe McGaugh, S. S., Lelli, F., & Schombert, J. M. (2016). Radial acceleration relation in rotationally supported galaxies. Physical Review Letters, 117(20), 201101.

ΛCDM auf großen Skalen funktioniert – ein Bereich, in dem MOND praktisch keine vorhersagbare Kraft zu entfalten in der Lage ist.

Andere Ansätze wie *f(R)*-Gravitation oder entropische Gravitation suchen Abweichungen in Form der Einsteinschen Feldgleichungen, indem sie die geometrische Seite der Feldgleichungen erweitern. Doch Beobachtungen von Gravitationswellen setzen hier enge Grenzen. Seit dem Ereignis GW170817, bei dem sowohl Gravitations- als auch elektromagnetische Signale einer Neutronensternkollision aufgezeichnet wurden, ist klar, dass sich Gravitationswellen exakt mit Lichtgeschwindigkeit ausbreiten – eine Einschränkung, die viele modifizierte Theorien disqualifiziert, da sie oft unterschiedliche Ausbreitungsgeschwindigkeiten vorhersagen.[17]

Evolution oder Revolution?

Die Gegenüberstellung macht es deutlich: SIDM repräsentiert eine Art vorsichtige Evolution, die modifizierte Gravitation dagegen eine radikale Revolution. Ersteres bleibt innerhalb des etablierten Rahmens der Allgemeinen Relativitätstheorie und erklärt vor allem lokale Diskrepanzen wie das Cusp-Core-Problem oder die Satellitengalaxienzahl, ohne das globale kosmologische Bild zu gefährden. Zweiteres verzichtet zwar auf neue Teilchen, verliert aber an Konsistenz, sobald es um Phänomene wie Linsenwirkungen, Hintergrundstrahlung oder Strukturentwicklung geht.

[17] Siehe Abbott, B. P., Abbott, R., Abbott, T. D., Acernese, F., Ackley, K., Adams, C., ... & Cahillane, C. (2017). GW170817: observation of gravitational waves from a binary neutron star inspiral. Physical review letters, 119(16), 161101.

Ein möglicher Mittelweg könnte in Prozessen liegen, die man als „baryonische Rückkopplungen" bezeichnet. Supernovae, aktive Galaxienkerne (AGN) und die stellare Migration können nämlich Gas und indirekt auch Dunkle Materie aus Galaxienzentren herausdrücken und auf diese Weise „Cores" erzeugen – und alles ohne eine „neue Physik" bemühen zu müssen.[22] Solche Modelle zeigen durchaus vielversprechende Ergebnisse in hydrodynamischen Simulationen. Doch sie stoßen bei extremen Zwerggalaxien an ihre Grenzen, wo baryonische Effekte schlicht zu schwach sind, um die beobachteten Profile zu erklären.

Das ΛCDM-Modell bleibt trotz aller Probleme eines der erfolgreichsten Modelle in der Geschichte der Physik. Doch gerade seine Präzision legt die Grenzen offen. Die Erforschung alternativer Ideen wie SIDM oder modifizierter Gravitation ist daher kein Zeichen des Scheiterns, sondern Ausdruck wissenschaftlicher Vitalität. Ob sich der Weg evolutionär oder revolutionär fortsetzt, wird nicht durch Theorie, sondern durch Beobachtung entschieden. Mit Euclid, LSST, JWST und einer neuen Generation von Gravitationswellendetektoren treten wir in ein Jahrzehnt ein, das diese Fragen schärfer angehen wird, als es bislang möglich war. Vielleicht wird sich zeigen, dass Dunkle Materie tatsächlich mit sich selbst wechselwirkt. Vielleicht erweist sich die Gravitation auf großen Skalen anders, als Einstein sie einst formulierte. Oder vielleicht ist die Wahrheit noch komplexer – eine Dynamik aus Dunkler und baryonischer Materie, die sich unseren einfachen Kategorien entzieht.

Eines aber bleibt sicher: Solange die Daten nicht vollständig mit den Modellen übereinstimmen, bleibt die Tür für neue Ideen offen. Und genau darin liegt die Essenz der Wissenschaft.

12

Kosmologie mit Supernovae vom Typ Ia: Standardkerzen und ihre Grenzen

Inhaltsverzeichnis

Kaum ein anderes astrophysikalisches Phänomen hat die moderne Kosmologie so tiefgreifend verändert wie die Supernovae vom Typ Ia. Diese gewaltigen Sternexplosionen, deren Leuchtkraft kurzzeitig die einer ganzen Galaxie überstrahlt, sind zu einem der präzisesten Werkzeuge für die Messung kosmologischer Entfernungen avanciert. Sie fungieren als sogenannte Standardkerzen – Objekte mit bekannter intrinsischer (absoluter) Helligkeit, deren beobachtete Helligkeit auf ihre Entfernung schließen lässt.

M. Scholz, *Das frühe Universum*,
https://doi.org/10.1007/978-3-662-73261-8_12

Doch wie bei jeder Kerze ist ihr Licht zwar hell und nützlich, aber auch anfällig für Störungen: durch interstellaren Staub, unvollständige physikalische Modelle oder systematische Fehler in der Kalibrierung. Ihre Bedeutung geht weit über die reine Entfernungsmessung hinaus: Es war eine Beobachtung ferner Supernovae, die 1998 die bis dahin geltende Vorstellung von einem sich (betreffend die Expansionsgeschwindigkeit) verlangsamenden Universum erschütterte und den Weg zur Entdeckung der „Dunklen Energie“[1] ebnete – eine Leistung, die 2011 mit dem Nobelpreis für Physik ausgezeichnet wurde.

Der physikalische Ursprung der Standardkerzen

Eine Supernova vom Typ Ia entsteht in einem Doppelsternsystem, in dem ein Weißer Zwerg – das kompakte Endstadium eines sonnenähnlichen Sterns – Materie von einem Begleitstern (z. B. einem Roten Riesen oder einem anderen Weißen Zwerg) akkretiert. Sobald die Masse des Weißen Zwergs die kritische Chandrasekhar-Grenze von etwa 1,4 Sonnenmassen erreicht, kann der entartete Kohlenstoff- und Sauerstoffkern nicht mehr durch den Entartungsdruck der Elektronen stabilisiert werden. Es kommt zwangsläufig zu einer thermonuklearen Kettenreaktion: Kohlenstoff fusioniert explosionsartig zu schwereren Elementen wie Nickel-56, wodurch der gesamte Stern innerhalb von Sekunden zerstört wird.[2]

---

[1] Es sei noch einmal explizit darauf hingewiesen, dass die „Dunkle Energie“ keine klassische Energie ist, welche bekanntlich in Joule gemessen wird, sondern eine Volumenenergiedichte darstellt (gemessen in Pascal – aber negativ!). Sie wirkt demnach wie eine „abstoßende Gravitation“.

[2] Siehe Scholz, M. (2025). The Physics of Stars: Structure, Evolution and Properties. Springer.

Die dabei freigesetzte Energie ist enorm: Die maximale Leuchtkraft erreicht Werte von bis zu 10^9 Sonnenleuchtkräften. Die charakteristische Lichtkurve – also die zeitliche Entwicklung der Helligkeit – steigt rasch an, erreicht nach etwa drei Wochen ein Maximum und fällt danach langsam ab. Der Abfall wird maßgeblich durch den radioaktiven Zerfall von Nickel-56 (→ Kobalt-56 → Eisen-56) bestimmt, was die Form der Lichtkurve vorhersagbar macht.

Die entscheidende Eigenschaft für die Kosmologie liegt darin, dass diese Explosionen bemerkenswert homogen sind. Da fast alle Weißen Zwerge bei derselben Massengrenze explodieren, ist auch ihre maximale Helligkeit vergleichbar. Allerdings gibt es leichte Variationen: Hellere Supernovae haben tendenziell flachere Lichtkurven (sie verblassen langsamer), während schwächere schneller abnehmen. Dieser Zusammenhang, bekannt als „Phillips-Beziehung", ermöglicht eine Feinkalibrierung der absoluten Helligkeit.[3] Durch Anwendung dieser Korrektur lassen sich Supernovae vom Typ Ia auf eine Streuung ihrer Helligkeit von nur etwa 10–15 % bringen, was ausreichend ist, um sie als kosmologische Standardkerzen zu verwenden.

Die kosmische Entfernungsleiter: Wie wir zum Maßband für das Universum gelangen

Um die absolute Helligkeit einer Supernova zu kennen, muss man zunächst wissen, wie hell sie tatsächlich leuchtet (absolute Helligkeit) – nicht nur, wie hell sie am Himmel erscheint (scheinbare Helligkeit). Dies erfordert eine

[3] Siehe Phillips, M. M. (1993). The absolute magnitudes of Type IA supernovae. Astrophysical Journal, Part 2-Letters (ISSN 0004-637X), vol. 413, no. 2, p. L105-L108.

Eichung über die sogenannte kosmische Entfernungsleiter. Darunter versteht man eine Art Kette von Methoden, mit denen die Astronomen Schritt für Schritt Entfernungen im Universum eichen.

- **Parallaxe:** Für nahe Sterne (bis ca. 10.000 Lichtjahre) nutzt man die jährliche Parallaxe – die scheinbare Positionsverschiebung eines Sterns vor dem Himmelshintergrund, verursacht durch die Bewegung der Erde um die Sonne.
- **Delta-Cepheiden-Veränderliche:** In weiter entfernten Galaxien dienen Cepheiden als „primäre Standardkerzen". Diese pulsierenden Sterne zeigen einen direkten Zusammenhang zwischen ihrer Pulsationsperiode und ihrer intrinsischen Helligkeit. Kennt man die Periode, kennt man die Helligkeit – und damit die Entfernung (Perioden-Helligkeit-Beziehung).
- **Supernovae vom Typ Ia:** In denselben Galaxien, in denen Cepheiden gemessen wurden, beobachtet man gelegentlich eine Supernova vom Typ Ia. Mit der bekannten Entfernung aus den Cepheiden kann man nun die absolute Helligkeit der Supernova kalibrieren.
- **Ferne Supernovae:** In viel weiter entfernten Galaxien findet man dann wieder Typ-Ia-Supernovae. Da ihre absolute Helligkeit nun bekannt ist, lässt sich aus der beobachteten maximalen (scheinbaren) Helligkeit die Entfernung mittels des sogenannten Entfernungsmoduls berechnen.

Diese hier beschriebene Methode bildet das Rückgrat der lokalen Bestimmung der Hubble-Konstante H_0 und damit der aktuellen Expansionsrate des Universums.[4] Jede

[4] Siehe Riess, A. G., Yuan, W., Macri, L. M., Scolnic, D., Brout, D., Casertano, S., ... & Zheng, W. (2022). A comprehensive measurement of the local value of the Hubble constant with 1 km s - 1 Mpc - 1 uncertainty from the Hubble Space Telescope and the SH0ES team. The Astrophysical journal letters, 934(1), L7.

Unsicherheit in einer Stufe der Leiter pflanzt sich jedoch bis zur Spitze fort, was eine zentrale Herausforderung für die beobachtende Astronomie darstellt.

Die Entdeckung der beschleunigten Expansion und der Dunklen Energie

Anfang der 1990er-Jahre begannen zwei unabhängige Forschungsteams – das „Supernova Cosmology Project" unter Leitung von Saul Perlmutter und das „High-z Supernova Search Team" um Brian Schmidt und Adam Riess – systematisch ferne Supernovae vom Typ Ia zu suchen.[5] Ihr Ziel war es, die Expansionsgeschichte des Universums zu rekonstruieren und festzustellen, ob die Gravitation der Materie die Expansion verlangsamt.

Die Ergebnisse waren schockierend: Die fernen Supernovae erschienen deutlich schwächer (also weiter entfernt), als es bei einer gleichförmigen oder verlangsamten Expansion zu erwarten gewesen wäre. Wenn das Universum sich verlangsamte, müssten diese frühen Supernovae näher sein – denn damals hätte die Expansion noch schneller sein müssen. Tatsächlich zeigte sich das Gegenteil: Die Expansion war in der Vergangenheit langsamer, heute aber schneller. Das Universum dehnt sich beschleunigt aus.[6]

Diese Beschleunigung erfordert eine bisher unbekannte Energiedichte mit negativem Druck, welche eine abstoßende Wirkung auf die Raumzeit ausübt. Diese Komponente ist die „Dunkle Energie". Sie macht heute etwa 68 %

---

[5] Siehe Perlmutter, S., Aldering, G., Goldhaber, G., Knop, R. A., Nugent, P., Castro, P. G., ... & Supernova Cosmology Project (1999). Measurements of Ω and Λ from 42 high-redshift supernovae. The Astrophysical Journal, 517(2), 565.

[6] Siehe Perlmutter, S. (2003). Supernovae, dark energy, and the accelerating universe. Physics today, 56(4), 53–60.

des Energieinhalts des Universums aus und dominiert seit rund 5 Mrd. Jahren die Dynamik des Kosmos.[7]

Für diese bahnbrechende Entdeckung erhielten Saul Perlmutter, Brian Schmidt und Adam Riess 2011 den Nobelpreis für Physik. Ihre Arbeit stellte das klassische Bild eines gravitationsverzögerten Universums auf den Kopf und etablierte das heutige ΛCDM-Modell, in dem die Dunkle Energie als kosmologische Konstante (Λ) modelliert wird (siehe Essay 3).

Stärken und Schwächen der Supernovae-Standardkerzen

Der große Vorteil von Supernovae des Typs Ia liegt in ihrer direkten Beobachtbarkeit. Im Gegensatz zu subtilen statistischen Mustern in der großräumigen Struktur oder in der CMB handelt es sich um einzelne, klar identifizierbare Ereignisse, deren Spektren und Lichtkurven über Wochen hinweg verfolgt werden können. Sie liefern somit einen direkten Zugang zur jüngeren Expansionsgeschichte des Universums (Rotverschiebungen $z < 2$).

Doch gerade ihre Natur als komplexe astrophysikalische Ereignisse bringt Unsicherheiten mit sich:

- **Extinktion durch Staub:** Interstellarer Staub absorbiert und streut Licht, insbesondere im blauen Bereich. Dadurch erscheinen Supernovae schwächer und röter – ein Effekt, der leicht mit einer größeren Entfernung verwechselt werden kann. Obwohl Farbkorrekturen angewendet werden, bleiben Restunsicherheiten möglich.

[7] Siehe Aghanim, N. (2020). Planck 2018 results. VI. Cosmological parameters. Astron. Astrophys, 641, A6.

- **Unvollständige Entstehungsmodelle:** Nicht alle Typ-Ia-Supernovae entstehen durch Akkretion auf einen Weißen Zwergstern. Alternativ könnte auch der Kollaps zweier in einem Doppelsystem zusammenstoßender Weißer Zwerge zur Explosion führen. Diese unterschiedlichen Kanäle könnten zu systematischen Unterschieden in der Helligkeit führen, besonders bei großen Rotverschiebungen.[8]
- **Evolutionseffekte:** Es ist auch möglich, dass sich die Eigenschaften der Supernovae über Jahrmilliarden verändern. Zum Beispiel könnten Weiße Zwerge in metallarmen Umgebungen (wie im frühen Universum) anders explodieren als heute. Solche evolutionären Effekte würden die Annahme einer universellen Standardkerze untergraben.

Besonders brisant ist die Rolle der Supernovae in der Deutung der Hubble-Spannung: Während die lokale Entfernungsleiter (Cepheiden + Supernovae) einen Wert von $H_0 \approx 73$ km s^{-1} Mpc^{-1} ergibt (SH0ES-Kollaboration),[9] liefert die Analyse der CMB (unter Annahme des ΛCDM-Modells) einen niedrigeren Wert von $H_0 \approx 67$ km s^{-1} Mpc^{-1} (siehe Essay 25). Die Diskrepanz beträgt über 5σ und könnte durchaus auf systematische Fehler in der Supernova-Kalibrierung oder auf eine Art „neuer Physik" (wie eine frühe Dunkle Energie) hindeuten.[10]

---

[8] Siehe Maoz, D., Mannucci, F., & Nelemans, G. (2014). Observational clues to the progenitors of type Ia supernovae. Annual Review of Astronomy and Astrophysics, 52(1), 107–170.

[9] Siehe Riess, A. G., Yuan, W., Macri, L. M., Scolnic, D., Brout, D., Casertano, S., ... & Zheng, W. (2022). A comprehensive measurement of the local value of the Hubble constant with 1 km s - 1 Mpc - 1 uncertainty from the Hubble Space Telescope and the SH0ES team. The Astrophysical journal letters, 934(1), L7.

[10] Siehe Aghanim, N. (2020). Planck 2018 results. VI. Cosmological parameters. Astron. Astrophys, 641, A6.

Die Zukunft der Supernova-Kosmologie

Trotz dieser Herausforderungen bleibt die Supernova-Kosmologie ein unverzichtbares Werkzeug. Neue Großprojekte versprechen eine Revolution in Bezug auf Datendichte und Präzision:

- Das Vera C. Rubin Observatory wird mit seiner Legacy Survey of Space and Time (LSST) in den nächsten Jahrzehnten Hunderttausende von Supernovae entdecken und ihre Lichtkurven kontinuierlich überwachen.
- Weltraumteleskope wie Euclid und das Nancy Grace Roman Space Telescope werden hochpräzise Messungen in infraroten Wellenlängen ermöglichen, wo Extinktion durch Staub geringer ist.[11]
- Die Multi-Messenger-Astronomie eröffnet neue Perspektiven: Sollte eine naheliegende Typ-Ia-Supernova durch Neutrinos oder (bei Doppelsystemen) durch Gravitationswellen detektiert werden, ließe sich ihr physikalisches Modell direkt testen und unabhängig von der Lichtkurve kalibrieren.[12]

Supernovae vom Typ Ia sind die leuchtenden Fackeln der modernen Kosmologie. Sie haben uns den Weg zur Dunklen Energie gewiesen und damit einen Paradigmenwechsel eingeleitet, der unser Weltbild grundlegend verändert hat. Doch jede Fackel wirft auch Schatten. Die Unsicherheiten bei ihrer Kalibrierung, die Vielfalt ihrer Entstehungsszenarien und mögliche zeitliche Abhängigkeiten erinnern uns daran, dass es keine perfekte Standardkerze gibt.

---

[11] Siehe Green, J., Schechter, P., Baltay, C., Bean, R., Bennett, D., Brown, R., … & Seiffert, M. (2012). Wide-field infrared survey telescope (WFIRST) final report. arXiv preprint https://arxiv.org/abs/1208.4012.

[12] Siehe Metzger, B. D. (2020). Kilonovae. Living Reviews in Relativity, 23(1), 1.

Gerade darin liegt ihr Wert. Denn die Supernova-Kosmologie zwingt uns, an der Schnittstelle von Astrophysik und Kosmologie zu arbeiten: Wir müssen die Explosionen in allen Einzelheiten verstehen, um das Universum als Ganzes zu vermessen. Vielleicht sind die Grenzen der Standardkerze zugleich der Wegweiser zu einer neuen Physik. Und solange ferne Galaxien immer wieder von diesen gewaltigen Explosionen erhellt werden, bleibt die Hoffnung, dass ihr Licht nicht nur den Himmel, sondern auch unser Verständnis des Kosmos erleuchtet.

Schlüsselgedanken

Supernovae vom Typ Ia sind die hellsten Leuchttürme der modernen Kosmologie: gewaltige Sternexplosionen, deren einheitliche Helligkeit sie zu präzisen „Standardkerzen" macht – Werkzeuge, um die Expansion des Universums zu vermessen.

Sie entstehen durch die thermonukleare Explosion eines Weißen Zwergs nahe der Chandrasekhar-Grenze (1,4 Sonnenmassen), wobei Kohlenstoff explosiv zu Nickel-56 fusioniert – Energiequelle für eine charakteristische Lichtkurve, die über Wochen verfolgt werden kann.

Die entscheidende Eigenschaft ist ihre Homogenität. Fast alle explodieren bei ähnlicher Masse, was eine vergleichbare maximale Helligkeit garantiert. Kleinere Unterschiede werden durch die Phillips-Beziehung korrigiert – hellere Supernovae verblassen langsamer – und reduzieren die Streuung auf nur 10–15 %, ausreichend für kosmologische Messungen.

Um ihre absolute Helligkeit zu kalibrieren, baut man auf die kosmische Entfernungsleiter:

- Die Parallaxe misst nahe Sterne,
- Cepheiden-Veränderliche eichen mittlere Distanzen,
- in Galaxien mit Cepheiden wird die Helligkeit von Typ-Ia-Supernovae bestimmt – und damit universell nutzbar gemacht.

Ferne Supernovae ($z < 2$) verraten dann ihre Entfernung über die scheinbare Helligkeit – Grundlage für die Bestimmung der Expansionsgeschichte.

Ihre größte Leistung ist die Entdeckung der beschleunigten Expansion (Ende der 1990er). Die fernen Supernovae waren schwächer als erwartet – nicht näher bei verlangsamter Expansion, sondern weiter entfernt. Das Universum dehnt sich heute schneller aus als früher.

Diese Beschleunigung erfordert eine unbekannte Komponente mit negativem Druck, die Dunkle Energie, die heute etwa 68 % des Universums ausmacht. Für diese bahnbrechende Erkenntnis erhielten Perlmutter, Schmidt und Riess 2011 den Nobelpreis.

Doch auch die klarsten Kerzen haben Schatten:

- Extinktion durch Staub verfälscht Helligkeit und Farbe – trotz Korrekturen bleiben Unsicherheiten.
- Verschiedene Entstehungskanäle (Akkretion vs. Kollision zweier Weißer Zwerge) könnten systematische Helligkeitsunterschiede erzeugen.
- Evolutionseffekte: Im frühen, metallarmen Universum könnten Supernovae anders explodieren – Bruch der Annahme einer universellen Standardkerze.

Besonders brisant: ihre Rolle in der Hubble-Spannung. Die lokale Messung (Cepheiden + Supernovae) ergibt $H_0 \approx$ 73 km/s/Mpc, während die CMB-Analyse im ΛCDM-Modell nur $H_0 \approx$ 67 km/s/Mpc liefert – eine Diskrepanz von über 5σ. Hier könnte ein systematischer Fehler in der Supernova-Kalibrierung stecken – oder „neue Physik".

Die Zukunft bringt Präzision:

- Das Vera C. Rubin Observatory (LSST) wird ab 2026 Hunderttausende Supernovae entdecken.
- Euclid und das Roman Space Telescope messen im Infraroten – weniger beeinflusst von Staub.
- Multi-Messenger-Astronomie (Neutrinos, Gravitationswellen) könnte zukünftig die Explosionsphysik direkt testen und unabhängige Kalibrierungen ermöglichen.

Supernovae vom Typ Ia sind mehr als Werkzeuge. Sie sind Symbole der Verbindung zwischen Mikro- und Makrokosmos. Sie haben die Dunkle Energie enthüllt, das ΛCDM-Modell etabliert – und zeigen nun zugleich dessen mögliche Grenzen.

Keine Standardkerze ist perfekt. Doch gerade ihre Unvollkommenheit treibt die Wissenschaft voran: Denn wo Messmethoden an ihre Grenzen stoßen, öffnen sich Türen zur neuen Physik.

13

Das Universum als Teilchenlabor

Inhaltsverzeichnis

Die größten Experimente der Physik finden nicht in unterirdischen Tunneln statt – sie spielen sich in den Weiten des intergalaktischen Raums ab. Während der *Large Hadron Collider* (LHC) Protonen auf Energien von bis zu 13 TeV beschleunigt, erreichen ultrahochenergetische kosmische Strahlen (*Ultra-High-Energy Cosmic Rays,* UHECR) Energien von über 10^{20} eV – das ist 100 Mio. Mal mehr als im LHC. Diese Teilchen, meist Atomkerne von Wasserstoff bis Eisen, stürmen aus dem All auf die Erde nieder – als Botschafter aus den extremsten Regionen des Universums. Sie sind nicht nur Kuriositäten, sondern auch das Ergebnis von

M. Scholz, *Das frühe Universum*,
https://doi.org/10.1007/978-3-662-73261-8_13

natürlichen Teilchenbeschleunigern, die uns Einblicke in physikalische Prozesse ermöglichen, welche jenseits jeder irdischen Technologie liegen.

Die Energiegrenze des Universums: Das GZK-Paradoxon

Im Jahr 1966 sagten Kenneth Greisen, Georgiy Zatsepin und Vadim Kuzmin unabhängig voneinander eine fundamentale Energiegrenze für kosmische Protonen voraus: die Greisen-Zatsepin-Kuzmin-Grenze *(GZK-Limit)* bei etwa 5×10^{19} eV.[1] Danach sollten Protonen mit höherer Energie durch Wechselwirkung mit der kosmischen Mikrowellenhintergrundstrahlung Photonen der CMB ($E \approx 10^{-3}$ eV) absorbieren und dabei Pionen erzeugen:

$$p + \gamma_{CMB} \rightarrow \Delta^{+} \rightarrow p + \pi^{0} \text{ oder } \quad n + \pi^{+}$$

Diese Prozesse verlieren Energie – und reduzieren die Reichweite solcher Teilchen auf etwa 100 Mio. Lichtjahre. Teilchen über dem GZK-Limit sollten daher nur aus der lokalen Nachbarschaft des Universums kommen können.

Doch seit den 1990er-Jahren haben Observatorien wie das Pierre Auger Observatory (Argentinien) und das Telescope Array (Utah) immer wieder Ereignisse mit Energien über 10^{20} eV nachgewiesen – darunter das berühmte *„Oh-My-God"*-Teilchen (1991) mit etwa 3×10^{20} eV.[2] Diese Teilchen haben die Energie eines Tennisballs bei 150 km/h – in einem einzigen Proton(!).

---

[1] Siehe Greisen, K. (1966). End to the cosmic-ray spectrum? Physical Review Letters, 16(17), 748.

[2] Siehe Bird, D. J., Corbato, S. C., Dai, H. Y., Elbert, J. W., Green, K. D., Huang, M. A., ... & Thomas, S. B. (1995). Detection of a cosmic ray with measured energy well beyond the expected spectral cutoff due to cosmic microwave radiation. Astrophysical Journal, Part 1 (ISSN 0004-637X), vol. 441, no. 1, p. 144–150.

Das GZK-Paradoxon ist damit real: Woher kommen diese Teilchen? Und wie überlebten sie die lange Reise durch die kosmische Mikrowellenhintergrundstrahlung?

Mögliche Quellen: Aktive Galaxienkerne, *Tidal Disruption Events,* Neutronenstern-Kollisionen

Die Herkunft der UHECR bleibt ungewiss – doch Beobachtungen liefern Hinweise:

- **Aktive Galaxienkerne (AGN):** Supermassive Schwarze Löcher, die Materie akkretieren und dabei relativistische Jets ausstoßen, gelten als Kandidaten. Das Pierre Auger Observatory fand eine schwache Korrelation zwischen Ankunftsrichtungen von UHECR und nahegelegenen AGN wie Centaurus A.
- **Tidal Disruption Events (TDEs):** Wenn ein Stern von einem supermassiven Schwarzen Loch zerrissen wird, kann dies einen kurzzeitigen, extrem energiereichen Ausbruch erzeugen – potentiell geeignet, Teilchen auf UHECR-Energien zu beschleunigen.
- **Neutronenstern-Kollisionen:** Die Verschmelzung kompakter Sterne erzeugt starke Schockwellen und Magnetfelder – ideale Bedingungen für Fermi-Beschleunigung, bei der Teilchen durch wiederholte Reflexion an Schockfronten an Energie gewinnen.

Allerdings: Keine dieser Quellen ist nachweislich in der Lage, Teilchen über das GZK-Limit hinaus zu beschleunigen – zumindest nach heutigem Verständnis der Plasmaphysik (Abb. 13.1).

Abb. 13.1 Das Bild zeigt die Radiogalaxie Hercules A, die in ihrem Zentrum ein supermassereiches Schwarzen Loch beherbergt. Es vereint eine Aufnahme des Hubble-Weltraumteleskops im sichtbares Licht mit einer Radiokarte des Very Large Array (VLA, rosa Jets). Die dadurch sichtbar werdenden, bis zu 1,5 Mio. Lichtjahre langen Jets zeigen, wie das Schwarze Loch geladene Teilchen auf relativistische Geschwindigkeiten zu beschleunigen in der Lage ist. Diese Synchrotronstrahlung entsteht durch relativistische Elektronen, die im Magnetfeld des Akkretionsflusses spiralartig abgelenkt werden, und belegt die enorme Energieerzeugung in aktiven Galaxienkernen als Quellen ultrahochenergetischer kosmischer Strahlung. (NASA, VLA)

Top-down-Szenarien: Zerfall exotischer Teilchen aus der Frühzeit des Kosmos

Falls die UHECR nicht durch klassische Beschleunigung entstanden sind, könnte ihre Energie aus Zerfällen massereicher, hypothetischer Teilchen stammen – aus sogenannten Top-down-Szenarien. Im Gegensatz zu Bottom-up-Mechanismen (Beschleunigung von unten) gehen diese Modelle davon aus, dass die Energie bereits in der Quelle vorhanden war – etwa in Form von

- **supermassiven X-Bosonen** aus GUT-Theorien (Grand Unified Theories, ~10^{15} GeV),
- **den Zerfall von kosmischen Strings** oder topologischen Defekten aus der Inflationsära,
- **Hawking-Strahlung** massiver primordialer Schwarzer Löcher oder
- **Zerfall von Dunkler Materie** (z. B. WIMPs mit Massen $>10^{12}$ GeV).

Solche Ereignisse würden nicht nur UHECR erzeugen, sondern auch ultrahochenergetische Neutrinos und Gammastrahlung – Signaturen, nach denen Experimente wie IceCube, Auger und CTA suchen.

Ein Vorteil dieser Szenarien ist: Die Teilchen müssten nicht beschleunigt werden – ihre Energie ist primordial. Das löst das GZK-Paradoxon zumindest teilweise, denn die Quellen könnten durchaus sehr weit entfernt sein, solange sie noch heute zerfallen.

Kosmologie als Teilchenphysik-Experiment

Die kosmische Strahlung ist mehr als ein astrophysikalisches Phänomen, sie ist ein Fenster in die Physik bei Energien, die 10^{12}-mal höher liegen als am LHC. Auf diesen Skalen könnten die Naturgesetze anders sein, als wir sie kennen:

- Vereinheitlichung der Wechselwirkungen (GUT-Skalen),
- zusätzliche Dimensionen (wie in Branen-Modellen)
- oder neue Symmetrien (Supersymmetrie).

Indem wir die Spektren, Zusammensetzung und Ankunftsrichtungen der UHECR im Detail analysieren, testen wir nicht nur astrophysikalische Modelle, sondern auch direkt die Grenzen der Standardmodelle. Die Tatsache, dass wir Teilchen über dem GZK-Limit beobachten, könnte ein Indiz dafür sein, dass die Physik jenseits des Standardmodells bereits im heutigen Universum wirksam ist.

Die Zukunft: AugerPrime, POEMMA, GCOS

Geplante Experimente werden die Messgenauigkeit erheblich steigern:

- **AugerPrime** (Upgrade des Pierre Auger Observatory) verbessert die Bestimmung der Kernzusammensetzung – entscheidend, um zwischen Protonen und schweren Kernen zu unterscheiden.
- **POEMMA** *(Probe of Extreme Multi-Messenger Astrophysics),* ein geplantes Weltraumteleskop, soll UHECR und Neutrinos durch ihre Fluoreszenz- und Cherenkov-Signale in der Erdatmosphäre beobachten – mit nahezu 100 % Himmelsabdeckung.[3]
- **GCOS** *(Global Cosmic Ray Observatory)* zielt auf ein weltumspannendes Netzwerk zur hochpräzisen Kartierung.

Diese Missionen könnten endlich Folgendes klären:

- Sind UHECR das Produkt bekannter Astrophysik – oder ein Zeichen für „neue Physik" aus der Frühzeit des Universums?
- Und ist das Universum selbst der letzte und größte Teilchenbeschleuniger, den wir je haben werden?

---

[3] Siehe Olinto, A. V., Krizmanic, J., Adams, J. H., Aloisio, R., Anchordoqui, L. A., Anzalone, A., ... & Poemma Collaboration. (2021). The POEMMA (probe of extreme multi-messenger astrophysics) observatory. Journal of Cosmology and Astroparticle Physics, 2021(06), 007.

Schlüsselgedanken

Das Universum ist der leistungsstärkste Teilchenbeschleuniger. *Ultrahochenergetische kosmische Strahlen (UHECR) erreichen Energien von über 10^{20} eV – mehr als 100 Mio. Mal so hoch wie im LHC.*

Das GZK-Paradoxon stellt eine fundamentale Herausforderung dar. *Teilchen über dem GZK-Limit (5×10^{19} eV) sollten durch Wechselwirkung mit der CMB abgebremst werden – und doch werden sie beobachtet. Ihre Existenz wirft die Frage auf: Woher kommen sie und wie überlebten sie die Reise?*

Mögliche Quellen bleiben spekulativ. *Aktive Galaxienkerne, Sternentstehung durch Tidal Disruption Events oder Neutronenstern-Kollisionen könnten UHECR erzeugen – aber nach heutigem Verständnis nicht über das GZK-Limit hinaus.*

Top-down-Szenarien öffnen die Tür zur „neuen Physik". *Falls die Teilchen nicht beschleunigt, sondern durch Zerfall exotischer Urzeit-Objekte entstanden sind (z. B. Dunkle Materie, kosmische Strings, primordiale Schwarze Löcher), könnte dies Hinweise auf Physik jenseits des Standardmodells liefern.*

UHECR als Test für GUTs, Supersymmetrie und Extra-Dimensionen *Die Analyse von Spektrum, Zusammensetzung und Ankunftsrichtung ermöglicht direkte Tests von Theorien, die sonst unerreichbar wären.*

Zukünftige Experimente werden Klarheit schaffen. *Missionen wie AugerPrime, POEMMA und GCOS werden die Messgenauigkeit revolutionieren – und klären, ob UHECR aus bekannter Astrophysik stammen oder das erste Signal einer tieferen, noch verborgenen Ordnung des Kosmos sind.*

14

Zukunftschronologie des Universums nach dem ΛCDM-Modell

Inhaltsverzeichnis

Um die Entwicklung des Universums vollständig zu verstehen, ist nicht nur die Rekonstruktion der Vergangenheit notwendig, sondern auch die Extrapolation in die ferne Zukunft. Die Kosmologie beschreibt nicht nur den Ursprung, sondern auch mögliche Endzustände des Kosmos. Im Rahmen des ΛCDM-Modells – mit einer konstanten Dunklen Energie in Form der kosmologischen Konstante Λ – ergibt sich als wahrscheinlichstes Szenario ein allmähliches Ausklingen der physikalischen Prozesse: der sogenannte Big Freeze – eine populärwissenschaftliche Umschreibung für

M. Scholz, *Das frühe Universum*,
https://doi.org/10.1007/978-3-662-73261-8_14

den physikalisch präziser als „Heat Death“ (Wärmetod) bezeichneten Zustand maximaler Entropie, in dem keine nutzbare Energie mehr vorhanden ist.[1]

In diesem Szenario expandiert das Universum ewig weiter, angetrieben von der konstanten Dunklen Energie. Sterne erschöpfen ihre Brennstoffreserven, Galaxien verlieren durch dynamische Prozesse ihre gebundenen Objekte, und bei Annahme eines Protonenzerfalls zerfällt auch die baryonische Materie langsam. Am Ende bleibt nur noch ein extrem verdünnter, thermisch homogener Zustand – ein Universum maximaler Entropie, in dem keine makroskopischen Prozesse mehr möglich sind. Um diese Entwicklung zu strukturieren, wird häufig eine kosmische Zukunftschronologie verwendet, die sich über Zeitskalen von 10^{11} bis 10^{100} Jahren erstreckt – weit jenseits menschlicher Erfahrung und prinzipiell nur durch theoretische Extrapolation zugänglich.

In ~10^{11}–10^{12} Jahren: Das Ende der Sternenära

Die Sternentstehung, die vor über 13 Mrd. Jahren einsetzte, wird vollständig zum Erliegen kommen. Die verbleibenden Gaswolken aus Wasserstoff und Helium sind entweder verbraucht oder durch die beschleunigte Expansion des Universums so stark verdünnt, dass sie die Dichte, die für einen gravitativen Kollaps notwendig ist, nicht mehr erreichen. Lediglich die masseärmsten Roten Zwerge ($M < 0{,}3\ M_{\odot}$) leuchten noch über Zeitskalen von bis zu mehreren 10^{13} Jahren. Mit ihrem Erlöschen wird der Himmel nahezu vollständig dunkel – nur vereinzelte Weiße Zwerge,

[1] Siehe Carroll, S. M., & Chen, J. (2004). Spontaneous Inflation and the Origin of the Arrow of Time. arXiv preprint hep-th/0410270.

Neutronensterne und Supernova-Überreste senden noch schwaches Licht aus.[2]

In ~10^{14}–10^{15} Jahren: Die Ära der „entarteten" Objekte

Nach dem Erlöschen der letzten Sterne dominieren Weiße Zwerge, Neutronensterne und stellare Schwarze Löcher die baryonische Materie des Universums. In den sich weiter ausdehnenden Galaxien führen gravitative Wechselwirkungen – insbesondere durch dynamische Wechselwirkungen zwischen kompakten Objekten – dazu, dass die meisten aus ihren Gravitationspotentialen herauskatapultiert werden. Die verbleibenden Objekte treiben als isolierte Überreste durch ein immer leerer werdendes Universum. Gravitative Prozesse sind nun die letzte Quelle makroskopischer Energieumsetzung.

In ~10^{15}–10^{37} Jahren: Der Zerfall der Materie

Sollten Protonen – wie in manchen *Grand Unified Theories* (GUTs) vorhergesagt – nicht absolut stabil sein, beginnt die baryonische Materie in einem unvorstellbar langsamen Prozess zu zerfallen.[3] Mit einer geschätzten Lebensdauer von 10^{34} bis 10^{36} Jahren würden Protonen und Neutronen allmählich in leichtere Teilchen wie Positronen, Neutrinos

---

[2] Siehe Adams, F. C., & Laughlin, G. (1997). A dying universe: the long-term fate and evolution of astrophysical objects. Reviews of Modern Physics, 69(2), 337.

[3] Siehe Pati, J. C., & Salam, A. (1974). Lepton number as the fourth "color". Physical Review D, 10(1), 275.

und Photonen zerfallen. Weiße Zwerge und Neutronensterne lösen sich auf, ihre Materie zerfällt und wird in Form von Strahlung freigesetzt. Am Ende bleibt ein Universum zurück, das von einem extrem dünnen Plasma aus Leptonen und Photonen dominiert wird – während Schwarze Löcher als letzte Relikte der Materie zurückbleiben, bis auch sie in der nächsten kosmischen Phase verschwinden.

In ~10^{67}–10^{100} Jahren: Die Ära der Schwarzen Löcher

Nachdem die meisten kompakten Objekte durch gravitative Dynamik entweder in supermassive Schwarze Löcher gefallen sind oder in den intergalaktischen Raum ausgestoßen wurden, dominieren Schwarze Löcher – von stellaren bis zu supermassiven – als letzte massereiche Objekte das Universum. Aufgrund ihrer extremen Lebensdauer (sie ist proportional zur dritten Potenz ihrer Masse) überdauern sie die Zerfallsphasen der baryonischen Materie. Erst ab etwa 10^{67} Jahren beginnen stellare Schwarze Löcher durch ihre Hawking-Strahlung signifikant an Masse zu verlieren.[4]

In ~10^{100} Jahren: Das Ende der Schwarzen Löcher

Durch den von Stephen Hawking vorhergesagten Quantenprozess der Hawking-Strahlung verlieren Schwarze Löcher langsam Masse und verdampfen vollständig. Zuerst verschwinden die masseärmeren, schließlich – nach Zeiträumen von bis zu 10^{100} Jahren – auch die supermassiven

[4] Siehe Hawking, S. W. (1974). Black hole explosions? Nature, 248(5443), 30–31.

Schwarzen Löcher. Zurück bleibt das, was wir als die „Dunkle Ära" bezeichnen: ein Zustand extrem niedriger Energiedichte, nahezu vollständiger Homogenität und thermischen Gleichgewichts.[5] Das Universum ist erfüllt von einer verdünnten Hintergrundstrahlung aus Photonen, Neutrinos und Elektron-Positron-Paaren bei Temperaturen nahe dem absoluten Nullpunkt. Ohne freies Energiegefälle sind keine physikalischen Prozesse, keine Strukturen und keine Informationsverarbeitung mehr möglich. Genau genommen verschwindet im „Wärmetod" auch die Zeit, da sie ihren Sinn verliert.

Dieses Szenario setzt voraus, dass die Dunkle Energie eine kosmologische Konstante ist – also räumlich und zeitlich konstant mit einer Zustandsgleichung von $w = -1$. Sie bedeutet nichts anderes, als dass der Druck negativ und gleich der Energiedichte ist, aber mit entgegengesetztem Vorzeichen. Dies entspricht der kosmologischen Konstante. Doch das ΛCDM-Modell steht, trotz seiner hohen Konsistenz mit den meisten Daten, vor Herausforderungen. Die sogenannte Hubble-Spannung – die statistisch signifikante Diskrepanz zwischen lokal gemessenen und CMB-abgeleiteten Werten der Hubble-Konstante – könnte auf eine unvollständige Modellierung der Expansion hindeuten (siehe Essay 25). Theoretische Ansätze wie Early Dark Energy oder ein zeitabhängiger Zustandsgleichungsparameter der Dunklen Energie ($w(z) \neq -1$) werden diskutiert, könnten aber das zukünftige Expansionsverhalten verändern (Abb. 14.1).[6]

---

[5] Siehe Adams, F. C., & Laughlin, G. (1997). A dying universe: the long-term fate and evolution of astrophysical objects. Reviews of Modern Physics, 69(2), 337.

[6] Siehe Di Valentino, E., Mena, O., Pan, S., Visinelli, L., Yang, W., Melchiorri, A., ... & Silk, J. (2021). In the realm of the Hubble tension – a review of solutions. Classical and Quantum Gravity, 38(15), 153001.

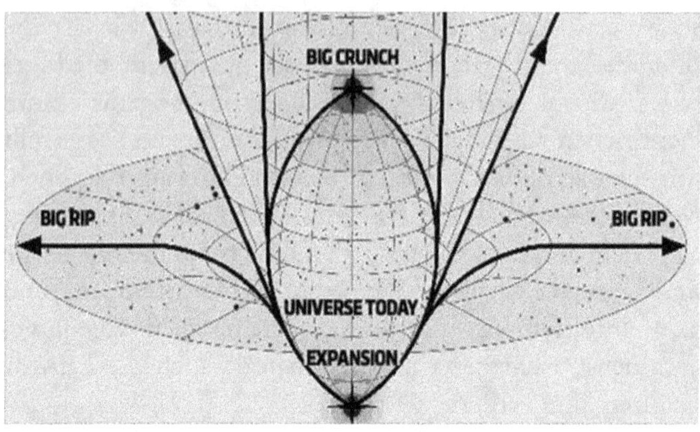

Abb. 14.1 Die Grafik zeigt zwei extremale Endphasen des Universums: (a) „Big Crunch": Die Expansion kehrt sich um und das Universum kollabiert durch Gravitation – eine Rückkehr zur Singularität. Dies erfordert, dass die Dunkle Energie schwächer wird oder gar verschwindet. (b) „Big Rip": Die beschleunigte Expansion zerreißt Materie, Galaxien und Atome – ein dramatisches Ende, das nur bei extremen Eigenschaften der Dunklen Energie (z. B. Phantomenergie) möglich ist. Beide Szenarien hängen von der Dichte und dem Verhalten der Dunklen Energie ab, wobei aktuelle Beobachtungen (CMB, Supernovae) keinen Hinweis auf diese Extremfälle liefern

Falls die Dunkle Energie nicht konstant ist, könnte das langfristige Schicksal des Universums von der hier beschriebenen Form abweichen: Bei einer Zustandsgleichung $w < -1$ („Phantomenergie") würde sich die Expansion so stark beschleunigen, dass sie in einem „Big Rip" endet – ein Zustand, bei dem Galaxien, Sterne, Atome und schließlich selbst die Raumzeit auseinandergerissen werden. Umgekehrt könnte eine abnehmende oder attraktiv wirkende Dunkle Energie im Laufe der Zeit der Gravitation Platz machen, was zu einer Umkehr der Expansion und einem „Big Crunch" – einem kollabierenden Universum – führen könnte.

Zurzeit bleibt der *Heat Death* das plausibelste Szenario für das Endstadium des Universums. Beobachtungen durch den Planck-Satelliten, den *Dark Energy Survey* und zukünftige Missionen wie Euclid deuten darauf hin, dass die Dunkle Energie konsistent mit einer kosmologischen Konstante ist ($w \approx -1$).[7] Damit wäre das Ende des Universums nicht ein dramatischer Kollaps oder Zerreißprozess, sondern ein allmähliches Erreichen eines Gleichgewichtszustands – ein Universum, in dem keine makroskopischen Prozesse mehr stattfinden können.

Schlüsselgedanken

Das wahrscheinlichste Ende des Universums ist der „Heat Death" (Wärmetod). *Bei konstanter Dunkler Energie expandiert das Universum ewig, kühlt ab und erreicht einen Zustand maximaler Entropie – ohne nutzbare Energie, Struktur oder Prozesse.*

Die kosmische Chronologie umfasst fünf Epochen:

1. ***Sternenära*** *(~10^{11}–10^{12} Jahre): Letzte Sterne erlöschen, der Himmel wird dunkel.*
2. ***Degenerierte Ära*** *(~10^{14}–10^{15} Jahre): Weiße Zwerge, Neutronensterne und Schwarze Löcher dominieren.*
3. ***Materie-Zerfallsära*** *(~10^{15}–10^{37} Jahre): Bei instabilen* Protonen *zerfällt baryonische Materie in Strahlung.*
4. ***Schwarze-Loch-Ära*** *(~10^{67}–10^{100} Jahre): Schwarze Löcher verdampfen langsam durch Hawking-Strahlung.*
5. ***Dunkle Ära (> 10100 Jahre):*** *Ein leerer, homogener Raum nahe dem absoluten Nullpunkt.*

Hawking-Strahlung führt zum Ende der Schwarzen Löcher. *Nach bis zu 10^{100} Jahren verdampfen auch die massereichsten Schwarzen Löcher vollständig.*

[7] Siehe Aghanim, N. (2020). Planck 2018 results. VI. Cosmological parameters. Astron. Astrophys, 641, A6.

Die Zukunft hängt von der Dunklen Energie ab:

1. *Bei $w = -1$ (kosmologische Konstante): Big Freeze / Heat Death.*
2. *Bei $w < -1$ (Phantomenergie): Big Rip – alles wird auseinandergerissen.*
3. *Bei abnehmender Dunkler Energie: Theoretisch möglich wäre ein Big Crunch.*

Aktuelle Daten (Planck, Euclid) deuten auf $w \approx -1$ hin. *Der Heat Death bleibt das plausibelste Szenario – ein langsames, stilles Ende ohne Rückkehr.*

Das Universum vergisst sich selbst. *In ferner Zukunft wird kein Beobachter mehr existieren – und selbst die Spuren des Urknalls (CMB) werden unerkennbar. Die Kosmologie wäre dann unmöglich.*

III

Das frühe Universum: Von der Inflation zur Nukleosynthese

15

Kosmische Inflation – Mechanismus und offene Fragen

Inhaltsverzeichnis

Die moderne Kosmologie steht vor einem scheinbaren Paradoxon: Das beobachtbare Universum ist auf großen Skalen homogen, isotrop und räumlich flach (euklidisch). Doch das Standardmodell der heißen Expansion – ohne Einbeziehung einer frühen beschleunigten Phase (Inflation) – hätte ein anfänglich inhomogenes, anisotropes und stark gekrümmtes Universum vorhergesagt. Besonders auffällig ist in dieser Beziehung die nahezu perfekte Gleichförmigkeit der kosmischen Mikrowellenhintergrundstrahlung

M. Scholz, *Das frühe Universum*,
https://doi.org/10.1007/978-3-662-73261-8_15

(CMB), die über Himmelsregionen hinweg besteht, welche nach dem klassischen Modell zum Zeitpunkt der Rekombination außerhalb gegenseitiger kausaler Kontaktbereiche lagen (siehe Essay 2). Die Frage, wie diese Regionen überhaupt jemals dieselbe Temperatur erreichen konnten, wird als „Horizontproblem" bezeichnet.

Die Theorie der kosmischen Inflation, in den frühen 1980er-Jahren von Alan Guth, Andrei Linde und Alexei Starobinsky entwickelt, bietet eine konsistente Erklärung für diese Probleme.[1] Alan Guth deklarierte 1981 eine Phase exponentieller Expansion als Lösung für zwei zentrale Probleme:

- **das Horizontproblem:** Warum sind kausal getrennte Regionen heute thermisch homogen?
- **das Flachheitsproblem:** Warum liegt die Energiedichte des Universums so nahe an der kritischen Dichte, was eine flache Geometrie impliziert?

Ohne Inflation wäre dies auf eine extrem feine Abstimmung der Anfangsbedingungen zurückzuführen – eine Annahme, die man mit Recht als „unphysikalisch" abtun kann. Die Inflation postuliert stattdessen eine extrem kurze Phase exponentieller Expansion, die anfängliche Inhomogenitäten ausgeglättet hat und die Geometrie quasi flach zieht. Sie ist daher kein bloßer Zusatz, sondern ein zentraler Bestandteil des heutigen kosmologischen Modells – und zusätzlich noch die Quelle der primordialen Dichtefluktuationen, aus denen sich schließlich die großräumige Struktur des kosmischen Netzwerks bildete (siehe Essay 9).

---

[1] Siehe Guth, A. H. (1981). Inflationary universe: A possible solution to the horizon and flatness problems. Physical Review D, 23(2), 347.

Was ist das Inflatonfeld? Der Motor der Inflation

Die treibende Kraft der Inflation ist ein hypothetisches Skalarfeld – das „Inflatonfeld“ –, das in den ersten ~10^{-36} s nach t = 0 dominierte. Ähnlich dem Higgs-Feld besitzt es ein Potential, in dem es sich vorübergehend in einem metastabilen Zustand hoher Energiedichte befinden kann – dem sogenannten falschen Vakuum. Dieser Zustand ist nicht energetisch minimal, aber durch eine Potentialbarriere stabilisiert. Er erzeugt einen starken negativen Druck, der gemäß der Allgemeinen Relativitätstheorie zu einer beschleunigten Expansion der Raumzeit führt, d. h. zu einer exponentiellen Zunahme des Skalenfaktors.

Diese Phase beschleunigter Expansion – die Inflation – wurde durch die speziellen Eigenschaften des Inflatonfeldes verursacht: Die Raumzeit dehnte sich exponentiell aus, wobei sich der Raum selbst schneller als das Licht dehnte – ein Prozess, der die Relativitätstheorie nicht verletzt, da sich keine Teilchen durch den Raum schneller als die Lichtgeschwindigkeit c bewegten. Nach etwa 10^{-36} bis 10^{-32} s rollte das Feld in das Minimum seines Potentials, welches man als das „wahre Vakuum“ bezeichnet. Die dabei freigesetzte potentielle Energie wurde durch Oszillationen des Feldes in relativistische Teilchen und Strahlung umgewandelt, und zwar in einem Prozess, der als „Reheating“ (Wiederaufheizung) bezeichnet wird. Dies markiert den Übergang zur heißen, strahlungsdominierten Phase des Standardmodells, dem Beginn des sogenannten heißen Urknalls (Abb. 15.1).[2]

[2] Siehe Albrecht, A., & Steinhardt, P. J. (1982). Cosmology for grand unified theories with radiatively induced symmetry breaking. Physical Review Letters, 48(17), 1220.

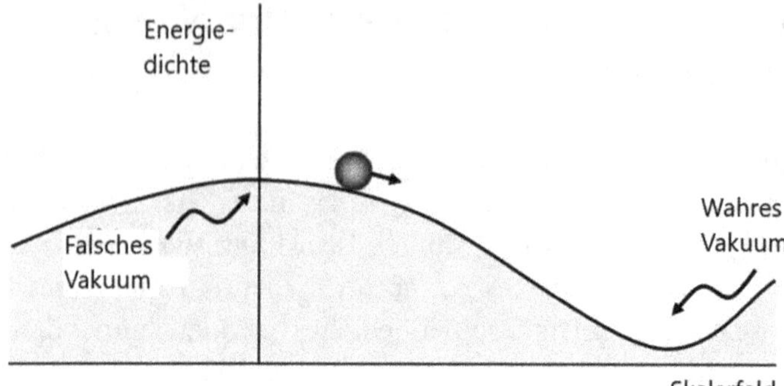

Abb. 15.1 Die Grafik visualisiert das Potential des Inflatonfeldes, das die kosmische Inflation antreibt. Im „falschen Vakuum" (metastabiler Zustand mit hoher Energie) erzeugt das Feld einen negativen Druck, der die Raumzeit exponentiell ausdehnt. Durch Quantentunnelung rollt das Feld schließlich ins „wahre Vakuum" ab, wobei die gespeicherte Energie in Teilchen und Strahlung umgewandelt wird (*Reheating*). Dieser Prozess löst das Problem der Homogenität und der Flachheit des Universums und bläht zugleich mikroskopische Quantenschwankungen auf – die Keimzellen für Galaxien und das kosmische Netz

Welche Probleme löst die Inflation?

Die Inflation ist mehr als ein elegantes theoretisches Konstrukt – sie bietet konkrete Lösungen für drei zentrale Rätsel der klassischen Urknalltheorie.

Das Horizontproblem: Warum ist das Universum überall gleich warm?

Die CMB weist eine Temperaturhomogenität von etwa 1 Teil auf 10^5 auf, selbst zwischen Regionen, die nach dem Standardmodell zum Zeitpunkt der Rekombination weit außerhalb gegenseitiger kausaler Kontaktbereiche lagen.

Lösung Vor der Inflation waren diese Regionen kausal verbunden und konnten damit problemlos ein thermisches Gleichgewicht erreichen. Die exponentielle Expansion dehnte sie dann auf Skalen aus, die heute nicht mehr kausal verknüpft sind. Ihre gemeinsame Temperatur blieb jedoch erhalten (Abb. 15.2).

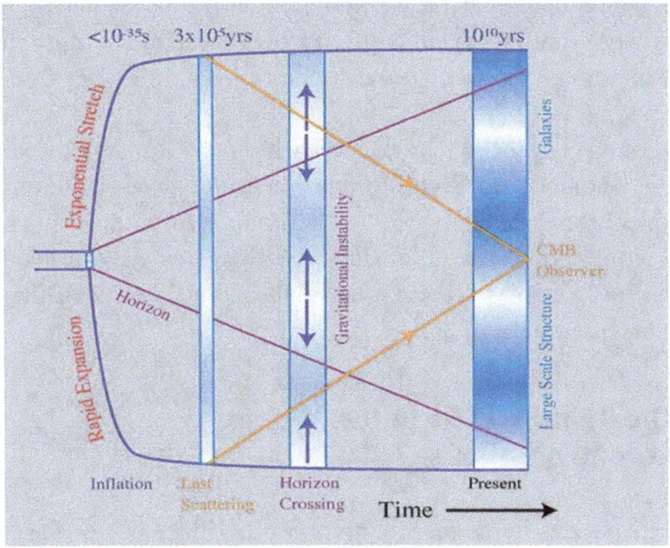

Abb. 15.2 Die Grafik visualisiert den zeitlichen Ablauf der kosmischen Inflation und ihrer Auswirkungen: Die exponentielle Expansion des Universums kurz nach dem Urknall löste das Horizontproblem, indem sie alle ursprünglichen Ungleichheiten glättete. Nach der Inflation kühlte sich das Universum ab, wobei Quantenschwankungen im Inflatonfeld die Keime für Galaxien und Voids legten. Die letzte Streuung vor 380.000 Jahren entkoppelte Photonen vom Plasma, was die Mikrowellenhintergrundstrahlung (CMB) erzeugte – eine „Fotografie" der Urzeit. Heute dominieren Dunkle Energie und Gravitationsinstabilität die Entwicklung, die zu großen Strukturen wie Galaxienhaufen führt. Das Diagramm verbindet somit die ersten Sekunden des Universums mit seiner heutigen Architektur. (University of Chicago)

Das Flachheitsproblem: Warum ist das Universum so flach?

Die beobachtete Energiedichte des Universums liegt extrem nahe an der kritischen Dichte ($\Omega \approx 1$), was eine flache räumliche Geometrie impliziert. Im klassischen Inflationsmodell erfordert dies, dass die Energiedichte des frühen Universums um exakt 60 e-Potenzen – also um einen Faktor von e^{60} – abnimmt: eine extrem feine Abstimmung, die von den meisten Kosmologen als unnatürlich empfunden wird.

Lösung Die exponentielle Expansion der Inflation zieht die Geometrie in Richtung Flachheit, und zwar völlig unabhängig vom anfänglichen Krümmungszustand. Ähnlich wie die Oberfläche eines stark aufgeblasenen Ballons lokal flach erscheint, wird auch das Universum durch die Inflation effektiv flach.

Die Keime der Struktur: Woher kommen Galaxien?

Ein perfekt homogenes Universum ist nicht in der Lage, eine gravitative Strukturentstehung zu ermöglichen. Die beobachteten Dichtefluktuationen in der CMB und der großräumigen Struktur erfordern entsprechende Anfangsbedingungen.

Lösung Quantenfluktuationen im Inflatonfeld wurden während der exponentiellen Expansion auf Skalen jenseits des kosmologischen Horizonts gestreckt und „eingefroren". Diese klassischen Dichtefluktuationen wurden die Anfangsbedingungen für die spätere Strukturentstehung. Ihre skaleninvariante Verteilung (mit leichter Neigung) stimmt exzellent mit den Beobachtungen der CMB überein.

Gibt es beobachtbare Hinweise auf die Inflation?

Obwohl das Inflatonfeld nicht direkt nachgewiesen ist, gibt es mehrere starke indirekte Belege:

- Die Homogenität und Isotropie der CMB sind konsistent mit der Lösung des Horizontproblems durch die Inflation.
- Die räumliche Flachheit ($\Omega_k \approx 0$) wird durch Planck-Daten auf mehr als 0,5 % bestätigt – im Einklang mit der Inflationshypothese.[3]
- Das Leistungsspektrum der CMB-Anisotropien zeigt eine nahezu skaleninvariante Verteilung der Dichtefluktuationen mit $n_s \approx 0{,}965$, was wiederum auch eine zentrale Vorhersage einfacher Inflationsmodelle ist.

Der entscheidende direkte Nachweis steht jedoch noch aus: Viele Inflationsmodelle sagen die Erzeugung primordialer Gravitationswellen voraus, die sich als großskalige B-Moden in der Polarisation der CMB manifestieren würden.[4] Bislang konnten Experimente wie BICEP/Keck keine solchen Signale nachweisen. Stattdessen ergaben sie strenge Obergrenzen für das Tensor-zu-Skalar-Verhältnis: $r < 0{,}036$ (95 % Konfidenz).[5] Die Suche wird mit empfindlicheren Experimenten wie dem Simons Observatory und CMB-S4 fortgesetzt, die in der Lage sein sollen, Signale mit $r \sim 0{,}001$

[3] Siehe Aghanim, N. (2020). Planck 2018 results. VI. Cosmological parameters. Astron. Astrophys, 641, A6.

[4] Siehe Kamionkowski, M., Kosowsky, A., & Stebbins, A. (1997). A probe of primordial gravity waves and vorticity. Physical Review Letters, 78(11), 2058.

[5] Das Tensor-zu-Skalar-Verhältnis r ist ein Maß für das Verhältnis der Amplitude tensorieller Primordialfluktuationen (Gravitationswellen aus der Inflation) zu skalaren Dichtefluktuationen. Sein Wert gibt Aufschluss über die Energieskala der Inflation und dient zur Unterscheidung zwischen verschiedenen Inflationsmodellen.

zu detektieren. Die bisherigen Nicht-Nachweise deuten darauf hin, dass primordiale Gravitationswellen – falls sie existieren – sehr schwach waren, was einfache Inflationsmodelle, etwa die chaotische Inflation, stark einschränkt.[6]

Offene Fragen: Was wissen wir noch nicht?

Trotz ihrer Erklärungskraft bleibt die Inflation eine Theorie mit ungelösten Fragen. Alan Guth bezeichnete sie scherzhaft als *„die am besten bestätigte Spekulation der Physik"*.[7]

Zentrale offene Probleme sind:

- Was ist das Inflatonfeld?
  - Ist es ein bisher unbekanntes Skalarfeld – oder könnte es mit dem Higgs-Feld identisch sein („Higgs-Inflation")?[8]
  - Gibt es mehrere Felder (Multi-Field-Inflation), die die Dynamik beeinflussen?
- Welche Form hat das Inflationspotential?
  - Es existieren hunderte Modelle – von „Slow-Roll" über „Chaotic Inflation" bis zu „Starobinsky"-Modellen.

---

[6] Siehe Battye, R., Brown, M. L., Calisse, P., Chluba, J., Coppi, G., Herviascaimapo, C., ... & Thomas, D. B. (2019). The Simons Observatory: science goals and forecasts. Journal of Cosmology and Astroparticle Physics, 2019(02), 056–056.

[7] Siehe Guth, A. H. (1998). The inflationary universe: the quest for a new theory of cosmic origins. Random House.

[8] Siehe Bezrukov, F., & Shaposhnikov, M. (2008). The Standard Model Higgs boson as the inflaton. Physics Letters B, 659(3), 703–706.

  - Aktuelle CMB-Daten (Planck, BICEP/Keck) favorisieren Modelle mit niedrigem Tensor-Skalen-Verhältnis r, wie beispielsweise das Starobinsky-Modell.
- Führt die Inflation zum Multiversum?
  - In der Theorie der ewigen Inflation (Vilenkin, 1983) expandieren einige Regionen weiter, während andere aufhören – es entstehen „Blasenuniversen" mit möglicherweise unterschiedlichen physikalischen Gesetzen.[9]
  - Dies ist jedoch kein zwingendes Resultat, sondern modellabhängig – und bislang nicht beobachtbar.
- Gibt es plausible Alternativen?
  - Modelle wie der „Big Bounce" (in der Schleifen-Quantenkosmologie) oder auf die Stringtheorie aufbauende Kosmologien vermeiden die Anfangssingularität und erklären auf diese Weise die euklidische Geometrie des Universums. Sie können aber weiterhin die skaleninvariante Verteilung der Fluktuationen und auch das Horizontproblem nicht vollständig lösen.

Eine Theorie zwischen Triumph und Rätsel

Die kosmische Inflation ist heute ein zentraler Bestandteil des ΛCDM-Modells. Sie erklärt die Homogenität, Flachheit und die Ursprünge der Strukturen im Universum – von Galaxien bis hin zu uns selbst. Als Brücke zwischen Quantenphysik und Kosmologie bringt sie uns näher an die ersten Momente nach $t = 0$.

---

[9] Siehe Vilenkin, A. (1983). Birth of inflationary universes. Physical Review D, 27(12), 2848.

Dennoch bleibt sie unvollständig:

- Der direkte Nachweis primordialer Gravitationswellen oder des Inflatonfelds fehlt.
- Die große Zahl kompatibler Modelle erschwert die Identifikation des richtigen Szenarios.
- Zudem wird kritisiert, dass die Inflation – aufgrund ihrer Flexibilität – schwer zu falsifizieren sei, da viele Modelle nahezu jede Beobachtung erklären können. Kritiker wie Paul Steinhardt bemängeln sogar, die Inflation sei kaum falsifizierbar *(„Inflation is not falsifiable“).*

Vielleicht ist dies eine der faszinierendsten Eigenschaften der Inflation: Sie ist kein abgeschlossenes Modell, sondern ein Rahmen, der neue Fragen aufwirft. Ein Rahmen, der uns an die Grenzen unseres heutigen Wissens führt – und möglicherweise sogar darüber hinaus.

Schlüsselgedanken

Die Inflation löst drei zentrale Probleme der klassischen Urknalltheorie:

1. ***das Horizontproblem:*** *Kausal getrennte Regionen haben dieselbe Temperatur, weil sie vor der Inflation benachbart waren.*
2. ***das Flachheitsproblem:*** *Die exponentielle Expansion glättet die Geometrie wie ein aufgeblasener Ballon.*
3. ***die Strukturfrage:*** Quantenfluktuationen *im Inflatonfeld wurden aufgebläht und zu Keimen von Galaxien und Filamenten.*

Das Inflatonfeld ist der Motor der Inflation: Ein hypothetisches Skalarfeld im falschen Vakuum erzeugt negativen Druck und treibt die beschleunigte Expansion an. Sein Kollaps („Reheating") setzt die Energie frei, die den heißen Urknall startet.

Starke indirekte Belege sprechen für Inflation: Die Flachheit ($\Omega_k \approx 0$*), die Homogenität der CMB und das skaleninvariante Spektrum der* Dichtefluktuationen *(*$n_s \approx 0{,}965$*) stimmen hervorragend mit ihren Vorhersagen überein.*

Der direkte Beweis fehlt noch: Primordiale Gravitationswellen – als B-Moden in der CMB-Polarisation – wären die „Smoking Gun". Bisher blieben sie unsichtbar ($r < 0{,}036$*), was viele Modelle ausschließt.*

Zentrale Fragen bleiben offen: Was ist das Inflatonfeld? Welches Potential hat es? Führt die Inflation zum Multiversum? Und ist die Theorie überhaupt falsifizierbar?

Inflation ist kein abgeschlossenes Modell, sondern ein fruchtbarer Rahmen: Sie verbindet Quantenphysik und Kosmologie – und zeigt, dass die größten Entdeckungen oft aus den ungelösten Rätseln entstehen.

16

Symmetriebrechungen im Teilchenzoo

Inhaltsverzeichnis

In den ersten Momenten nach dem Urknall war das Universum extrem heiß, dicht und von hoher Symmetrie geprägt. Nach heutigen Theorien könnten alle nicht-gravitativen Wechselwirkungen – starke, elektromagnetische und schwache Kraft – in einer gemeinsamen, vereinheitlichten Wechselwirkung vereint gewesen sein. Teilchen wie Quarks und Leptonen waren in diesem Zustand weitgehend äquivalent. Dieser Zustand hoher Symmetrie war jedoch instabil. Wäh-

M. Scholz, *Das frühe Universum*,
https://doi.org/10.1007/978-3-662-73261-8_16

rend das Universum expandierte und abkühlte, kam es zu einer Reihe von Symmetriebrüchen – kosmischen Phasenübergängen, vergleichbar mit dem Gefrieren von Wasser. Anders als bei alltäglichen Phasenumwandlungen legten diese Übergänge jedoch die fundamentale Struktur der heutigen Physik fest: die unterschiedlichen Wechselwirkungen, die Masse der Teilchen und die Bedingungen für komplexe Materie und Leben.

Die erste Trennung: Die Geburt der Raumzeit

In den ersten ~10^{-43} s – der Planck-Ära – herrschten Energien, bei denen die Effekte der Quantengravitation dominant wurden. In diesem Regime wird erwartet, dass Gravitation und die anderen Wechselwirkungen in einer vereinheitlichten Beschreibung vereint waren.[1] Eine solche Theorie existiert bis heute nicht, doch Ansätze wie die Stringtheorie oder die Schleifen-Quantengravitation deuten darauf hin, dass die Raumzeit auf dieser Skala keine glatte, kontinuierliche Mannigfaltigkeit ist, sondern aus diskreten Quanten bestehen oder durch starke Fluktuationen geprägt sein könnte. Mit der Abkühlung des Universums trat die Gravitation als eigenständige, klassisch beschreibbare Wechselwirkung hervor – ein Übergang, der die Grundlage für die dynamische Raumzeit der Allgemeinen Relativitätstheorie schuf. Was vor diesem Übergang geschah – ob es einen Zustand „davor" gab oder ob Zeit und Raum erst hier emergierten –, bleibt unklar.[2]

---

[1] Siehe Guth, A. H. (1981). Inflationary universe: A possible solution to the horizon and flatness problems. Physical Review D, 23(2), 347.

[2] Siehe Rovelli, C. (2004). Quantum Gravity. Cambridge University Press.

Die große Vereinigung: Wo Materie ihren Ursprung fand

Etwa 10^{-36} s nach dem Urknall, bei Temperaturen von $\sim 10^{28}$ K, könnte ein Phasenübergang stattgefunden haben, bei dem sich die starke Wechselwirkung von der elektroschwachen Kraft trennte. Dieser Übergang ist zentral für die sogenannten *Grand Unified Theories* (GUTs), die bekanntlich die drei nicht-gravitativen Wechselwirkungen in einer gemeinsamen Symmetriegruppe vereinigen.[3]

In diesem Zustand wären Quarks und Leptonen durch die Symmetrie miteinander verknüpft gewesen. Der Bruch dieser Symmetrie könnte durch ein GUT-Higgs-Feld ausgelöst worden sein. Entscheidend dabei ist, dass unter bestimmten Bedingungen (Sacharow-Bedingungen) dieser Übergang die Baryogenese ermöglicht haben könnte – die Erzeugung eines winzigen Überschusses an Materie gegenüber Antimaterie.[4] Ohne diesen Überschuss (ca. ein zusätzliches Baryon pro 10^9 Baryon-Antibaryon-Paaren) wäre die gesamte Materie annihiliert worden und das Universum wäre frei von baryonischer Materie.

Ein weiteres mögliches Erbe dieses Übergangs sind topologische Defekte – stabile Strukturen wie magnetische Monopole oder kosmische Strings, die bei nicht-adiabatischer oder inhomogener Symmetriebrechung entstehen können. Bis heute wurde jedoch kein einziges magnetisches Monopol nachgewiesen – ein Befund, der zur Motivation für die Inflationstheorie beitrug, da diese Defekte durch exponentielle Expansion auf extrem niedrige Dichten verdünnt würden.

---

[3] Siehe Georgi, H., & Glashow, S. L. (1974). Unity of All Elementary Particle Forces. Physical Review Letters, 32(8), 438–441.

[4] Siehe Sacharow, A. D. (1998). Violation of CP-invariance, C-asymmetry, and baryon asymmetry of the Universe. In: In The Intermissions ... Collected Works on Research into the Essentials of Theoretical Physics in Russian Federal Nuclear Center, Arzamas-16 (pp. 84–87).

Auch der Protonenzerfall – eine Vorhersage vieler, wenn auch nicht aller GUT-Modelle – wurde in Experimenten wie Super-Kamiokande bislang nicht nachgewiesen. Dies legt nahe, dass die wahre Physik der GUT-Ära komplexer ist – etwa durch zusätzliche Symmetrien wie beispielsweise sogenannte Supersymmetrien oder höhere Dimensionen.

Der Higgs-Moment: Wie Teilchen Masse bekamen

Der folgenreichste bekannte Symmetriebruch war die elektroschwache Symmetriebrechung, die etwa 10^{-12} s nach dem Urknall bei Temperaturen von ~10^{15} K stattfand. Zuvor waren der Elektromagnetismus und die schwache Wechselwirkung in einer gemeinsamen „elektroschwachen Wechselwirkung" vereint, mit insgesamt vier masselosen Eichbosonen. Das Higgs-Feld veränderte dann plötzlich seinen Zustand – man kann sich das wie eine Kugel vorstellen, die in ein Tal einer Hügellandschaft rollt. Dabei „schaltete" das Feld den Teilchen ihre Masse zu: Elektronen und Quarks erhielten ihre Masse, während die Photonen masselos blieben. Erst dadurch konnten stabile Atome entstehen – und damit die Materie, wie wir sie kennen. So entstanden zwei fundamentale Kräfte mit sehr unterschiedlichen Reichweiten: die kurzreichweitige schwache Wechselwirkung und die langreichweitige elektromagnetische Kraft. Und die reichlich vorhandenen Fermionen (Quarks, geladene Leptonen) begannen mit dem Higgs-Feld zu wechselwirken. Die Stärke dieser speziellen Kopplung (Yukawa-Kopplung) bestimmte danach die jeweilige Teilchenmasse.

Ohne diesen hier beschriebenen Übergang gäbe es keine stabilen Atome, keine chemischen Bindungen und auch kein Leben. Die Massen der Teilchen und die Trennung der elektromagnetischen und schwachen Kraft wären nicht entstanden. Die Entdeckung des Higgs-Bosons am LHC 2012 bestätigte den Mechanismus der spontanen Symmetriebrechung und

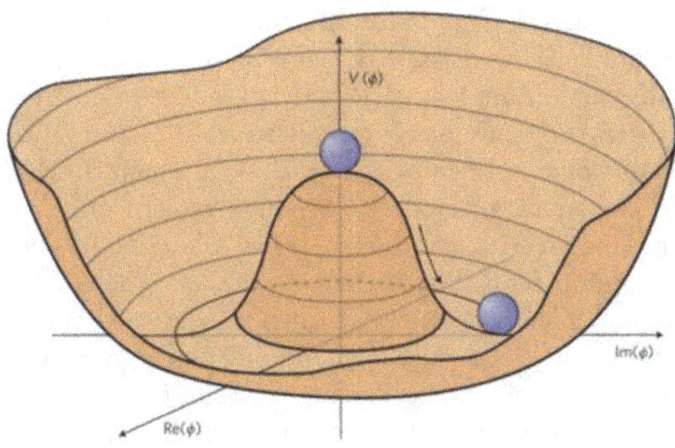

Abb. 16.1 Die Grafik visualisiert den Higgs-Mechanismus: Das Higgs-Feld (dargestellt durch das „Mexikanische Hüttendach") hat in seinem Grundzustand einen nicht-trivialen Wert (blauer Ball im Tal). Teilchen wie Elektronen oder W-Bosonen interagieren mit diesem Feld und erhalten dadurch Masse – ähnlich wie ein Körper, der sich durch eine Flüssigkeit bewegt und Widerstand erfährt. Die Symmetrie des Systems wird dabei gebrochen (Pfeil zeigt den Übergang vom symmetrischen zum gebrochenen Zustand), was die Entstehung der Massen erklärt – ein Schlüssel für die Struktur unseres Universums. (CERN)

vervollständigte das Standardmodell der Teilchenphysik. Doch viele Fragen bleiben weiterhin offen: Warum haben die Teilchen ihre spezifischen Massen? Warum variieren die Yukawa-Kopplungen um viele Größenordnungen? Und ist das Higgs-Feld einzigartig – oder nur Teil eines erweiterten Sektors (z. B. mit mehreren Higgs-Feldern) (Abb. 16.1)?

Die Geburt der Materie: Confinement und die ersten Hadronen

Bei etwa 10^{-6} s und Temperaturen um 10^{12} K kühlte das Universum so weit ab, dass die starke Wechselwirkung Quarks und Gluonen in gebundene Zustände zwang – ein

Prozess, der als *Confinement* bezeichnet wird. Von diesem Zeitpunkt an waren Quarks und Gluonen dauerhaft in Hadronen gebunden – freie Quarks existieren seither nicht mehr. Laut den Ergebnissen von Lattice-QCD-Simulationen handelt es sich dabei nicht um einen scharfen Phasenübergang erster Ordnung, sondern um einen sogenannten glatten Crossover. Dieser Übergang markiert den Beginn der hadronischen Ära – die erste Phase, in der stabile, zusammengesetzte Teilchen existierten. Kurz danach setzte die großflächige Annihilation von Materie und Antimaterie ein, bei der nur der kleine Überschuss an Baryonen überlebte, welcher nun die Grundlage aller sichtbaren Materie im heutigen Universum bildet (Abb. 16.2).

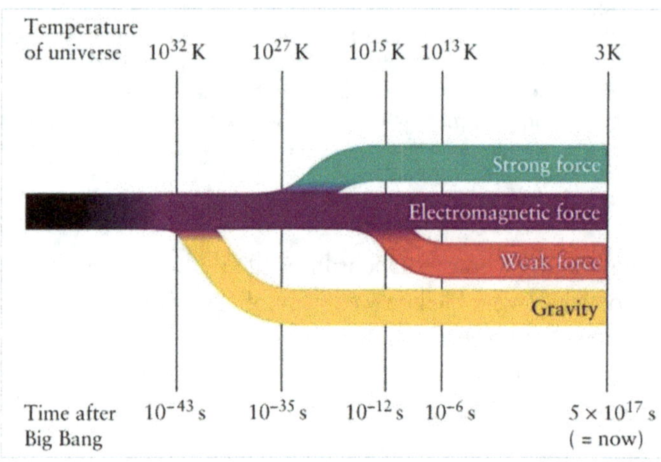

Abb. 16.2. Die Grafik visualisiert, wie die fundamentalen Wechselwirkungen des Universums durch Symmetriebrechungen im frühen Kosmos entstanden. Kurz nach dem Urknall, bei Temperaturen von 10^{32} K, waren die starken, elektromagnetischen und schwachen Kräfte in einer vereinheitlichten „Großen Einheitstheorie" (GUT) verschmolzen. Mit der Abkühlung des Universums brachen diese Symmetrien nach und nach auf

Kosmische Spuren: Was diese Übergänge hinterließen

Die Symmetriebrüche der frühen Phase könnten durchaus beobachtbare Signaturen im heutigen Universum hinterlassen haben. Falls einer der Übergänge (z. B. in GUT- oder elektroschwachen Modellen) erster Ordnung war, hätten sich Blasen eines neuen Vakuums gebildet, die miteinander kollidierten und turbulente Prozesse sowie primordiale Gravitationswellen erzeugten. Diese Wellen könnten in Zukunft von Gravitationswellen-Observatorien wie LISA nachgewiesen werden.[5]

Zusätzlich könnten topologische Defekte wie kosmische Strings oder Domain-Wände als Relikte aus der GUT-Ära überdauert haben. Ihre gravitativen Effekte wären indirekt nachweisbar. Ihre bisherige Nicht-Beobachtung ist auch konsistent mit der Inflation, die solche Strukturen auf unerreichbare Distanzen verdünnt hätte.

Warum diese Übergänge alles veränderten

Die Symmetriebrüche der ersten Sekunden waren keine Nebenphänomene, sondern entscheidende Phasenübergänge, welche die physikalische Struktur des Universums festlegten. Ohne sie gäbe es

- **keine stabilen Atomkerne,** weil dann Quarks nie in Protonen und Neutronen gebunden worden wären.
- **keine Chemie,** weil Elektronen und Quarks keine Masse hätten und Atome nicht entstehen könnten.

[5] Siehe Caprini, C., & Figueroa, D. G. (2018). Cosmological backgrounds of gravitational waves. Classical and Quantum Gravity, 35(16), 163001.

- **keine baryonische Materie,** da Baryogenese und anschließende Annihilation nicht stattgefunden hätten.
- **kein Leben,** da alle diese physikalischen Voraussetzungen fehlten.

Jeder Übergang führte zu einer Zunahme struktureller Komplexität. Aus einem heißen, symmetrischen Plasma entstand auf einmal eine differenzierte Welt. Doch diese Übergänge werfen tiefe Fragen auf: Warum haben die Symmetrien genau diese Bruchmuster? Ist dies Zufall oder ist dies notwendig? Könnte es in einem Multiversum Universen mit anderen Symmetriebrechungen und Naturkonstanten geben? Und existiert vielleicht doch eine vereinheitlichte Theorie, die alle Wechselwirkungen – inklusive der Gravitation – in einem konsistenten Rahmen beschreibt?

Ordnung aus dem Chaos des Anfangs

Die ersten Sekunden des Universums waren keine Phase des Chaos, sondern der Entfaltung physikalischer Struktur. Aus einem Zustand hoher Symmetrie entstand durch eine Abfolge von Phasenübergängen die Vielfalt der heutigen physikalischen Welt. Die Symmetriebrüche prägten die Eigenschaften der fundamentalen Wechselwirkungen, formten die Teilchen und ermöglichten die Existenz stabiler Materie. Ohne sie wäre das Universum homogen, leblos und strukturlos.

Die Suche nach ihren Spuren – in Teilchenbeschleunigern, kosmologischen Beobachtungen und Gravitationswellensignalen – ist mehr als Wissenschaft. Es ist die Suche nach den tiefsten Prinzipien, die das Universum formten: die Ordnung im Chaos des Anfangs.

Schlüsselgedanken

Symmetriebrechungen formten die Physik des Universums. *In den ersten Sekunden nach dem Urknall trennten sich die fundamentalen Kräfte nacheinander – von einer vereinheitlichten Wechselwirkung hin zu den vier Kräften, die wir heute kennen.*

Die elektroschwache Symmetriebrechung gab den Teilchen Masse. *Durch das Higgs-Feld erhielten W- und Z-Bosonen sowie Quarks und Leptonen ihre Masse – eine Voraussetzung für Atome, Chemie und Leben.*

Der Quark-Hadron-Übergang (Confinement) schuf stabile Materie. *Bei etwa 10^{-6} s wurden Quarks in* Protonen *und* Neutronen *gebunden – die ersten langlebigen Bausteine der sichtbaren Welt.*

Die GUT-Symmetriebrechung könnte die Materie-Antimaterie-Asymmetrie erklären. *Unter den Sacharow-Bedingungen entstand ein winziger Überschuss an Materie – der Grund, warum wir existieren.*

Mögliche Spuren im heutigen Universum Primordiale Gravitationswellen , *topologische Defekte wie kosmische Strings oder magnetische Monopole könnten Hinweise auf diese frühen Übergänge liefern – werden aber bisher nicht beobachtet.*

Die Inflation könnte diese Spuren verwischt haben. *Die exponentielle Expansion des frühen Universums hätte Defekte und Blasenstrukturen auf unerreichbare Distanzen verdünnt.*

Ohne diese Brüche wäre das Universum leer und strukturlos. *Keine Atome, keine Sterne, kein Leben. Die Symmetriebrechungen waren keine Nebenphänomene – sie schufen die physikalische Realität, wie wir sie kennen.*

17

Materie-Antimaterie-Asymmetrie: Neue Experimente

Inhaltsverzeichnis

Eines der großen Rätsel der modernen Physik ist die baryonische Materie-Antimaterie-Asymmetrie: Warum gibt es im heutigen Universum fast nur Materie, obwohl nach den bekannten Gesetzen in den ersten Momenten nach dem Urknall Materie und Antimaterie in gleichen Mengen entstanden sein müssten? Beide hätten sich nahezu vollständig annihilieren müssen. Zurückgeblieben wäre dann ein Universum, das nur aus Strahlung besteht. Tatsächlich überlebte jedoch ein winziger Überschuss an Materie –

M. Scholz, *Das frühe Universum*,
https://doi.org/10.1007/978-3-662-73261-8_17

etwa ein zusätzliches Baryon pro 10^9 Photonen. Dieser Rest bildet die gesamte sichtbare Struktur im Kosmos. Die zentrale Frage lautet deshalb: Welcher physikalische Mechanismus führte zu dieser Asymmetrie?

Der Physiker Andrei Sacharow formulierte 1967 drei notwendige Bedingungen für die Entstehung einer Baryonen-Asymmetrie: (1) Verletzung der Baryonenzahl-Erhaltung (B), (2) Verletzung der CP-Symmetrie (Kombination aus Ladungskonjugation und Parität) und (3) Abweichung von thermischem Gleichgewicht. Obwohl das Standardmodell der Teilchenphysik alle drei Bedingungen prinzipiell erfüllt, ist die Stärke der CP-Verletzung im Quarksektor um etwa zehn Größenordnungen zu gering, um den beobachteten Materieüberschuss zu erklären. Damit bleibt die Baryogenese ein ungelöstes Problem – und weist auf eine Physik jenseits des Standardmodells hin.

Eine neue Generation von Experimenten zielt nun darauf ab, Prozesse zu untersuchen, in denen die Symmetrie zwischen Materie und Antimaterie stärker verletzt wird, und zwar insbesondere durch eine CP-Verletzung in Hadronen- und Neutrino-Systemen.

LHCb-Experiment: CP-Verletzung in B-Mesonen unter der Lupe

Am *Large Hadron Collider* (LHC) des CERN untersucht das LHCb-Experiment systematisch die Zerfälle von B-Mesonen. Darunter versteht man Hadronen, die ein b-Quark enthalten. Aufgrund ihrer Masse und Lebensdauer eignen sie sich besonders gut, um CP-Verletzungen zu messen: Wenn B-Mesonen und ihre Antiteilchen unterschiedliche Zerfallsraten oder Zerfallsprodukte aufweisen, ist dies ein Zeichen für eine CP-Verletzung. Solche Effekte sind dem Standardmodell der Elementarteilchen durchaus bekannt (z. B. in B^0-Systemen). Sie sind aber zu schwach, um die Baryogenese erklären zu können.

Frühere Messungen zeigten Anomalien in Verhältnissen wie R(K) und R(D*), die auf eine Verletzung der Lepton-Universalität hindeuten könnten. Neuere Analysen (2022–2023) legen jedoch nahe, dass diese Abweichungen mit verbesserter Statistik und Systematik mit dem Standardmodell vereinbar sind. Dennoch wird erwartet, dass zukünftige Daten nach dem Upgrade des Detektors (ab 2029) die Empfindlichkeit erhöhen und mögliche Hinweise auf „neue Physik"– wie zusätzliche Higgs-Bosonen oder Leptoquarks – bestätigen oder ausschließen können.[1]

Sollten bei den zukünftigen Experimenten noch gravierendere Abweichungen entdeckt werden, könnte das auf neue, noch unbekannte Teilchen oder Wechselwirkungen hindeuten, welche die CP-Verletzung verstärken und so zur Erklärung der Materiedominanz beitragen.

CP-Verletzung ist kein theoretisches Kuriosum: Sie ist eine notwendige Voraussetzung für die Entstehung eines Materieüberschusses.[2] Ohne sie wären Materie und Antimaterie vollständig symmetrisch, ihre Annihilation hätte ein strukturloses, strahlungsdominiertes Universum hinterlassen.

Nach dem derzeit laufenden Upgrade wird LHCb ab 2029 deutlich empfindlicher für seltene Zerfälle und CP-asymmetrische Effekte sein. Die gesammelten Daten werden die Empfindlichkeit für seltene Zerfälle und CP-asymmetrische Effekte deutlich erhöhen. Ein signifikanter, wiederholbarer Befund könnte der erste Hinweis auf eine

[1] Siehe Test of lepton universality in beauty-quark decays. Nature Physics, 2022, 18. Jg., Nr. 3, S. 277–282.

[2] Siehe Biros, M. (2024). Precision measurements of B-meson decays at ATLAS. In EPJ Web of Conferences (Vol. 312, p. 04004). EDP Sciences.

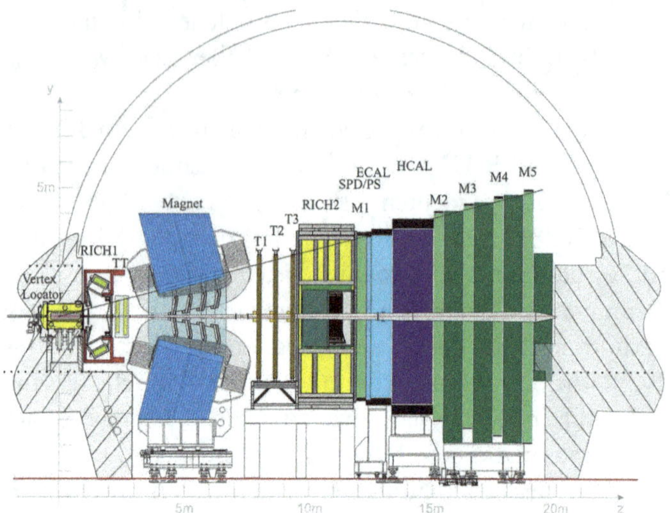

Abb. 17.1 Der LHCb-Detektor am CERN-Large Hadron Collider analysiert Zerfälle von B-Mesonen, um die Materie-Antimaterie-Asymmetrie zu erforschen. Seine Komponenten – Magnet (blau), RICH-Detektoren (gelb/grün) und Kalorimeter (grün) – verfolgen Teilchenbahnen und identifizieren Partikel, um subtile CP-Verletzungen zu messen. Diese Asymmetrien könnten erklären, warum das Universum heute mehr Materie als Antimaterie enthält. (Wikimedia, CERN)

Physik jenseits des Standardmodells sein, die zur Erklärung der Baryonen-Asymmetrie beiträgt (Abb. 17.1).

Leptogenese: Könnten Neutrinos die Antwort liefern?

Eines der vielversprechendsten Szenarien zur Erklärung der Baryonen-Asymmetrie ist die Leptogenese – die Erzeugung eines Leptonen-Überschusses in der frühen Phase des Universums, der später in einen Baryonen-Überschuss umgewandelt wurde.

Im Modell existieren schwere, rechtshändige „sterile Neutrinos“, die mit dem Higgs-Feld koppeln (siehe Essay 26).[3] Durch CP-verletzende Zerfälle dieser Neutrinos entstand nach diesem Modell ein Überschuss an Leptonen. Bei Temperaturen über ~10 TeV – in den ersten $10^{-12\,s}$ – wirkten sogenannte *Sphaleron*-Prozesse – spezielle quantenmechanische Übergänge im elektroschwachen Sektor –, die Baryon- und Leptonen-Zahl verletzen, jedoch die Kombination B–L erhalten. Dadurch konnte der Leptonen-Überschuss in einen Baryonen-Überschuss umgewandelt werden.[4]

Diese Theorie ist attraktiv, weil sie mehrere Probleme gleichzeitig löst:

- Sie erklärt den Ursprung der baryonischen Materie,
- sie liefert über den sogenannten *Seesaw*-Mechanismus[5] eine Erklärung für die ungewöhnlich kleinen Neutrino-Massen: Leichte Neutrinos entstehen dabei durch Mischung mit sehr schweren, noch unentdeckten Partnern,
- und sie verbindet Teilchenphysik mit der Kosmologie.

Die Leptogenese ist mittlerweile mehr als nur eine Spekulation: Sie ist ein theoretisch konsistentes Szenario, das mit den beobachteten Eigenschaften des Universums – wie der Baryonen-Asymmetrie und den Neutrino-Massen – vereinbar ist.[6] Dennoch fehlt bislang jeder direkte Nachweis der schweren sterilen Neutrinos, die für dieses Szena-

[3] „Sterile“ Neutrinos sind hypothetische Teilchen, die nur über die Gravitation wechselwirken können, während „normale“ Neutrinos schwach wechselwirken.

[4] Siehe Fukugita, M., & Yanagida, T. (1986). Baryogenesis without grand unification. Physics Letters B, 174(1), 45–47.

[5] **Seesaw-Mechanismus:** ein theoretisches Modell, das die sehr kleinen Massen der beobachteten Neutrinos erklärt, indem es ihre Mischung mit schweren, sterilen Rechtshändig-Neutrinos postuliert. Die Neutrino-Massen sind dann umgekehrt proportional zur Masse dieser schweren Partner – wie bei einer Wippe („Seesaw“): Je schwerer die sterile Komponente, desto leichter das sichtbare Neutrino.

[6] Siehe Canetti, L., Drewes, M., & Shaposhnikov, M. (2012). Matter and Antimatter in the Universe. New Journal of Physics, 14(9), 095012.

rio erforderlich sind. Ihre Existenz bleibt hypothetisch, aber sie ist eine der plausibelsten Erweiterungen des Standardmodells, die sowohl die Neutrino-Massen als auch die Materie-Asymmetrie erklären kann.

Zukunft: DUNE und Hyper-Kamiokande – die Neutrino-Jäger

Um die Leptogenese zu testen, sind natürlich Experimente erforderlich, die Neutrino-Oszillationen mit höchster Präzision messen. Das gilt insbesondere für die CP-Verletzung im Leptonen-Sektor.

Zwei Großexperimente sind hierfür in Vorbereitung:

- **DUNE (Deep Underground Neutrino Experiment), USA[7]:** Der Detektor wird in der Sanford Underground Research Facility (South Dakota) errichtet und einen Neutrino-Beam von Fermilab (Illinois, 1300 km entfernt) empfangen. Hauptziel ist die Messung der CP-verletzenden Phase δ_{CP} durch Vergleich der Oszillationswahrscheinlichkeiten von $\nu_\mu \rightarrow \nu_e$ und $\bar{\nu}_\mu \rightarrow \bar{\nu}_e$. Eine signifikante Asymmetrie würde auf CP-Verletzung im Neutrino-Sektor hinweisen, was ja ein wesentliches Element der Leptogenese ist. Der Betrieb soll ab 2028/29 aufgenommen werden.
- **Hyper-Kamiokande, Japan[8]:** eine Weiterentwicklung des Super-Kamiokande mit einem 260.000-Tonnen-Wassertank und über 40.000 Photomultipliern. Hyper-Kamiokande wird Neutrinos aus einem Beschleunigerbeam (J-PARC), aus der Atmosphäre, von der Sonne und von

[7] https://www.dunescience.org

[8] https://www.hyper-k.org

Supernovae messen. Es wird eine der empfindlichsten Anlagen weltweit sein, um CP-Verletzung und seltene Prozesse wie den Protonenzerfall zu untersuchen. Die Inbetriebnahme ist für 2027 geplant.

Beide Experimente könnten klären, ob Neutrinos eine zentrale Rolle bei der Entstehung der baryonischen Materie gespielt haben – oder ob die Erklärung in einem anderen physikalischen Mechanismus liegen muss.

Eine kleine Asymmetrie – mit kosmischen Folgen

Die Suche nach der Ursache der Materie-Antimaterie-Asymmetrie ist mehr als eine experimentelle Herausforderung – sie ist die Suche nach dem Grund für unsere Existenz. Die winzige Ungleichheit, die sich in den ersten Sekunden nach dem Urknall etablierte, war der entscheidende Bruch der Symmetrie, der ein Universum aus Strahlung verhinderte und stattdessen die Entstehung von Struktur ermöglichte.

Die Experimente LHCb, DUNE und Hyper-Kamiokande stehen vor einer entscheidenden Phase. Sie könnten nachweisen, dass die fundamentalen Gesetze eine inhärente Asymmetrie enthalten, was eine subtile Bevorzugung von Materie im frühen Universum zur Folge hat.

Ein klarer Nachweis neuer CP-verletzender Effekte könnte erstmals eine empirische Antwort auf die Frage geben, warum Materie – und damit wir – überhaupt existieren.

Schlüsselgedanken

Das Universum besteht fast nur aus Materie, *doch nach den Gesetzen der Physik hätten sich Materie und Antimaterie vollständig vernichten sollen. Ein winziger Überschuss (1 Teilchen pro* 10^9 *Paaren) blieb übrig – die Grundlage alles Sichtbaren.*

Sacharows drei Bedingungen *(Baryonenzahl-Verletzung, CP-Verletzung, Nicht-Gleichgewicht) sind notwendig für diese Asymmetrie – doch das Standardmodell kann sie nicht erklären.*

CP-Verletzung ist der Schlüssel. *Im Quarksektor ist sie zu schwach – Forscher suchen daher nach stärkeren Effekten im Leptonen-Sektor, besonders bei* Neutrinos.

LHCb *untersucht seltene Zerfälle von* B-Mesonen *– Anomalien könnten auf neue Teilchen hindeuten, die die Asymmetrie erklären.*

DUNE und Hyper-Kamiokande *werden die CP-Verletzung in Neutrino-Oszillationen messen – ein entscheidender Test für die Leptogenese, eines der vielversprechendsten Szenarien.*

Die Leptogenese verbindet zwei Rätsel. *Sie erklärt die Materie-Asymmetrie und die geringe Masse der* Neutrinos *über schwerere, sterile Neutrinos.*

Diese Suche ist die Suche nach uns selbst. *Ein Nachweis könnte endlich klären, warum das Universum aus Materie besteht – und warum wir existieren.*

18

Das Lithium-Problem – ein ungelöstes Rätsel der Urknall-Nukleosynthese

Inhaltsverzeichnis

Die Urknall-Nukleosynthese (*Big Bang Nucleosynthesis,* BBN) ist eine der erfolgreichsten Theorien der modernen Kosmologie. In den ersten drei Minuten nach $t = 0$, bei Temperaturen von etwa 10^{10} K – rund 1000-mal höher als im Zentrum der Sonne – bildeten sich die leichtesten Kerne: hauptsächlich Wasserstoff-1, Helium-4, Deuterium

M. Scholz, *Das frühe Universum*,
https://doi.org/10.1007/978-3-662-73261-8_18

sowie geringe Mengen Helium-3 und Lithium-7.[1] Die Vorhersagen der BBN für die Häufigkeiten dieser Kerne stimmen mit Beobachtungen an metallarmen Sternen und im interstellaren Medium hervorragend überein, jedoch mit einer äußerst bemerkenswerten Ausnahme: Lithium-7.

Die beobachtete Häufigkeit von Lithium-7 in den ältesten, metallarmen Sternen (Population-II-Sterne) beträgt etwa $1{,}6 \times 10^{-10}$ (relativ zu Wasserstoff), also nur etwa ein Drittel des von der BBN vorhergesagten Wertes von $\sim 5 \times 10^{-10}$. Während die Übereinstimmung bei Deuterium und Helium-4 exzellent ist – und als starke Bestätigung des ΛCDM-Modells gilt –, bleibt die Abweichung bei Lithium-7 signifikant und systematisch. Diese Diskrepanz ist als „Lithium-7-Problem" bekannt und stellt eine der ungelösten Herausforderungen der modernen Kosmologie dar.[2]

Das Rätsel: Warum fehlt das Lithium?

Die BBN berechnet die primordiale Lithium-7-Häufigkeit zu etwa 5×10^{-10} ($^7Li/H$), basierend auf den gut bestimmten Parametern des ΛCDM-Modells und des Standardmodells der Elementarteilchenphysik: baryonische Dichte (aus CMB), Expansionsrate und Neutronenlebensdauer.[3] Beobachtungen an metallarmen Population-II-Sternen ergeben jedoch nur etwa $1{,}6 \times 10^{-10}$.[4] Diese Diskrepanz um einen Faktor ~3 ist signifikant. Denn sie liegt deutlich jen-

[1] Siehe Cyburt, R. H., Fields, B. D., Olive, K. A., & Yeh, T. H. (2016). Big bang nucleosynthesis: Present status. Reviews of Modern Physics, 88(1), 015004.

[2] Siehe Spite, F. (1990). Lithium in population II stars. Società Astronomica Italiana, Memorie (ISSN 0037–8720), vol. 61, no. 3, 1990, p. 663–675.

[3] Siehe Cooke, R. J., Pettini, M., & Steidel, C. C. (2018). One percent determination of the primordial deuterium abundance. The Astrophysical Journal, 855(2), 102.

[4] Siehe Sbordone, L., Bonifacio, P., Caffau, E., Ludwig, H. G., Behara, N. T., Hernández, J. G., ... & Hill, V. (2010). The metal-poor end of the spite plateau-i. Stellar parameters, metallicities, and lithium abundances. Astronomy & astrophysics, 522, A26.

seits der kombinierten Unsicherheiten in Theorie und Beobachtung. Da die BBN eine der drei Grundlagen des ΛCDM-Modells ist (neben CMB und Hubble-Expansion), stellt das Lithium-7-Problem deshalb eine echte Herausforderung für die Konsistenz des Modells dar.

Während Deuterium und Helium-4 die BBN glänzend bestätigen, weicht allein Lithium-7 von den Vorhersagen systematisch ab.[5] Dies bestätigt, dass die zugrunde liegenden Parameter der BBN – die bereits genannte baryonische Dichte, die Expansionsrate des frühen Universums und die Neutronenlebensdauer – offensichtlich korrekt sind. Die Tatsache, dass nur Lithium-7 davon abweicht, deutet deshalb eher darauf hin, dass entweder ein spezifischer astrophysikalischer Prozess Lithium zerstört oder dass die Reaktionen, die zu ^{7}Be/^{7}Li führen, durch eine Art neue, noch unbekannte Physik beeinflusst wurden.

Wie entstand Lithium-7 im heißen Plasma?

In diesem Zusammenhang ist es wichtig, darauf hinzuweisen, dass Lithium-7 nicht direkt entstand, sondern indirekt über Beryllium-7-Kerne:

- In der BBN bildete sich zunächst Deuterium (D = ^{2}H) aus Protonen und Neutronen.
- Anschließend fusionierten Tritium und Helium-4 zu Beryllium-7 – ein Prozess, der wegen der gegenseitigen elektrischen Abstoßung der Kerne (Coulomb-Barriere) nur selten abläuft und daher empfindlich auf die Expansionsrate reagiert.

---

[5] Siehe Yeh, T. H., Olive, K. A., & Fields, B. D. (2021). The impact of new d (p, γ) 3 rates on Big Bang Nucleosynthesis. Journal of Cosmology and Astroparticle Physics, 2021(03), 046.

^{7}Be ist stabil gegenüber radioaktivem Zerfall, aber durch Elektroneneinfang (mit Halbwertszeit von 53,3 Tagen) entsteht daraus ^{7}Li:

$^{7}Be + e^{-} \rightarrow {}^{7}Li + \nu_e$

Da ^{7}Be während der BBN erzeugt wurde, ist das resultierende ^{7}Li genau genommen nur eine zeitverzögerte Folge der primordialen Nukleosynthese.

Mögliche Lösungen: Astrophysik oder „neue Physik"?

Wie lässt sich die Diskrepanz erklären? Zwei Richtungen zur Klärung dieser wichtigen Frage werden verfolgt: astrophysikalische Mechanismen oder tatsächlich eine Art „neue Physik".

1. Astrophysikalische Lösungen

Lithium-7 ist bei Temperaturen über $2{,}5 \times 10^{6}$ K instabil und wird in Kernreaktionen (z. B. $^{7}Li + p \rightarrow 2\ {}^{4}He$) zerstört. In alten Sternen könnte konvektiver Transport Lithium aus der Photosphäre in tiefere, heißere Schichten befördert haben, wo es abgebaut wurde.

Allerdings zeigen detaillierte Sternmodelle, dass selbst starke Mischungsprozesse nicht ausreichen, um den Faktor-3-Mangel vollständig zu erklären. Zudem ist der Lithium-Mangel systematisch in verschiedenen metallarmen Sternen und Kugelsternhaufen zu beobachten – was eher auf einen universellen Effekt hindeutet, der über die individuelle Sternentwicklungen hinausgeht.

2. „Neue Physik"

Falls astrophysikalische Effekte unzureichend sind, könnte die Diskrepanz auf Physik jenseits des Standardmodells hinweisen:

- **sterile Neutrinos:** Eine zusätzliche Neutrino-Art könnte die Expansionsrate des frühen Universums erhöht haben, was die Deuterium- und ^{7}Be-Produktion reduziert hätte (siehe Essay 26).
- **variierende Naturkonstanten:** Eine zeitabhängige Feinstrukturkonstante α oder Gravitationskonstante G könnte die Kernreaktionsraten während der BBN beeinflusst haben.[6]
- **Dunkle-Materie-Wechselwirkungen:** Zerfälle oder Annihilationen von Dunkler Materie könnten Energie freisetzen, welche ^{7}Be durch Photodissoziation zerstört.
- **Leptonen-Asymmetrie:** Ein Überschuss an Leptonen gegenüber Antileptonen könnte das Neutronen-Proton-Verhältnis verändert und die ^{7}Be-Produktion unterdrückt haben.[7]

Diese Szenarien sind hypothetisch, aber konsistent mit anderen offenen Fragen wie der Hubble-Spannung oder der Baryogenese.

Ein zweites Rätsel: Das Lithium-6-Problem

Neben dem Lithium-7-Mangel gibt es auch ein Lithium-6-Problem – quasi in umgekehrter Richtung: Die BBN sagt nämlich eine extrem geringe primordiale Häufigkeit von $^6\mathrm{Li/H} \sim 10^{-14}$ voraus. Einige Beobachtungen an alten Sternen deuten jedoch auf Werte bis zu 100-mal höher hin.

[6] Siehe Uzan, J. P. (2003). The fundamental constants and their variation: observational and theoretical status. Reviews of modern physics, 75(2), 403.

[7] Siehe Canetti, L., Drewes, M., & Shaposhnikov, M. (2012). Matter and Antimatter in the Universe. New Journal of Physics, 14(9), 095012.

Doch diese Messungen sind hoch umstritten und könnten von systematischen Unsicherheiten beeinflusst sein.[8]

Da ^{6}Li bei BBN-Temperaturen nicht stabil wäre, wird angenommen, dass es später durch Spallation entstand. Hochenergetische Teilchen der kosmischen Strahlung stoßen hierbei mit schwereren Kernen (z. B. C, N, O) zusammen und erzeugen ^{6}Li als eine Art Fragment. Alternativ könnten exotische Prozesse wie die Hawking-Strahlung primordialer Schwarzer Löcher oder energiereiche Phasenübergänge in der Frühzeit lokale Anreicherungen verursacht haben.[9]

Warum ist das Lithium-Problem so wichtig?

Das Lithium-7-Problem ist kein marginales Detail, sondern ein potentieller Indikator für eine „neue Physik" außerhalb des Standardmodells:

- Es betrifft die Urknall-Nukleosynthese, eine der drei Säulen des ΛCDM-Modells (neben CMB und Hubble-Expansion).
- Es könnte auf neue Teilchen, Wechselwirkungen oder Abweichungen von Standardannahmen hindeuten – etwa Dunkle-Materie-Zerfälle oder sterile Neutrinos.
- Es zwingt zur kritischen Unterscheidung zwischen astrophysikalischen Systematiken (z. B. Sternmischung) und fundamentalen Modifikationen der frühen Kosmologie.

---

[8] Siehe Asplund, M., Lambert, D. L., Nissen, P. E., Primas, F., & Smith, V. V. (2006). Lithium isotopic abundances in metal-poor halo stars. The Astrophysical Journal, 644(1), 229.

[9] Siehe Carr, B. J., Kohri, K., Sendouda, Y., & Yokoyama, J. I. (2010). New cosmological constraints on primordial black holes. Physical Review D – Particles, Fields, Gravitation, and Cosmology, 81(10), 104019.

Eine Lösung könnte daher nicht nur das Lithium-Rätsel klären, sondern auch grundlegende Parameter der BBN – wie die Expansionsrate oder die Homogenität des frühen Universums – neu bewerten.

Aktuelle Suche nach einer Lösung

Die Klärung des Lithium-7-Problems könnte aus mehreren Quellen kommen:

- Präzise astrophysikalische Beobachtungen mit dem *Extremely Large Telescope* (ELT, ab 2027) werden die Lithium-Häufigkeit in alten Sternen mit verbesserter Genauigkeit messen.
- Labor-Experimente wie n_TOF am CERN und an der NIST bestimmen die Kernreaktionsraten (z. B. $^{3}H(^{4}He,\gamma)^{7}Be$) und die Neutronenlebensdauer mit bisher unerreichter Präzision.
- Dunkle-Materie-Detektoren wie XENONnT und ADMX testen Modelle, bei denen Dunkle Materie mit baryonischer Materie wechselwirkt.
- Neutrino-Experimente wie DUNE und KATRIN untersuchen die Eigenschaften von Neutrinos und suchen nach Hinweisen auf sterile Neutrinos oder Leptonen-Asymmetrien.

Ein Fenster zur „neuen Physik"

Das Lithium-7-Problem ist ein potentielles Warnsignal dafür, dass das frühe Universum komplexer war, als es das Standardmodell beschreibt. Lithium könnte in Sternen zerstört worden sein – oder die Physik der ersten Minuten enthielt exotische Komponenten wie sterile Neutrinos, variable Naturkonstanten oder Dunkle-Materie-Wechselwirkungen.

Eine Lösung könnte sich in verbesserten astrophysikalischen Modellen niederschlagen oder aber auch in einer Erweiterung des Standardmodells der Teilchenphysik. In jedem Fall zeigt das Lithium-Paradoxon, dass selbst die erfolgreichsten Theorien ihre Probleme haben. Gerade das Lithium-Problem zeigt hier recht deutlich, dass nicht die großen Erfolge, sondern die kleinen Widersprüche uns den Weg zu einem tieferen Verständnis des frühen Universums weisen.

Schlüsselgedanken

Das Lithium-7-Problem ist eine der größten Unstimmigkeiten der modernen Kosmologie. *Die Urknall-Nukleosynthese*Urknall-Nukleosynthese *(BBN) sagt eine Lithium-7-Häufigkeit von ~ 5×10^{-10} voraus – Beobachtungen an alten Sternen finden jedoch nur ~ $1{,}6 \times 10^{-10}$.*

Alle anderen BBN-Vorhersagen stimmen perfekt. *Helium-4 und Deuterium bestätigen das ΛCDM-Modell mit hoher Präzision – was das Lithium-Rätsel umso rätselhafter macht.*

Zwei Erklärungsrichtungen:

1. ***Astrophysik:*** *Lithium könnte in Sternen durch Konvektion in heiße Schichten transportiert und zerstört worden sein – doch Modelle erklären kaum den vollen Unterschied.*
2. ***„Neue Physik":*** Sterile Neutrinos, *variable Naturkonstanten oder Dunkle-Materie-Zerfälle könnten die ^{7}Be-Produktion während der BBN beeinflusst haben.*

Das Lithium-6-Problem ergänzt das Rätsel. *Beobachtungen deuten auf mehr ^{6}Li hin, als die BBN erlaubt – ein Hinweis auf Spallation oder exotische Prozesse.*

BBN ist eine der drei Säulen des ΛCDM-Modells. *Ein Widerspruch bei Lithium könnte daher auf eine tiefere Unvollständigkeit der Theorie hindeuten.*

Die Suche geht weiter. *Mit dem ELT, Labor-Experimenten (n_TOF, NIST) und Neutrino-Detektoren (DUNE) wird nach der Lösung gesucht – sei sie in den Sternen oder in der Physik der ersten Minuten.*

Kleine Risse können große Wahrheiten öffnen. *Das Lithium-Paradoxon zeigt, dass die Grenzen unseres Wissens oft an den kleinsten Unstimmigkeiten liegen – und dass die Suche nach ihnen die Wissenschaft voranbringt.*

19

Warum das „Dunkle Zeitalter" nicht völlig ereignislos war

Inhaltsverzeichnis

Wenn wir die Geschichte des Universums rekonstruieren, stehen oft spektakuläre Ereignisse im Vordergrund. Das sind der Urknall selbst, die Rekombination und die Entkopplung der kosmischen Hintergrundstrahlung (CMB)

M. Scholz, *Das frühe Universum*,
https://doi.org/10.1007/978-3-662-73261-8_19

sowie die Entstehung der ersten Sterne. Dazwischen liegt jedoch noch eine scheinbar leere Phase – das „Dunkle Zeitalter" – etwa zwischen 380.000 und 100–200 Mio. Jahren nach dem Urknall. In dieser Zeit gab es noch keine leuchtenden Sterne oder Galaxien. Das Universum war zwar durchsichtig, aber dunkel – gefüllt mit neutralem Wasserstoff, Helium und Dunkler Materie ohne nennenswerte Lichtquellen.

Doch diese Phase war keineswegs ereignislos. Das Dunkle Zeitalter war vielmehr eine Zeit intensiver, aber unsichtbarer physikalischer Prozesse. Es handelte sich hier um eine entscheidende Übergangsphase, in welcher die Grundlagen für die großräumige Struktur des Universums gelegt wurden. Das sind der Gravitationskollaps Dunkler Materie, die Anreicherung des Gases in dessen Potentialmulden, die Bildung erster Wasserstoffmoleküle und die Vorbereitung der Bedingungen für die Entstehung der ersten Sterngenerationen. Also alles Prozesse, die letztlich die Entstehung von Galaxien, Planetensystemen und schließlich von Leben ermöglichten.[1]

Die Rolle der Dunklen Materie: Das unsichtbare Gerüst

Während noch keine Lichtquellen (Sterne) existierten, entwickelte sich die Dunkle Materie in dieser Zeit bereits äußerst dynamisch. Unter Wirkung der Gravitation bildeten sich aus anfänglichen Dichtefluktuationen kleine, gravitativ gebundene Strukturen, sogenannte Dunkle-Materie-Halos mit Massen zwischen 10^5 und 10^8 Sonnenmassen. Diese

---

[1] Siehe Loeb, A., & Furlanetto, S. R. (2013). The first galaxies in the universe. In The First Galaxies in the Universe. Princeton University Press.

Strukturen bildeten das Rückgrat des späteren kosmischen Netzes.[2]

Diese Halos wirkten als Gravitationszentren (Potentialmulden), in denen sich Wasserstoff- und Heliumgas sammelte, was die wichtigste Voraussetzung für die spätere Sternentstehung ist. Ohne diese Potentialmulden wäre die Dichte des Gases viel zu gering gewesen, um gravitative Kollapsvorgänge mit dem Ergebnis der Entstehung von massereichen Protosternen einzuleiten. Die Bildung von Sternen und Galaxien wäre unmöglich gewesen. Simon White vom Max-Planck-Institut für Astrophysik betont in diesem Zusammenhang:

> *„Das Dunkle Zeitalter war die Zeit, in der die Dunkle Materie die Bühne für die sichtbare Materie vorbereitete. Ohne sie wäre das Universum heute leer und strukturlos."*

Numerische Simulationen wie die Millennium-Serie bestätigen (siehe Essay 8) dies: Denn ohne kalte Dunkle Materie entstehen keine filamentartigen Strukturen, die mit der beobachteten großräumigen Verteilung von Galaxien übereinstimmen.[3]

---

[2] Siehe White, S. D., & Rees, M. J. (1978). Core condensation in heavy halos: a two-stage theory for galaxy formation and clustering. Monthly Notices of the Royal Astronomical Society, 183(3), 341–358.

[3] Siehe Vogelsberger, M., Genel, S., Springel, V., Torrey, P., Sijacki, D., Xu, D., ... & Hernquist, L. (2014). Properties of galaxies reproduced by a hydrodynamic simulation. Nature, 509(7499), 177–182.

Die Bildung der ersten Moleküle: Wasserstoff wird komplex

Nach der Rekombination bestand das Universum fast ausschließlich aus neutralem Wasserstoff (H) und Helium (He). Mit der weiteren Abkühlung begann langsam die Bildung erster Wasserstoffmoleküle als ein entscheidender Prozess für die zukünftige Sternentstehung.

Dabei bildete sich der molekulare Wasserstoff (H_2) vor allem über Reaktionen mit kurzlebigen Zwischenstufen (H^- oder H_2^+). In späteren dichten Gaswolken wurde dann auch immer mehr ein Drei-Körper-Prozess relevant. Zusätzlich bildete sich Wasserstoff-Deuterid (HD), das bei Temperaturen unter 500 K effizienter als H_2 strahlt.

Diese Moleküle ermöglichten die radiative Abkühlung des Gases. Beim gravitativen Kollaps einer Gaswolke steigt bekanntlich die Temperatur an, wobei der thermische Druck den Kollaps hemmt. Moleküle wie H_2 und HD können Rotations- und Schwingungsübergänge durchführen und dabei Infrarotstrahlung emittieren, wodurch sie als eine Art „Kühlmechanismus" fungieren. Ohne diese Kühlung wäre die Gasdichte nicht ausreichend angestiegen, um Sterne bilden zu können. Avi Loeb von der Harvard University fasst diesen Prozess wie folgt zusammen:

> *„Die ersten Moleküle waren wie ein Thermostat für das frühe Universum. Sie ermöglichten es dem Gas, abzukühlen und sich zu verdichten – der erste Schritt zur Geburt der Sterne."*[4]

[4] Siehe Loeb, A. (2010). How did the first stars and galaxies form?. In How Did the First Stars and Galaxies Form?. Princeton University Press.

Die 21-cm-Linie: Ein unsichtbares Signal aus der Dunkelheit

Obwohl das Dunkle Zeitalter keine sichtbaren Lichtquellen enthielt, sendet neutrale Materie ein fernes, aber entscheidendes Signal aus: die berühmte 21-cm-Linie (siehe Essay 35). Sie entsteht durch den Hyperfeinstrukturübergang im neutralen Wasserstoff (HI), bei dem sich die Spins von Proton und Elektron umkehren. Die emittierten Photonen haben dabei eine Wellenlänge von 21 cm (Frequenz ~1420 MHz).

Dieser Übergang ist zwar extrem selten – ein einzelnes Atom würde im Schnitt Millionen Jahre warten, bis es einen Spin-Flip ausführt –, doch bei den unzähligen Atomen im frühen Universum summierte sich das Signal schließlich doch zu einem messbaren „Echo". Das Signal wird lediglich durch die kosmologische Rotverschiebung vom Zentimeter-Bereich in den Dezimeter- bis Meterwellenbereich verschoben (50–200 MHz).

Dieses kosmologisch sehr wichtige Signal trägt Informationen über die Dichteverteilung, Temperatur und Ionisationszustände des Gases aus jener Zeit mit sich und ermöglicht auf diese Weise eine dreidimensionale Kartierung der Strukturbildung vor dem Erscheinen der ersten Sterngeneration. Radioteleskope wie das *Square Kilometre Array* (SKA) und HERA zielen darauf ab, dieses Signal zu detektieren.[5] Rennan Barkana von der Tel Aviv University schreibt dazu:

> *„Die 21-cm-Linie ist wie ein Echo aus der Zeit vor den ersten Sternen. Wenn wir sie finden, können wir zum ersten Mal direkt beobachten, wie das Universum aus der Dunkelheit erwachte."*

[5] Siehe Pritchard, J. R., & Loeb, A. (2012). 21 cm cosmology in the 21st century. Reports on Progress in Physics, 75(8), 086901.

Neue Fenster in die Dunkelheit: JWST und 21-cm-Kosmologie als Gamechanger

Das Dunkle Zeitalter und die anschließende „Kosmische Morgendämmerung“ *(Cosmic Dawn)* waren lange Zeit reine Domäne der Theorie und Simulation (siehe Essay 35). Doch in den letzten Jahren haben zwei revolutionäre Beobachtungstechniken begonnen, diese undurchdringlich scheinende Epoche zu erhellen: das *James Webb Space Telescope* (JWST) und die 21-cm-Radiokosmologie. Gemeinsam eröffnen sie einen direkten Zugang zu einer Zeit, die bis vor Kurzem jenseits jeder Beobachtbarkeit lag.

JWST: Die ersten Galaxien früher und heller als erwartet

Seit 2022 liefert das JWST spektakuläre Daten über Galaxien in der Reionisationsära ($z > 10$), also nur 300–400 Mio. Jahre nach dem Urknall (siehe Essay 34). Die Ergebnisse sind verblüffend:

- Galaxien wie JADES-GS-z13–0 und CEERS-93316 wurden bereits bei Rotverschiebungen von $z \approx 13$–14 entdeckt – früher, als es viele ΛCDM-Simulationen vorhersagten.
- Diese Systeme sind überraschend massereich und strukturiert, mit Sternmassen von bis zu 10^9 Sonnenmassen – deutlich mehr als bei der damaligen Strukturbildungsrate erwartet.
- Viele zeigen bereits hohe Sternentstehungsraten und Anzeichen früher chemischer Anreicherung.

Diese Beobachtungen stellen das Standardmodell der frühen Galaxienbildung wieder einmal vor eine Herausforderung. Wie konnten sich derart massive, lichtstarke Systeme so schnell bilden? Mögliche Erklärungen reichen von modifizierter Dunkler Materie (z. B. wärmer oder selbstwechselwirkend) über frühe Dunkle Energie bis hin zu untypisch hohen Dichtefluktuationen in der Inflationsphase. Alternativ könnte die klassische Entfernungs- und Massenkalibrierung überdacht werden müssen – doch die Konsistenz zwischen NIRSpec-Spektren und photometrischen Daten spricht gegen systematische Fehler.

Die Aufnahmen des JWST zeigen deutlich: Die kosmische Dämmerung setzte möglicherweise schneller und intensiver ein, als man bisher angenommen hatte. Die Reionisation – einst als relativ langsamer Prozess modelliert – könnte durch eine Handvoll extrem heller Galaxien dominiert worden sein, deren intensive UV-Strahlung große Blasen aus ionisiertem Gas in das neutrale Medium getrieben hat (Abb. 19.1).

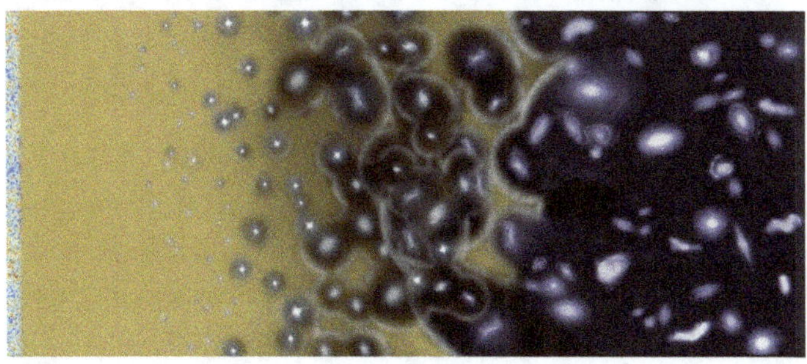

Abb. 19.1 Diese Darstellung visualisiert die Reionisationsära: Die ersten Sterne und Galaxien (hellgraue Blasen) ionisierten das neutrale Wasserstoffgas des Universums, schufen transparente „Blasen" und beendeten die kosmische Dunkelheit. Die Ausbreitung der Lichtblumen symbolisiert, wie UV-Strahlung das intergalaktische Medium langsam durchdrang – ein Schlüsselprozess für die Entwicklung der heutigen kosmischen Strukturen. (ESA, Planck Collaboration)

21-cm-Kosmologie: Das Universum als Radiosender

Während das JWST die ersten Lichtquellen am Ende des Dunklen Zeitalters beobachtet, zielt die 21-cm-Kosmologie darauf ab, das neutrale Gas selbst zu kartieren – die unsichtbare Materie des Dunklen Zeitalters. Das entsprechende 21-cm-Signal des neutralen Wasserstoffs wird, wie bereits erläutert, durch die kosmologische Rotverschiebung in den Frequenzbereich von 50–200 MHz verschoben, was eigentlich ideal für Radioteleskope auf der Erde und im Orbit ist.

Bereits 2018 sorgte das EDGES-Experiment für Aufsehen. Es meldete einen unerwartet tiefen Absorptionsdip im globalen 21-cm-Signal bei etwa 78 MHz ($z \approx 17$), was auf eine Gas-Temperatur hinweist, die kälter ist als vom Standardmodell vorhergesagt.[6]

Eine mögliche Erklärung dafür ist die Wechselwirkung zwischen neutralem Gas und kalter Dunkler Materie, die das Gas zusätzlich abkühlt, was ein Hinweis auf nichtgravitative Dunkle-Materie-Physik sein könnte.[7] Allerdings konnte das Signal bisher (2025) nicht unabhängig bestätigt werden; Experimente wie SARAS und REACH laufen jedoch, um es zu überprüfen.

Parallel dazu arbeiten Interferometer wie LOFAR, HERA und zukünftig das *Square Kilometre Array* (SKA) an der räumlichen Kartierung des 21-cm-Signals. Mithilfe dieser Interferometer wollen Astronomen nicht nur einen globalen Durchschnittswert erfassen, sondern auch gezielt die räumlichen Fluktuationen des 21-cm-Signals messen – jene wachsenden Dichtestrukturen, die als Keime für die ersten

---

[6] Siehe Bowman, J. D., Rogers, A. E., Monsalve, R. A., Mozdzen, T. J., & Mahesh, N. (2018). An absorption profile centred at 78 megahertz in the sky-averaged spectrum. Nature, 555(7694), 67–70.

[7] Siehe Barkana, R. (2018). Possible interaction between baryons and dark-matter particles revealed by the first stars. Nature, 555(7694), 71–74.

Sterne dienten. Mit seiner beispiellosen Empfindlichkeit und Auflösung könnte das Square Kilometre Array ab Mitte der 2030er-Jahre die erste dreidimensionale Karte des Dunklen Zeitalters erstellen: eine „Tomographie" der Strukturentstehung vor dem ersten Licht im Universum.

Zwei Perspektiven – eine gemeinsame Geschichte

Die Infrarotaufnahmen des JWST und die 21-cm-Kosmologie bieten genau genommen komplementäre Blicke auf dieselbe kosmische Übergangsphase:

- Das JWST zeigt die Symptome, d. h. die ersten Sterne und Galaxien, welche das Dunkle Zeitalter beenden.
- Die 21-cm-Experimente erfassen dagegen die Vorbedingungen, also die Verteilung und Temperatur des neutralen Gases, das von diesen Quellen ionisiert wird.

Zusammen könnten sie die entscheidende Frage beantworten: War die Reionisation ein schneller, durch wenige Quellen getriebener Prozess – oder eher ein langsames, gleichmäßiges Aufhellen des Universums? Und noch interessanter: Welche Rolle spielte die Dunkle Materie bei der Strukturbildung, und wechselwirkt sie vielleicht doch nicht nur gravitativ?

Das Dunkle Zeitalter, einst als „stille, eher langweilige Pause" missverstanden, wird nun als aktive, beobachtbare Epoche neu entdeckt. Und zwar mittels Radiowellen und Infrarotstrahlung, die uns direkt aus der Kindheit des Kosmos erreichen.

Das Ende des Dunklen Zeitalters: Die ersten Sterne zünden

Das Ende des Dunklen Zeitalters war, wie gesagt, kein plötzlicher Schnitt, sondern ein fließender Übergang: Mit den ersten Sternen begann eine Epoche, in der das Universum wieder Lichtquellen erhielt und die Reionisation einsetzte. Mit der Entstehung der ersten Sterne begann der *Cosmic Dawn* – die kosmische Morgendämmerung (siehe Essay 35).

Die ersten Sterne: Giganten aus reinem Wasserstoff

Diese Sterne, bekannt als „Population-III-Sterne", entstanden aus unverdünntem primordialem Gas, und zwar ausschließlich aus Wasserstoff und Helium und noch ohne Metalle.[8] Sie waren massereich (10–300 $M_\odot$), extrem heiß (Oberflächentemperaturen bis 100.000 K) und kurzlebig (wenige Millionen Jahre), bevor sie als Supernovae oder direkt als Schwarze Löcher endeten.

Ihre Wirkung war fundamental:

- Ihre intensive UV-Strahlung ionisierte das umgebende neutrale Wasserstoffgas – der Beginn der Reionisierungsära.
- Ihre Supernova-Explosionen streuten die ersten schweren Elemente (C, O, Fe) in das intergalaktische Medium – die Grundlage für die chemische Evolution (Abb. 19.2).

---

[8] Siehe Bromm, V. (2013). Formation of the first stars. Reports on Progress in Physics, 76(11), 112901.

Abb. 19.2 Diese künstlerische Darstellung zeigt Population-III-Sterne – die ersten Lichtquellen des Universums –, die etwa 100–200 Mio. Jahre nach dem Urknall entstanden. Diese massereichen, metallarmen Sterne leuchteten extrem hell und endeten als Supernovae, während sie das umgebende Gas ionisierten. Sie markieren den Beginn der kosmischen Morgendämmerung, die das Dunkle Zeitalter beendete und die Grundlage für spätere Galaxien und Sternentstehung legte. (Wikimedia)

Wie Volker Bromm von der University of Texas sagt:

> *„Die ersten Sterne waren wie kosmische Leuchtfeuer. Sie beendeten das Dunkle Zeitalter und bereiteten den Weg für die Galaxien, die wir heute sehen."*

Warum ist das Dunkle Zeitalter heute noch wichtig?

Das Dunkle Zeitalter war also keine passive Phase, sondern eine entscheidende Übergangsperiode, in welcher die physikalischen Grundlagen für die weitere Entwicklung des Kosmos gelegt wurden:

- die gravitative Strukturentstehung durch Dunkle Materie,
- die Abkühlung des Gases durch molekulare Strahlung, Voraussetzung für Sternentstehung, sowie
- die Anreicherung mit schweren Elementen durch die ersten Supernovae.

Zukünftige Beobachtungen werden tiefere Einblicke in diese Ära ermöglichen:

- Das JWST und das *Roman Space Telescope* werden die Eigenschaften der ersten Sterne und Galaxien präzise charakterisieren.
- Die 21-cm-Experimente wie SKA und HERA zielen darauf, die räumliche Verteilung des neutralen Gases direkt zu kartieren.
- Die Suche nach primordialen Schwarzen Löchern oder nicht-standardmäßigen Dunkle-Materie-Modellen könnte Hinweise auf die Physik jener frühen Phase liefern.

Wie Richard Ellis vom University College London betont:

> *„Das Dunkle Zeitalter war die Kinderstube des Universums. Wenn wir es verstehen, wissen wir, wie alles begann – von den ersten Sternen bis zu den Galaxien, die wir heute sehen."*

Die Stille vor dem Sturm

Das Dunkle Zeitalter war also kein Stillstand, sondern eine entscheidende Übergangsphase: In dieser Zeit ohne Licht formten die fundamentalen Kräfte – Gravitation, Thermodynamik und Atomphysik – im Verborgenen die Grundlagen für die spätere Entstehung von Sternen, Galaxien und letztlich Leben.

Die tiefste Erkenntnis ist vielleicht: Selbst in der Dunkelheit war das Universum voller Dynamik. Genau diese „unsichtbare“ Epoche wollen die nächsten Generationen von Teleskopen erhellen – weil dort die Wurzeln aller späteren Strukturen liegen.

Schlüsselgedanken

Das Dunkle Zeitalter (380.000–200 Mio. Jahre nach dem Urknall) *war keine Leere, sondern eine entscheidende Übergangsphase – die „Kinderstube“ des Universums.*

Dunkle Materie baute das unsichtbare Gerüst. *Ihre gravitative Anziehung formte Halos, in denen sich Gas sammelte – die Keime für zukünftige Sterne und Galaxien.*

Erste Moleküle ermöglichten die Sternentstehung. H_2 *und HD kühlen das Gas durch Infrarotstrahlung ab – ohne sie wäre kein gravitativer Kollaps möglich gewesen.*

Die 21-cm-Linie ist ein Echo aus der Dunkelheit. *Diese Radiowelle des neutralen Wasserstoffs erlaubt die Kartierung des Gases vor den ersten Sternen – Ziel zukünftiger Missionen wie SKA.*

JWST revolutioniert unsere Sicht. *Es entdeckt überraschend massive Galaxien früh im Cosmic Dawn – ein Hinweis, dass die Strukturentstehung schneller verlief als erwartet.*

Zwei neue Fenster in die Frühzeit *JWST beobachtet die ersten Lichtquellen, die 21-cm-Kosmologie kartiert das unsichtbare Gas – zusammen erzählen sie die Geschichte des Übergangs von Dunkelheit zu Licht.*

Das Dunkle Zeitalter war still, aber nicht leer. *In seiner Stille legte es die physikalischen Grundlagen für alles, was folgte – von den ersten Sternen bis zu uns selbst.*

20

Primordiale Schwarze Löcher: Dunkle Materie aus dem Urknall?

Inhaltsverzeichnis

Schwarze Löcher gelten heute als unverzichtbarer Bestandteil der Astrophysik. Man kennt sie als Endprodukte massereicher Sterne, als supermassereiche Objekte mit Millionen bis Milliarden von Sonnenmassen in den Zentren von Galaxien und seit 2015 auch als Quellen von Gravitationswellen, wenn sie miteinander kollidieren.[1] Doch schon seit den 1970er-Jahren wird über eine besonders exotische Vari-

[1] 1 Siehe Abbott, B. P., Abbott, R., Abbott, T. D., Abernathy, M. R., Acernese, F., Ackley, K., ... & Cavalieri, R. (2016). Observation of gravitational waves from a binary black hole merger. Physical review letters, 116(6), 061102.

M. Scholz, *Das frühe Universum*,
https://doi.org/10.1007/978-3-662-73261-8_20

ante spekuliert, nämlich Schwarze Löcher, die nicht aus kollabierenden Sternen, sondern direkt im frühen Universum entstanden sind. Diese „primordialen Schwarzen Löcher" (PBHs) wären dann Überbleibsel winziger Dichtefluktuationen unmittelbar nach dem Urknall und damit Relikte aus einer Epoche, als das Universum dichter und heißer war, als es jemals wieder sein wird.[2]

Der Reiz dieser Hypothese liegt darin, dass PBHs nicht nur exotische Objekte wären, sondern zugleich eine Lösung für eines der größten Rätsel der Kosmologie bieten könnten: die Natur der Dunklen Materie (siehe Essay 7). Wenn sich genügend solcher Löcher gebildet hätten, könnten sie heute einen wesentlichen oder sogar dominanten Teil der unsichtbaren Masse im Kosmos beinhalten.[3] Doch wie plausibel ist dieses Szenario überhaupt im Lichte aktueller Daten?

Die Idee ist dabei nicht neu. Stephen Hawking und Bernard Carr legten in den späten 1970er-Jahren die theoretischen Grundlagen dafür, dass Dichtefluktuationen in der extremen Umgebung des frühen Universums zu Schwarzen Löchern führen können, und das lange bevor die ersten Sterne existierten.[4] Heute ist diese Hypothese wieder in den Fokus der Astronomen gerückt, getrieben durch die Beobachtung von Gravitationswellen mittels empfindlicher optischer Interferometer, durch Hinweise auf überraschend frühe supermassive Schwarze Löcher und die anhaltende Unfähigkeit, Dunkle Materie in Form neuer Elementarteilchen nachzuweisen.

---

[2] Siehe Carr, B. J., & Hawking, S. W. (1974). Black holes in the early Universe. Monthly Notices of the Royal Astronomical Society, 168(2), 399–415.

[3] Siehe Carr, B., Kühnel, F., & Sandstad, M. (2016). Primordial black holes as dark matter. Physical Review D, 94(8), 083504.

[4] Siehe Hawking, S. (1971). Gravitationally collapsed objects of very low mass. Monthly Notices of the Royal Astronomical Society, 152(1), 75–78.

Entstehungsszenarien im frühen Universum

Im Gegensatz zu stellaren Schwarzen Löchern entstehen primordiale Schwarze Löcher nicht als Ergebnis der Sternentwicklung besonders massereicher Sterne, sondern aufgrund extremer Anfangsbedingungen. In den ersten Sekundenbruchteilen nach dem Urknall war die Materie- und Energiedichte nämlich so hoch, dass bereits kleine Dichtefluktuationen zu einem Gravitationskollaps führen konnten. Wo die Dichte in einem Bereich um nur wenige Prozent über dem Mittelwert lag, konnte die Schwerkraft die Expansion lokal überwinden und die Materie zu einem Schwarzen Loch zusammendrücken.[5]

Die charakteristischen Massen dieser PBHs hängen stark von der kosmologischen Epoche ab, in der sie entstehen. Die Masse eines PBH ist etwa proportional zur Masse, die sich innerhalb des Hubble-Horizonts zum Zeitpunkt seiner Bildung befand. Dies führt zu einem breiten Spektrum möglicher Massen:

- sehr leichten PBHs (10^{-16} bis 10^{-10} $M_{\odot}$), entstanden etwa 10^{-23} bis 10^{-17} s nach dem Urknall.[6]
- mittleren PBHs (1–100 $M_{\odot}$), gebildet in der Hadronen-Ära (~10^{-6} s) oder später.
- massereichen PBHs (10^{3}–10^{5} $M_{\odot}$), entstanden während der Strahlungsdominanz; potentielle „Samen“ für supermassive Schwarze Löcher.

Besonders interessant sind hier die mittleren Massenbereiche, da sehr kleine PBHs längst durch Hawking-Strahlung

[5] Siehe Carr, B. J., & Green, A. M. (2025). The history of primordial black holes. In Primordial Black Holes (pp. 3–33). Singapore: Springer Nature Singapore.

[6] $M_{\odot}$ bedeutet „Sonnenmasse“.

„verdampft" wären.[7] Ein PBH mit einer Masse von etwa 10^{12} kg hätte ziemlich genau eine Lebensdauer von rund 13,8 Mrd. Jahren und würde heute in einem explosionsartigen Gammastrahlenblitz enden. Da solche Ereignisse nicht beobachtet werden, kann man daraus schlussfolgern, dass keine signifikante Zahl von derartigen PBHs in diesem Massenbereich im überschaubaren Kosmos existiert.

Die Details ihrer Entstehung führen wieder direkt in die Physik der kosmischen Inflation und der frühen Quantenfluktuationen. Während die Inflation normalerweise große Skalen glättet, können bestimmte Modelle – etwa solche mit lokal verstärkten Fluktuationen oder exotischen Phasenübergängen – Bereiche erzeugen, in denen die Dichte stark genug ansteigt, um schlussendlich zu kollabieren. Solche Szenarien sind in Erweiterungen des Standardmodells der Inflation, wie „Inflection Point Inflation" oder „Hybrid Inflation", möglich. In gewisser Weise sind PBHs also ein Fenster in die allerersten Bruchteile einer Sekunde des Kosmos – weit früher, als es der kosmische Mikrowellenhintergrund (CMB) abzubilden in der Lage ist.

PBHs als Kandidaten für Dunkle Materie

Die große Attraktivität der PBH-Hypothese liegt darin, dass sie gleich zwei fundamentale Probleme miteinander verbindet, und zwar das Rätsel der Dunklen Materie selbst und die Frage nach den Anfangsbedingungen des Universums. Wenn ein bestimmter Bruchteil der primordialen Materie in PBHs kollabierte, könnten diese bis heute existieren und

[7] Siehe Hawking, S. W. (1975). Particle creation by black holes. Communications in mathematical physics, 43(3), 199–220.

die unsichtbare Masse stellen, die Galaxien stabilisiert und die Entwicklung kosmischer Strukturen prägt.[8]

1. PBHs als Dunkle Materie

Für viele Jahre galten PBHs durchaus als ernsthafte Alternativen zu WIMPs oder Axionen. Besonders diskutiert wurden PBHs im Massenbereich von 10^{-16} bis 10^{-10} Sonnenmassen (entspricht der Masse von Asteroiden), wo ihre Existenz weder durch Mikrolinsen noch durch Hawking-Strahlung vollständig ausgeschlossen werden konnte. Falls sie in diesen Massenbereich existieren, könnten sie durchaus einen subdominanten, aber messbaren Anteil der Dunklen Materie bilden.[9]

Noch attraktiver erschien der Bereich von einigen 10 bis etwa 100 Sonnenmassen. Das ist nämlich gerade der Massenbereich, wo die LIGO- und Virgo-Detektoren seit 2015 Gravitationswellen von Schwarze-Löcher-Verschmelzungen registrieren.[10] Viele dieser Ereignisse betreffen Schwarze Löcher mit Massen zwischen 20 und 50 Sonnenmassen. Das ist interessanterweise schwerer, als man es von klassischen stellaren Endprodukten erwarten würde. Die Hypothese, dass es sich dabei um primordiale Überbleibsel handelt, wurde in der Fachliteratur intensiv diskutiert.[11]

Allerdings zeigen Simulationen, dass ein dominanter Anteil an PBHs in diesem Massenbereich zu viel häufigeren

---

[8] Siehe Carr, B., Kühnel, F., & Sandstad, M. (2016). Primordial black holes as dark matter. Physical Review D, 94(8), 083504.

[9] Siehe Clesse, S., & García-Bellido, J. (2018). Seven hints for primordial black hole dark matter. Physics of the Dark Universe, 22, 137–146.

[10] Siehe Abbott, R., Abbott, T. D., Abraham, S., Acernese, F., Ackley, K., Adams, A., ... & Brooks, A. F. (2021). GWTC-2: Compact binary coalescences observed by LIGO and Virgo during the first half of the third observing run. Physical Review X, 11(2), 021053.

[11] Siehe Raidal, M., Vaskonen, V., & Veermäe, H. (2017). Gravitational waves from primordial black hole mergers. Journal of Cosmology and Astroparticle Physics, 2017(09), 037.

Verschmelzungen führen müssten, als man real beobachtet. Die aktuellen Gravitationswellendaten deuten deshalb eher darauf hin, dass PBHs höchstens weniger als 1 % der Dunklen Materie ausmachen können, sollten sie in diesem Massenbereich liegen.[12]

2. PBHs als Samen für supermassive Schwarze Löcher
Ein weiteres faszinierendes Szenario betrifft die Entstehung supermassereicher Schwarzer Löcher (SMBHs). Beobachtungen von Teleskopen wie dem James Webb Space Telescope (JWST) zeigen, dass viele große Galaxien bereits weniger als eine Milliarde Jahre nach dem Urknall SMBHs mit mehreren Milliarden Sonnenmassen enthalten.[13] Klassische Akkretionsmodelle können diesen Befund kaum erklären, da selbst bei maximalem Eddington-Limit die Wachstumszeiten einfach zu lang sind.

Hier kommen wieder PBHs ins Spiel. Falls es massereiche PBHs im Bereich von 10^3 bis 10^5 Sonnenmassen gab, könnten sie nämlich als „Seed-Objekte" fungiert haben, die dann rasch durch Akkretion und Verschmelzung zu SMBHs heranwuchsen. Mögliche Entstehungswege hierfür sind:

- der direkte Kollaps dichter Gaswolken in der Frühzeit,
- exotische Phasenübergänge im frühen Plasma oder
- starke lokale Dichtefluktuationen während der Inflation.

Diese „direkt-kollabierten" PBHs würden in diesem Fall ohne einen Supernova-Ausbruch entstehen und somit ihre

[12] Siehe Ali-Haïmoud, Y., Kovetz, E. D., & Kamionkowski, M. (2017). Merger rate of primordial black-hole binaries. Physical Review D, 96(12), 123523.

[13] Siehe Croswell, K. (2024). Extreme quasars illuminate the fast lives of the first black holes. Proceedings of the National Academy of Sciences, 121(33), e2414868121.

volle Masse behalten. Sie wären damit ideale Keime für ein schnelles Wachstum.

Beobachtungsgrenzen und Ausschlussbereiche

So elegant die Hypothese auch klingt, so streng sind die Beobachtungsgrenzen, die ihr gesetzt sind. Über die letzten Jahrzehnte hinweg hat sich ein kompliziertes „Fensterdiagramm" ergeben: Für viele Massenbereiche sind PBHs als dominanter Beitrag zur Dunklen Materie quasi ausgeschlossen.[14]

Insbesondere die kosmische Mikrowellenhintergrundstrahlung (CMB) liefert enge Grenzen. PBHs, die Materie akkretierten, hätten nämlich lokal das Strahlungsfeld verändert und messbare Spuren hinterlassen. Die Planck-Daten zeigen jedoch keine Anzeichen für solche Effekte, was die Existenz von PBHs mit Massen unter 100 Sonnenmassen stark einschränkt.[15]

Auch Mikrolinsenexperimente wie MACHO, EROS und OGLE haben gezeigt, dass PBHs mit Erd- bis Jupiter-Masse keinen nennenswerten Anteil der Dunklen Materie ausmachen können. Andernfalls müssten sie regelmäßig Sterne in den Magellanschen Wolken oder der Milchstraße aufhellen, was jedoch nicht beobachtet wird.

Übrig bleibt ein schmales „Fenster" für PBHs als Dunkle-Materie-Kandidaten, insbesondere im Bereich sehr kleiner

---

[14] Siehe Tisserand, P., Le Guillou, L., Afonso, C., Albert, J. N., Andersen, J., Ansari, R., ... & Vigroux, L. (2007). Limits on the Macho Content of the Galactic Halo from the EROS-2 Survey of the Magellanic Clouds. Astronomy & Astrophysics, 469(2), 387–404.

[15] Siehe Shirasaki, M., Macias, O., Horiuchi, S., Shirai, S., & Yoshida, N. (2016). Cosmological constraints on dark matter annihilation and decay: Cross-correlation analysis of the extragalactic γ-ray background and cosmic shear. Physical Review D, 94(6), 063522.

Asteroidenmassen (< 10^{-16} $M_{\odot}$) oder in einem Zwischenbereich um einige zehn Sonnenmassen. Doch selbst diese Regionen sind zunehmend umkämpft, da neue Daten die Parameter weiter einschränken.

Offene Fragen und aktuelle Entwicklungen

Trotz dieser Einschränkungen sind PBHs keineswegs vom Tisch. Im Gegenteil, sie haben in den letzten Jahren eine regelrechte Renaissance erlebt. Neue theoretische Arbeiten zeigen, dass spezielle Inflationsmodelle Dichtefluktuationen erzeugen können, die die Bildung von PBHs begünstigen, ohne andere Beobachtungen zu verletzen. Zugleich haben die jüngsten Daten von Gravitationswellendetektoren ein neues Interesse an Schwarzen Löchern im Übergangsbereich zwischen typischen stellaren Black Holes und hypothetisch primordialen Objekten geweckt.

Besonders spannend ist in diesem Zusammenhang die Möglichkeit, dass ein kleiner, aber nicht vernachlässigbarer Teil der Dunklen Materie aus PBHs bestehen könnte: zwar nicht genug, um die gesamte unsichtbare Masse zu erklären, aber ausreichend, um beobachtbare Signaturen zu hinterlassen. Solche Szenarien könnten Folgendes erklären:

- Anomalien in der Galaxienrotation (z. B. ungewöhnliche Satellitenverteilung),
- die Häufigkeit bestimmter Quasar-Aktivitäten oder
- die statistische Verteilung von Gravitationswellenereignissen.

Auch Szenarien, in denen PBHs als „Samen" für die ersten Quasare dienten, stehen im Fokus der Forschung, da das JWST überraschend frühe, massereiche Schwarze Löcher entdeckt hat. Einige Forscher argumentieren sogar, dass PBHs in Verbindung mit kalter baryonischer Gasakkretion die schnellste Route zur Entstehung dieser Giganten darstellen könnten.

Zudem könnte die Hawking-Strahlung von leichteren PBHs, falls sie kurz vor ihrem Ende stehen, als Quelle ultrahochenergetischer kosmischer Strahlung (UHECR) dienen, was dann ein weiterer Test für die genannte Hypothese wäre.

Exotik mit Erkenntnispotential

Primordiale Schwarze Löcher bleiben eine der faszinierendsten Hypothesen der modernen Kosmologie. Sie verknüpfen die dunkle Seite des Kosmos mit den extremen Anfangsbedingungen der Inflation, sie berühren die Teilchenphysik ebenso wie die Astrophysik und sie bieten mögliche Erklärungen für gleich mehrere ungelöste Probleme. Das betrifft die Natur der Dunklen Materie, die Herkunft der ersten supermassiven Schwarzen Löcher sowie die Struktur des frühen Universums selbst.

Doch die Strenge der Beobachtungen hat den Spielraum stark eingeschränkt. PBHs können nach dem heutigen Kenntnisstand höchstens einen kleinen Teil der Dunklen Materie ausmachen. Dennoch sind sie wissenschaftlich wertvoll. Denn jede Grenze, die man der PBH-Hypothese setzt, verfeinert zugleich unser Bild vom frühen Universum. Ob es sie nun in nennenswerter Zahl gibt oder nicht, die Suche nach ihnen ist ein Fenster in die ersten Sekunden des Kosmos und damit in eine Epoche, die uns sonst verschlossen bliebe.

Und vielleicht zeigt sich am Ende doch, dass ein kleiner Teil der Dunklen Materie tatsächlich aus Schwarzen Löchern besteht, die älter sind als alle Sterne – dunkle Fossilien aus der Geburtsstunde des Universums.

Schlüsselgedanken

Primordiale Schwarze Löcher (PBHs) sind hypothetische Objekte, die nicht aus stellarem Kollaps, sondern aus extremen Dichtefluktuationen in der ersten Sekunde nach dem Urknall entstanden sein könnten – als „dunkle Fossilien" aus einer Ära dichter und heißer als je wieder.

Ihre Masse hängt vom Zeitpunkt ihrer Entstehung ab: von asteroidengroßen PBHs (10^{-16} - 10^{-10} $M_{\odot}$), die heute durch Hawking-Strahlung vergehen könnten, bis zu massereichen Exemplaren (10^3–10^5 $M_{\odot}$), die als „Samen" für supermassive Schwarze Löcher gedient haben könnten.

Die große Attraktivität der PBH-Hypothese liegt darin, dass sie zwei fundamentale Rätsel verbindet: die Natur der Dunklen Materie und die Herkunft früher supermassiver Schwarzer Löcher – wie sie JWST bereits in den allerersten Galaxien beobachtet hat.

Doch Beobachtungen setzen der Hypothese enge Grenzen:

- **Hawking-Strahlung:** Das Fehlen explosiver Gammastrahlenausbrüche schließt PBHs mit ~10^{12} kg weitgehend aus.

- **CMB-Daten:** Akkretierende PBHs würden die CMB stören – Planck-Constraints verbieten dominante PBH-Anteile unter 100 $M_{\odot}$.
- **Mikrolinsen:** Experimente wie MACHO und OGLE zeigen, dass PBHs im Bereich Erd- bis Jupitermasse keinen nennenswerten Beitrag zur Dunklen Materie leisten können.
- **Gravitationswellenbeobachtungen von LIGO/Virgo** zeigen Schwarze Löcher mit 20–50 $M_{\odot}$ – schwerer als erwartet. Zwar weisen Simulationen darauf hin, dass PBHs hier weniger als 1 % der Dunklen Materie ausmachen dürften, doch ein subdominanter Anteil bleibt möglich.

Ein schmales Fenster für PBHs als Dunkle-Materie-Kandidaten bleibt offen, etwa bei sehr kleinen Massen oder im Übergangsbereich zwischen stellaren und massiven Schwarzen Löchern.

Sie könnten auch erklären, warum die Reionisation so früh einsetzte oder warum die ersten Quasare so schnell wuchsen. Und falls leichtere PBHs kurz vor ihrem Ende stehen, könnten sie ultrahochenergetische kosmische Strahlung (UHECR) erzeugen.

Selbst ihr Nicht-Nachweis ist informativ. Jede Ausschlussgrenze verfeinert unser Verständnis der Inflation, Quantenfluktuationen und früher Phasenübergänge.

Primordiale Schwarze Löcher bleiben eine faszinierende Brücke zwischen Teilchenphysik, Gravitation und Kosmologie und eines der letzten Szenarien, das ohne neue Teilchen auskommt, um Teile der Dunklen Materie zu erklären.

Vielleicht besteht ein kleiner Teil des unsichtbaren Universums tatsächlich aus Schwarzen Löchern, die älter sind als die Sterne – Relikte aus der allerersten Epoche des Kosmos.

21

Der QCD-Phasenübergang: Quark-Gluon-Plasma im frühen Universum

Inhaltsverzeichnis

Phasenübergänge sind uns aus dem Alltag wohlvertraut. Wasser kann z. B. in Abhängigkeit von der Temperatur und dem Druck in einem festen, flüssigen oder gasförmigen Aggregatzustand vorliegen. Doch auch die fundamentalen Bausteine der Materie kennen vergleichbare Übergänge, und zwar in den unvorstellbar heißen und dichten Bedingungen des frühen Universums. Einer der bedeutendsten dieser Übergänge ist der sogenannte QCD-Phasenübergang,

M. Scholz, *Das frühe Universum*,
https://doi.org/10.1007/978-3-662-73261-8_21

benannt nach der Quantenchromodynamik (QCD), der etablierten Theorie der starken Wechselwirkung. Er markiert den Moment, in dem das Universum von einem Zustand aus frei beweglichen Quarks und Gluonen – dem Quark-Gluon-Plasma (QGP) – in eine Welt aus Protonen und Neutronen überging.[1]

Dieser Übergang war kein bloßer Nebeneffekt der Abkühlung, sondern ein entscheidender Schritt in der gesamten kosmischen Evolution. In ihm entstanden die ersten stabilen Materiebausteine und damit die Grundbausteine aller sichtbaren Strukturen im heutigen Universum. Was heute als exotisches Konzept erscheinen mag, war damals Realität: eine Phase, in der die Naturgesetze anders wirkten, weil die extreme Energiedichte jenes Zeitpunkts die üblichen Bindungen aufhob. Der QCD-Übergang war somit nicht nur ein physikalischer, sondern auch ein struktureller Wendepunkt – die Geburt der Materie, wie wir sie kennen.

Quantenchromodynamik und die Idee des Phasenübergangs

Die Quantenchromodynamik (QCD) ist die fundamentale Theorie, welche die starke Wechselwirkung beschreibt, also jene Kraft, die die fundamentalen Quarks zu Hadronen (wie Protonen und Neutronen) bindet.[2] Im Gegensatz zur elektromagnetischen Wechselwirkung, die durch Photonen vermittelt wird, basiert die starke Kraft auf dem Austausch von sogenannten Gluonen, die selbst eine Farbladung tragen. Diese Eigenschaft führt zu einem wichtigen Phänomen, dem „Quark-Confinement".

---

[1] Siehe Weinberg, S. (1999). The first three minutes: a modern view of the origin of the universe. New York: Basic Books.

[2] Siehe Gross, D. J., & Wilczek, F. (1973). Ultraviolet behavior of non-abelian gauge theories. Physical Review Letters, 30(26), 1343.

Unter normalen Bedingungen – also bei Temperaturen und Energiedichten, wie wir sie heute kennen – treten Quarks und Gluonen niemals frei auf, sondern immer nur in gebundenen Zuständen: in Baryonen (wie Protonen und Neutronen, bestehend aus drei Quarks) oder Mesonen (bestehend aus einem Quark-Antiquark-Paar). Dieses „Einsperren" ist eine Folge davon, dass die Kraft zwischen den Quarks mit zunehmendem Abstand zunimmt – ähnlich einer elastischen Feder, die umso stärker zieht, je weiter man sie dehnt.[3] Bei genügend hoher Energie kann diese „Feder" reißen, wobei die dabei freigesetzte Energie in neue Quark-Antiquark-Paare umgewandelt wird, anstatt freie Quarks freizusetzen.

Doch die QCD sagt voraus, dass dieses Confinement bei extrem hohen Temperaturen und Dichten aufgehoben werden kann. Immer dann, wenn die mittlere kinetische Energie der Teilchen die Bindungsenergie übersteigt, können Quarks und Gluonen ihren Bindungsstatus verlieren und sich frei bewegen. In diesem Zustand existiert Materie nicht mehr in Form von diskreten Hadronen, sondern als ein heißes, dichtes, quasi-fluides Medium: das „Quark-Gluon-Plasma" (QGP).[4]

Der Übergang von diesem Plasma hin zu gebundenen Hadronen stellt dann einen thermodynamischen Phasenübergang dar, der mit dem Gefrieren von Wasser vergleichbar ist. Die entscheidende Größe ist hierbei die Temperatur. Bei Temperaturen von rund 1,7–2,3 Billion Kelvin und höher (entspricht einer Teilchenenergie von ca. 150–200 MeV) liegt die Materie als QGP vor; fällt die Temperatur darunter, „kondensieren" Quarks und Gluonen zu Hadronen und Mesonen aus. Dieser kritische Punkt wird als

[3] Siehe Wilson, K. G. (1974). Confinement of quarks. Physical review D, 10(8), 2445.

[4] Siehe Shuryak, E. V. (1980). Quantum chromodynamics and the theory of superdense matter. Physics Reports, 61(2), 71–158.

„Hagedorn-Temperatur" bezeichnet, benannt nach dem Physiker Rolf Hagedorn, der bereits in den 1960er-Jahren die Existenz einer maximalen Temperatur für hadronische Materie postulierte.[5]

Was ist das Quark-Gluon-Plasma?

Das Quark-Gluon-Plasma (QGP) ist ein spezieller exotischer Materiezustand, in dem Quarks und Gluonen nicht in Hadronen eingeschlossen sind, sondern sich über makroskopische (natürlich im mikroskopischen Sinne) Bereiche frei bewegen können. Es handelt sich dabei nicht um ein klassisches Gas, sondern um eine stark wechselwirkende Flüssigkeit mit äußerst bemerkenswerten Eigenschaften:

- **extrem niedrige Viskosität:** Das QGP zeigt sich als eine der flüssigsten Substanzen im Universum – fast eine „perfekte Flüssigkeit" mit minimalem innerem Reibungswiderstand (ähnlich wie suprafluides Helium). Sein Verhältnis von Scherviskosität zu Entropiedichte (η/s) nähert sich dem quantentheoretischen Grenzwert von $\hbar/(4\pi)$, welcher in der Stringtheorie vorhergesagt wurde.[6]
- **Farb-Deconfinement:** Im QGP sind die Farbladungen der Quarks und Gluonen nicht mehr lokalisiert, sondern bilden ein kollektives, chaotisches Feld. Die starke Wechselwirkung bleibt aktiv, aber ihre Reichweite wird durch die hohe Energiedichte effektiv reduziert.

[5] Siehe Hagedorn, R. (1968). Hadronic matter near the boiling point. Il Nuovo Cimento A (1965–1970), 56(4), 1027–1057.

[6] Siehe Policastro, G., Son, D. T., & Starinets, A. O. (2001). Shear viscosity of strongly coupled N = 4 supersymmetric Yang-Mills plasma. Physical Review Letters, 87(8), 081601.

- **chirale Symmetriebrechung:** Unter normalen Bedingungen ist die chirale Symmetrie der QCD spontan gebrochen, was zur Masse der Hadronen beiträgt. Im QGP kehrt sich diese Symmetrie teilweise wieder um, was zu masselosen bzw. nahezu masselosen Quasiteilchen führt.[7]

Dieser Zustand ähnelt in einem gewissen Sinn einem ionisierten Gas (Plasma). Trotzdem ist der Unterschied grundlegend. Während in einem „normalen" Plasma Elektronen und Ionen frei beweglich und nur leicht durch Coulomb-Kräfte schwach gekoppelt sind, ist das QGP ein im Gegensatz dazu stark gekoppeltes System, in dem die Wechselwirkungen weiterhin dominieren. Es ist damit weniger ein Gas, sondern vielmehr eine Art suprafluide Flüssigkeit aus fundamentalen Quarks und Gluonen.

Das frühe Universum als kosmisches Labor

Etwa 10 Mikrosekunden (10^{-5} s) nach dem Urknall war das Universum immer noch so heiß und dicht, dass es vollständig von einem Quark-Gluon-Plasma erfüllt war. Zu diesem Zeitpunkt betrug die Temperatur etwa 2×10^{12} K, die Energiedichte war vergleichbar mit der eines Atomkerns, und die gesamte baryonische Materie existierte in Form von ungeordneten, frei beweglichen Quarks und Gluonen.[8]

Mit der weiteren Expansion kühlte das Universum adiabatisch ab, und bei einer kritischen Temperatur um 150–160 MeV setzte schließlich der QCD-Phasenübergang

[7] Siehe Pisarski, R. D., & Wilczek, F. (1984). Remarks on the chiral phase transition in chromodynamics. Physical Review D, 29(2), 338.

[8] Siehe Kapusta, J. I., & Gale, C. (2007). Finite-temperature field theory: Principles and applications. Cambridge University Press.

ein. Innerhalb von Mikrosekunden wandelte sich die gesamte Materie von einem Plasma aus fundamentalen Teilchen in eine Welt aus Hadronen. Dieser Übergang markiert den Beginn der „hadronischen Ära“ – der ersten Phase, in der stabile, zusammengesetzte Teilchen existierten.[9]

Wie genau dieser Übergang ablief, hängt von Details der QCD ab, die gewöhnlich mit sogenannten Lattice-QCD-Simulationen berechnet werden. Das sind numerische Berechnungen im theoretischen Rahmen einer Gitter-Eichtheorie auf einem vierdimensionalen Raum-Zeit-Gitter, welche es ermöglichen, die nicht-perturbativen Effekte der starken Wechselwirkung zu modellieren. Der heutige Stand der Forschung deutet darauf hin, dass es sich bei diesem Phasenübergang nicht um einen abrupten Phasenübergang erster Ordnung handelt, sondern um einen sogenannten Crossover – einen allmählichen Übergang ohne scharfen Phasensprung und ohne Freisetzung von latenter Wärme.[10] In jedem Fall dauerte er nur Bruchteile einer Mikrosekunde, was eine wirklich nur winzige Episode im kosmischen Maßstab ist – aber trotzdem eine mit bleibenden Folgen.

Die Folgen des QCD-Phasenübergangs

Das wichtigste Ergebnis des Übergangs war hierbei die Bildung von Hadronen, also von Protonen und Neutronen als Bausteine der späteren Atomkerne. Damit legte der QCD-Phasenübergang das Fundament für die baryonische Materie, wie wir sie kennen. Auch exotischere Teilchen wie beispielsweise

[9] Siehe Kolb, E. W., Turner, M. S., & Silk, J. (1991). The Early Universe.

[10] Siehe Bazavov, A., Bhattacharya, T., DeTar, C., Ding, H. T., Gottlieb, S., Gupta, R., ... & (HotQCD Collaboration). (2014). Equation of state in (2+1)-flavor QCD. Physical Review D, 90(9), 094503.

Hyperonen oder Mesonen entstanden, zerfielen aber bald wieder aufgrund ihrer inhärenten Instabilität.[11]

Ein weiterer entscheidender Effekt war die Baryon-Annihilation. Kurz nach dem Übergang begannen Protonen und Antiprotonen, Neutronen und Antineutronen miteinander zu annihilieren. Da jedoch ein winziger Überschuss an Materie gegenüber Antimaterie bestand – vermutlich durch CP-verletzende Prozesse in der GUT-Ära oder während der Baryogenese –, blieb ein winzig kleiner Rest an Baryonen übrig. Genau dieser Rest bildet heute die gesamte sichtbare Materie im Universum.[12]

Darüber hinaus beeinflusste der Übergang die thermodynamischen Eigenschaften des Universums. Die Abnahme der Freiheitsgrade – von zahllosen Quarks und Gluonen hin zu einer kleineren Zahl an verschiedenen Hadronen – veränderte den Druck und die Energiedichte des kosmischen Plasmas entscheidend. Diese Veränderung wirkte sich auf die Expansionsgeschwindigkeit aus und könnte dabei subtile Spuren in der Entwicklung kosmischer Strukturen hinterlassen haben.

Ein faszinierender Gedanke ist es, dass der QCD-Übergang möglicherweise die Bildung von primordialen Dichtefluktuationen angeregt hat – von kleinen „Überdichten" bis hin zu hypothetischen primordialen Schwarzen Löchern, die durch lokale Kondensation im Quark-Gluon-Plasma ausgelöst worden sein könnten. Solche Szenarien bleiben spekulativ, zeigen aber, wie fundamental dieser kurze Moment in der kosmischen Geschichte war.

[11] Siehe Close, F. E. (1979). Introduction to quarks and partons

[12] Siehe Sakharov, A. D. (1998). Violation of CP-invariance, C-asymmetry, and baryon asymmetry of the Universe. In: In The Intermissions... Collected Works on Research into the Essentials of Theoretical Physics in Russian Federal Nuclear Center, Arzamas-16 (pp. 84–87).

Der Blick in irdische Labore

Während wir das Urplasma des frühen Universums nicht direkt beobachten können, haben Experimente auf der Erde das Quark-Gluon-Plasma nachgebildet (zumindest in winzigen Proben und für extrem kurze Zeiträume). In Schwerionenkollisionen am CERN (LHC) und am Brookhaven National Laboratory (RHIC) werden dazu schwere Atomkerne wie die von Gold oder Blei auf nahezu Lichtgeschwindigkeit beschleunigt und danach gegenläufig zur Kollision gebracht.[13]

Die dabei auftretenden extremen physikalischen Bedingungen entsprechen Temperaturen von mehreren Billionen Kelvin, was weit über der Hagedorn-Temperatur liegt. Dabei entsteht für etwa 10^{-23} s eine Art von „Feuerball" aus Quark-Gluon-Plasma. Detektoren wie ALICE am LHC analysieren die dabei entstehenden Zerfallsprodukte und zeigen, dass sich das QGP wie eine nahezu perfekte Flüssigkeit verhält.

Diese Experimente liefern wertvolle Daten über

- die Zustandsgleichung des QGP,
- die Deconfinement-Temperatur und
- die chirale Symmetriewiederherstellung.

Sie bestätigen, dass die QCD auch unter extremen Bedingungen gilt, und liefern wichtige Parameter für kosmologische Modelle des frühen Universums.[14]

---

[13] Siehe Aamodt, K., Abelev, B., Abrahantes Quintana, A., Adamová, D., Adare, A. M., Aggarwal, M. M., … & Cheshkov, C. (2010). Elliptic flow of charged particles in Pb-Pb collisions at s NN = 2.76 TeV. Physical review letters, 105(25), 252302.

[14] Siehe Busza, W., Rajagopal, K., & Van Der Schee, W. (2018). Heavy ion collisions: the big picture and the big questions. Annual Review of Nuclear and Particle Science, 68(1), 339–376.

Die Geburt der Materie

Der QCD-Phasenübergang war einer der entscheidenden Momente in der Frühgeschichte des Universums. Etwa 10 Mikrosekunden nach dem Urknall wandelte sich die Welt von einem formlosen Plasma aus Quarks und Gluonen zu einer Welt aus Protonen und Neutronen – den Grundbausteinen der sichtbaren Materie. Ohne diesen Übergang gäbe es keine Atome, keine Sterne und keine Galaxien.

So unscheinbar dieser Moment im Zeitablauf des Kosmos auch erscheinen mag, er ist das Fundament unserer Existenz. Der QCD-Übergang zeigt, dass selbst die abstrakten Gleichungen der Quantenchromodynamik eine direkte Verbindung zu unserer Wirklichkeit haben. In der Glut des frühen Universums formten sie die Bausteine, aus denen alles Existierende hervorging. Heute, im Labor nachgestellt, offenbart das Quark-Gluon-Plasma nicht nur die Vergangenheit, sondern testet auch die Grenzen unseres physikalischen Verständnisses – und bringt uns der Frage näher: Wie entstand die Materie?

Schlüsselgedanken

Im ersten Augenblick nach dem Urknall existierte keine Materie, wie wir sie kennen. Stattdessen herrschte ein dichtes, glühendes Meer aus freien Quarks und Gluonen: das Quark-Gluon-Plasma (QGP), der exotischste Materiezustand im Universum.

Dieser Zustand war möglich, weil die extreme Temperatur (> 10^{12} K) und Energiedichte die starke Wechselwirkung überwand. Quarks und Gluonen bewegten sich frei, ohne in Hadronen eingeschlossen zu sein. Dieser Zustand wird als Deconfinement bezeichnet.

Die Quantenchromodynamik (QCD) beschreibt diese Kraft. Anders als bei der Elektrodynamik tragen die Austauschteilchen – die Gluonen – selbst eine „Farbladung", was zur Besonderheit des Quark-Confinements führt: Unter normalen Bedingungen sind Quarks niemals frei, sondern stets in farbneutralen Kombinationen gefangen – etwa als Protonen oder Neutronen.

Der Übergang vom QGP zu gebundenen Hadronen ist ein thermodynamischer Phasenübergang, vergleichbar mit dem Gefrieren von Wasser, aber bei Billionen Grad. Er erfolgt bei einer kritischen Temperatur von etwa 150–160 MeV (Hagedorn-Temperatur).

Lattice-QCD-Simulationen zeigen: Es handelt sich nicht um einen abrupten Phasensprung, sondern um einen Crossover – einen allmählichen Übergang ohne latente Wärme, der innerhalb weniger Mikrosekunden ablief.

Etwa 10^{-5} s nach dem Urknall endete die QGP-Ära. Das Universum kühlte durch Expansion so weit ab, dass Quarks und Gluonen gezwungen waren, sich zu stabilen Hadronen zusammenzuschließen – den Bausteinen aller sichtbaren Materie. Damit begann die hadronische Ära.

Das QGP ist keine klassische Flüssigkeit oder ein Gas. Es ist eine stark gekoppelte, quasi-perfekte Flüssigkeit mit extrem niedriger Viskosität ($\eta/s \approx \hbar/4\pi$), ähnlich einem suprafluiden System. Diese Eigenschaft wurde an Beschleunigern bestätigt.

Am LHC (CERN) und RHIC (Brookhaven) wird das QGP heute in Schwerionenkollisionen nachgebildet. Bei Temperaturen von mehreren Billionen Kelvin entsteht für ~10^{-23} s ein mikroskopischer „Feuerball" aus urzeitlicher Materie.

Diese Experimente messen

- die Zustandsgleichung des QGP,
- die Deconfinement-Temperatur und
- die Wiederherstellung der chiralen Symmetrie – ein Zeichen dafür, dass Quasiteilchen im Plasma nahezu masselos sind.

Der Übergang hatte tiefgreifende Folgen:

- Bildung der ersten stabilen Protonen und Neutronen – Grundbausteine aller Atomkerne.
- Baryon-Annihilation: Fast alle Materie und Antimaterie löschten sich aus – nur ein winziger Überschuss an Baryonen blieb übrig, der heute die gesamte sichtbare Materie bildet.
- Änderung der thermodynamischen Freiheitsgrade, was Druck und Expansionsrate beeinflusste – möglicherweise mit Spuren in der Strukturentstehung.

Spekulativ ist: Der QCD-Übergang könnte primordiale Dichtefluktuationen verstärkt, sogar die Entstehung primordialer Schwarzer Löcher ermöglicht haben.

Der QCD-Phasenübergang war kein Nebeneffekt. Er war die Geburtsstunde der Materie. Was in Mikrosekunden ablief, prägte die chemische, strukturelle und thermodynamische Evolution des Kosmos.

Teilchenphysik und Kosmologie Die Gleichungen der QCD erklären nicht nur abstrakte Teilchenwechselwirkungen – sie beschreiben, wie aus dem Chaos der Urzeit die Welt entstand, aus der wir selbst aufgebaut sind.

22

Die erste Millisekunde: Von Quarks zu Hadronen

Inhaltsverzeichnis

Die ersten Mikrosekunden nach dem Urknall waren eine Epoche tiefgreifender Transformationen, denn in dieser winzigen Zeitspanne vollzog sich nicht nur ein Phasenübergang, sondern auch die Erschaffung der Grundbausteine für alles, was wir heute als Materie kennen. Während im vorhergehenden Essay der QCD-Phasenübergang als physikalisches Ereignis – das Confinement von Quarks und Gluonen – im Fokus stand, beleuchtet dieser Text seine unmittelbaren kosmologischen Konsequenzen: wie aus dem

M. Scholz, *Das frühe Universum*,
https://doi.org/10.1007/978-3-662-73261-8_22

chaotischen Quark-Gluon-Plasma (QGP) die ersten stabilen Protonen und Neutronen hervorgingen, wie sich die Bilanz zwischen Materie und Antimaterie entschied und welche Voraussetzungen damit für die gesamte zukünftige Entwicklung des Universums geschaffen wurden.[1]

Diese kurze Epoche war demnach alles andere als nur eine passive Abkühlung, es war vielmehr ein hochdynamischer Prozess, in dem die Thermodynamik des frühen Kosmos quasi mit der Teilchenphysik verschmolz. Was danach folgte – Nukleosynthese, Rekombination, Sternentstehung – wäre ohne diesen Übergang unmöglich gewesen. Die in der Summe erste Millisekunde markiert somit den Übergang von einer Welt fundamentaler Felder zu einer Welt zusammengesetzter Teilchen. Wir sprechen hier vom Beginn der „baryonischen Ära".

Vom Plasma zur Stabilität: Die Hadronisierung als kosmische Umgestaltung

Nachdem das Universum etwa 10^{-6} s nach dem Urknall die kritische Temperatur von rund 150–160 MeV unterschritten hatte, endete die Dominanz des Quark-Gluon-Plasmas.[2] Der Crossover-Übergang, wie ihn die Lattice-QCD-Simulationen beschreiben, führte dazu, dass Quarks und Gluonen gezwungen waren, sich in farbneutralen Kombinationen zusammenzuschließen. Dieser Prozess, die „Hadronisierung", war kein instantaner Bruch, sondern

---

[1] Siehe Weinberg, S. (1977). The First Three Minutes: A Modern View of the Origin of the Universe. Basic Books.

[2] Siehe Shuryak, E. V. (1980). Quantum chromodynamics and the theory of superdense matter. Physics Reports, 61(2), 71–158.

vielmehr eine allmähliche Verschiebung des Gleichgewichts hin zu gebundenen Zuständen.

In diesem Stadium entstanden zwei Hauptklassen von Hadronen:

- **Baryonen:** aus drei Quarks bestehende Teilchen, darunter die stabilen Protonen (uud) und Neutronen (udd).
- **Mesonen:** kurzlebige Quark-Antiquark-Zustände wie Pionen, die schnell wieder zerfielen.

Während Mesonen rasch unter Photonenzerfall oder weiteren Wechselwirkungen verschwanden, stellten Protonen und Neutronen die langlebigsten Produkte dieses Übergangs dar. Ihre Stabilität ist eine direkte Folge des Gesetzes der Erhaltung der Baryonenzahl, einer bekanntermaßen fundamentalen Symmetrie der Quantenchromodynamik. Damit wurde die Tür geöffnet für die Bildung komplexerer Strukturen – aber auch für einen dramatischen Kampf zwischen Materie und Antimaterie.

Die große Vernichtung: Materie gegen Antimaterie

Die Entstehung von Hadronen löste unmittelbar einen der folgenreichsten Prozesse der frühen Kosmologie aus: die großflächige Annihilation von Baryonen und Antibaryonen. Sobald die Temperaturen unter etwa 30 MeV (etwa $3{,}5 \cdot 10^{11}$ K) fielen, reichten die Photonenenergien nicht mehr aus, um neue Baryon-Antibaryon-Paare zu erzeugen. Stattdessen begannen existierende Paare sich gegenseitig zu vernichten:

$$p + \overline{p} \rightarrow \gamma + \gamma$$

$$n + \overline{n} \rightarrow \gamma + \gamma$$

Ohne einen vorherigen Überschuss an Materie hätte dieser Prozess zur völligen Auslöschung aller baryonischen Teilchen geführt. Doch genau hier zeigt sich eines der größten Rätsel der Physik: Ein winziger Asymmetrie-Effekt hatte bereits zuvor dafür gesorgt, dass auf etwa 10^9 Baryon-Antibaryon-Paare ein einzelnes zusätzliches Baryon übrig blieb.[3]

Die Ursache dieser Asymmetrie liegt vermutlich in der GUT-Ära oder während der elektroschwachen Symmetriebrechung, wo die Sacharow-Bedingungen (Baryonenzahl-Nichterhaltung, CP-Verletzung, Abweichung vom thermischen Gleichgewicht) erfüllt waren.[4] Das heutige Universum besteht also nicht aus „der überlebenden Masse", sondern aus einem kosmischen Nachhall – einem Restbestand von etwa einem Proton pro Milliarde Photonen, der durch diese frühe Asymmetrie gerettet wurde.[5]

Thermodynamische Spuren und strukturelle Vorbereitung

Der Übergang vom QGP zum hadronischen Gas war nicht nur eine Veränderung der Teilcheninventur des Kosmos, sondern beeinflusste auch die globale Dynamik des Universums. Mit der Reduktion der effektiven Freiheitsgrade – von Hunderten an dynamischen Zuständen im Plasma zu wenigen Dutzend stabilen Hadronenarten – änderte sich

---

[3] Siehe Sakharov, A. D. (1998). Violation of CP-invariance, C-asymmetry, and baryon asymmetry of the Universe. In: In The Intermissions… Collected Works on Research into the Essentials of Theoretical Physics in Russian Federal Nuclear Center, Arzamas-16 (pp. 84–87).

[4] Siehe Riotto, A., & Trodden, M. (1999). Recent progress in baryogenesis. Annual Review of Nuclear and Particle Science, 49(1), 35–75.

[5] Siehe Collaboration, P., Aghanim, N., Akrami, Y., Alves, M., Ashdown, M., Aumont, J., … & Combet, C. (2020). Planck 2018 results. A&a, 641, A4.

natürlich auch die Zustandsgleichung dieses kosmischen Fluids.

Diese Änderung führte zu einer leicht modulierten Expansionsrate und könnte auch weitere subtile Effekte auf die Entwicklung der primordialen Dichtefluktuationen gehabt haben. Obwohl die großräumige Struktur hauptsächlich durch die Inflation und die Dunkle-Materie-Halos bestimmt wird, könnte die Hadronisierung zu lokalen Störungen geführt haben, die sich in der späteren Galaxienverteilung niederschlugen.

Ein besonders spekulatives Szenario sieht in lokalen Dichteerhöhungen innerhalb des QGP die Keime für primordiale Schwarze Löcher (PBHs, siehe Essay 20). Falls Fluktuationen während der Hadronisierung stark genug waren, könnten sie nämlich gravitativ kollabiert sein und so Objekte erzeugt haben, die heute als Kandidaten für Dunkle Materie diskutiert werden. Diese Idee bleibt zwar hypothetisch, verdeutlicht aber, wie ein mikroskopischer Phasenübergang durchaus makroskopische Konsequenzen zeitigen kann.

Zeitliche Dimension: Eine Epoche in Mikrosekunden

Der gesamte Prozess der Hadronisierung erstreckte sich über einen Zeitraum von etwa 10^{-6} bis 10^{-4} s nach dem Urknall. Innerhalb weniger Mikrosekunden war der Großteil der Umwandlung abgeschlossen, und das Universum befand sich nun in der sogenannten hadronischen Ära, die durch eine dominante Population aus Protonen, Neutronen, Leptonen und Photonen gekennzeichnet ist.[6]

[6] Siehe Kolb, E. W., Turner, M. S., & Silk, J. (1991). The Early Universe.

Im Vergleich zur Gesamtlebensdauer des Universums ist dies eine kaum messbare Zeitspanne. Doch in Bezug auf die physikalischen Zustände war es eine wahre Revolution: von einem Zustand, in dem die grundlegenden Bausteine frei und chaotisch waren, hin zu einem Zustand, in dem stabile, langzeitfähige Materieteilchen existierten, was eine notwendige Voraussetzung für alle zukünftigen chemischen und astrophysikalischen Prozesse ist.

Bedeutung für die weitere Entwicklung

Die Bedeutung der ersten Millisekunde kann kaum überschätzt werden. Sie legte die entscheidenden Grundlagen für die kommenden Phasen:

1. **Urknall-Nukleosynthese (BBN):** Ohne stabile Protonen und Neutronen wäre die Fusion zu Deuterium, Helium und Lithium etwa eine Minute später unmöglich gewesen.[7] Die chemische Zusammensetzung des Universums – rund 75 % Wasserstoff, 25 % Helium-4 und Spuren schwererer Kerne – wurde in diesen Minuten festgelegt.
2. **Neutrino-Entkopplung:** Kurz nach der Hadronisierung, bei Temperaturen um 1 MeV (~1 s), konnten Neutrinos aufgrund sinkender Wechselwirkungsraten vom Photon-Elektron-Plasma entkoppeln. So entstand der kosmische Neutrinohintergrund (CνB), ein weiteres Relikt der Frühzeit, das zwar noch nicht direkt nachgewiesen wurde, aber theoretisch unverzichtbar ist.[8]

[7] Siehe Cyburt, R. H., Fields, B. D., Olive, K. A., & Yeh, T. H. (2016). Big bang nucleosynthesis: Present status. Reviews of Modern Physics, 88(1), 015004.

[8] Siehe Mangano, G., Miele, G., Pastor, S., Pinto, T., Pisanti, O., & Serpico, P. D. (2005). Relic neutrino decoupling including flavour oscillations. Nuclear Physics B, 729(1–2), 221–234.

3. **Vorbereitung auf die Rekombination:** Die Stabilität der Atomkerne ermöglichte 380.000 Jahre später die Bindung von Elektronen zu neutralen Atomen – den Beginn der Transparenz des Universums und die Freisetzung der kosmischen Mikrowellenhintergrundstrahlung (CMB).

Die erste Entscheidung des Kosmos

Die erste Millisekunde nach dem Urknall war die Stunde der ersten entscheidenden Transformation: Aus dem formlosen Quark-Gluon-Plasma kondensierten sich Protonen und Neutronen – die stabilen Bausteine aller zukünftigen Materie. In der folgenden Annihilation von Materie und Antimaterie überlebte nur ein winziger Überschuss an Baryonen – jener Rest, aus dem später Sterne, Planeten und Leben hervorgingen.

Dieser Übergang war mehr als nur ein Phasenwechsel; er war quasi die Gründungsurkunde der baryonischen Welt. Was in Mikrosekunden ablief, prägte die chemische, thermodynamische und strukturelle Evolution des gesamten Kosmos. Heute können wir diesen Moment nicht direkt beobachten, doch seine Spuren finden sich in der Zusammensetzung der Elemente, in den CMB-Anisotropien und in den Daten von Beschleunigern wie dem LHC. Die erste Millisekunde bleibt damit nicht nur ein Kapitel der Theorie, sondern die entscheidende Phase, in der das Universum seine materielle Identität annahm.

Schlüsselgedanken

Die ersten Mikrosekunden nach dem Urknall waren keine Nebenepisode – sie markierten die entscheidende Umgestaltung des Universums, den Übergang von freien Quarks und Gluonen hin zu stabilen Materieteilchen. In dieser Zeit entstand die Grundlage für alles Sichtbare.

Der QCD-Phasenübergang (Hadronisierung) begann etwa bei 10^{-6} s, als die Temperatur unter 150–160 MeV fiel. Statt eines abrupten Bruchs war es ein allmählicher Crossover, wie Lattice-QCD-Simulationen zeigen – kein scharfer Sprung, sondern eine Verschiebung des Gleichgewichts hin zu gebundenen Zuständen.

Aus dem Quark-Gluon-Plasma kondensierten sich Baryonen (wie Protonen und Neutronen) und kurzlebige Mesonen. Nur die Baryonen überlebten langfristig – dank Erhaltung der Baryonenzahl – und wurden zu den Bausteinen aller zukünftigen Atomkerne.

Unmittelbar danach setzte die große Annihilation von Baryonen und Antibaryonen ein. Bei Temperaturen unter ~30 MeV konnten Photonen keine neuen Paare mehr erzeugen – die Vernichtung lief unumkehrbar ab.

Doch ein winziger Überschuss an Materie blieb erhalten: etwa ein zusätzliches Baryon pro 10^9 Photonen. Diese Asymmetrie – vermutlich in der GUT- oder elektroschwachen Ära durch die Sacharow-Bedingungen erzeugt – ist der Grund dafür, warum das Universum aus Materie besteht.

Ohne diesen Rest wäre das Universum heute leer, nur aus Strahlung bestehend. Stattdessen blieb gerade genug übrig, um Sterne, Planeten und Leben hervorzubringen.

Der Übergang beeinflusste auch die Thermodynamik des Kosmos. Die Reduktion der Freiheitsgrade (vom Plasma zum hadronischen Gas) veränderte die Zustandsgleichung und könnte subtile Spuren in der Expansion und in primordialen Dichtefluktuationen hinterlassen haben.

Spekulativ ist: Starke lokale Dichteschwankungen im QGP könnten zu primordialen Schwarzen Löchern (PBHs) geführt haben – mögliche Kandidaten für Dunkle Materie.

Die gesamte Hadronisierung dauerte von etwa 1 bis 100 Mikrosekunden. Danach begann die hadronische Ära – geprägt von Protonen, Neutronen, Leptonen und Photonen.

Diese Phase schuf die Voraussetzungen für alle zukünftigen Entwicklungen:

- **Urknall-Nukleosynthese:** Ohne stabile Protonen und Neutronen wäre die Bildung von Deuterium, Helium und Lithium unmöglich gewesen.
- **Neutrino-Entkopplung:** Kurz danach (~1 s) entstand der kosmische Neutrinohintergrund (CνB) – das älteste massenhafte Relikt des Universums.
- **Rekombination:** Erst mit stabilen Kernen war 380.000 Jahre später die Bildung neutraler Atome möglich – und damit die Freisetzung der CMB.

Die erste Millisekunde war also nicht bloß ein Wimpernschlag – sie war die Gründungsphase der baryonischen Welt. Was in Mikrosekunden ablief, prägte die chemische Zusammensetzung, die thermodynamische Entwicklung und die strukturelle Evolution des gesamten Kosmos.

Ihre Spuren finden sich heute in der Elementhäufigkeit, in der CMB und in Experimenten am LHC. Die erste Millisekunde bleibt die entscheidende Epoche, in der das Universum seine materielle Identität annahm.

23

Andere Wege zu den Elementen? Exotische Nukleosynthese

Inhaltsverzeichnis

Die primordiale Nukleosynthese in den ersten Minuten nach dem Urknall war die erste Phase der nuklearen Elementbildung. Sie erzeugte die leichtesten Kerne: vor allem Wasserstoff (^{1}H), Helium-4 (^{4}He) sowie geringe Mengen Deuterium (^{2}H), Helium-3 (^{3}He) und Lithium-7 (^{7}Li)Lithium-7 (7Li) . Diese Prozesse sind gut verstanden und mit Beobachtungen vereinbar. Doch sie sind nicht die einzige Quelle der chemischen Vielfalt. Die

M. Scholz, *Das frühe Universum*,
https://doi.org/10.1007/978-3-662-73261-8_23

Urknall-Nukleosynthese bildete nur die leichtesten Kerne (bis Lithium). Schwerere Elemente entstanden erst später im Inneren von Sternen.

In den heißen Kernen von Sternen mittlerer und hoher Masse laufen Fusionsprozesse ab, die schrittweise schwerere Kerne erzeugen – von Helium über Kohlenstoff, Sauerstoff bis hin zu Eisen-56. Diese stellare Nukleosynthese ist über Milliarden Jahre die Hauptquelle für die chemische Anreicherung des interstellaren Mediums. Ohne sie gäbe es keine schweren Elemente, keine Planeten und keine Grundlage für komplexe Chemie und Leben. Doch sie hat eine fundamentale Grenze: Kerne schwerer als Eisen können nicht durch exotherme Fusion entstehen – die Fusion solcher Kerne verbraucht Energie. Die Bildung schwererer Elemente erfordert daher nicht-thermische, hochenergetische Prozesse.[1]

Spallation: Kosmische Strahlung als Schmied der leichten Elemente

Die Herkunft bestimmter leichter Isotope – insbesondere Lithium-6, Beryllium-9 und die Bor-Isotope ^{10}B und ^{11}B – ist nicht durch die Urknall-Nukleosynthese erklärbar, da diese Kerne bei den hohen Temperaturen des frühen Universums nicht stabil sind. Auch in stellaren Kernen werden sie nicht erzeugt, sondern durch Konvektion schnell zerstört.

Stattdessen entstehen sie durch Spallation: Hochenergetische Teilchen der kosmischen Strahlung – vorwiegend Protonen und Alpha-Teilchen – kollidieren mit schwereren Kernen (z. B. Kohlenstoff, Stickstoff, Sauerstoff) im interstellaren Medium und fragmentieren sie. Bei diesen Kollisionen entstehen leichtere Kerne wie ^{6}Li, ^{9}Be, ^{10}B und

[1] Eine ausführliche Diskussion der Elemententstehung in Sternen finden Sie in Scholz, M. Physics of Stars, Springer 2025.

^{11}B. Dieser Prozess läuft kontinuierlich ab und erklärt die beobachteten Häufigkeiten dieser Isotope in der heutigen Milchstraße, welche die Urknall-Nukleosynthese allein nicht erzeugen könnte.

Die Spallation ist damit ein kontinuierlicher Prozess, der über die gesamte chemische Evolution des Universums zur Anreicherung leichter Elemente beiträgt. Sie zeigt, dass die Nukleosynthese nicht auf die frühe Phase oder stellare Kerne beschränkt ist, sondern auch in Wechselwirkungen zwischen kosmischer Strahlung und interstellarer Materie stattfindet.

Neutronensterne und der r-Prozess: Die Geburt der schweren Elemente

Die schwersten Elemente – von Strontium über Silber, Gold, Platin bis hin zu Uran und den Lanthaniden – können nicht durch thermonukleare Fusion entstehen. Ihre Bildung erfordert den r-Prozess *(Rapid Neutron Capture),* bei dem Atomkerne innerhalb von Sekundenbruchteilen eine hohe Zahl von Neutronen einfangen, bevor sie durch β^--Zerfall stabilisiert werden. Dieser Prozess benötigt extreme Neutronenflüsse, wie sie in terrestrischen Laboren nicht erzeugt werden können.

Lange galten kollabierende massereiche Sterne (Supernovae vom Typ II) als mögliche Quellen. Die Beobachtung des Gravitationswellenereignisses GW170817 (August 2017) durch LIGO und Virgo – die Kollision zweier Neutronensterne – und die nachfolgende Beobachtung einer Kilonova durch optische und infrarote Teleskope revolutionierten das Bild (Abb. 23.1).[2]

[2] Siehe Abbott, B. P. et al. (2017). GW170817: Observation of Gravitational Waves from a Binary Neutron Star Merger. Physical Review Letters, 119(16), 161101.

Abb. 23.1 Diese künstlerische Darstellung einer Kilonova zeigt die Verschmelzung zweier Neutronensterne, die durch den sogenannten r-Prozess extreme Mengen schwerer Elemente wie Gold, Platin und Uran erzeugt. Die explosive Freisetzung von Neutronen während des Zusammenstoßes ermöglicht die Bildung dieser Elemente, die später in Planeten und kosmischen Strukturen verbreitet werden – ein Schlüsselprozess für die chemische Vielfalt des Universums. (Wikimedia)

Spektroskopische Analysen zeigten dabei klare Signaturen frisch synthetisierter r-Prozess-Elemente. Die freigesetzte Menge an schweren Kernen betrug geschätzte 0,03 bis 0,05 Sonnenmassen (~10–50 Erdmassen), darunter signifikante Mengen an Gold und Platin. Diese Beobachtung zeigt, dass Kilonovae eine Hauptquelle der schwersten Elemente sind – vermutlich sogar die dominierende, auch wenn Supernovae weiterhin diskutiert werden.[3]

Damit ist die chemische Evolution nicht allein durch stellare Evolution und Supernovae geprägt, sondern auch durch seltene, aber extrem energiereiche Kollisionen kompakter Objekte. Viele Atome in unserer Umgebung könnten in solchen Ereignissen vor Milliarden Jahren entstanden sein.

[3] Siehe Arnett, D. (1996). Supernovae and nucleosynthesis: An investigation of the history of matter, from the Big Bang to the present (Vol. 7). Princeton University Press.

Primordiale Schwarze Löcher: Beeinflussten sie die Nukleosynthese?

Primordiale Schwarze Löcher (*Primordial Black Holes,* PBH, siehe Essay 20) sind hypothetische Objekte, die nicht aus stellarem Kollaps, sondern aus extremen Dichtefluktuationen in der frühen Phase des Universums entstanden sein könnten – innerhalb der ersten Sekunden nach dem Urknall. Falls sie existieren, könnten sie die chemische Evolution indirekt beeinflusst haben:

- **Hawking-Strahlung:** PBH mit Massen um 10^{12} kg hätten heute ihr Ende durch explosionsartige Hawking-Verdampfung erreicht, wobei sie Neutronen , Protonen und leichtere Kerne freigesetzt hätten – was die Häufigkeiten von Deuterium oder Lithium lokal beeinflusst haben könnte.
- **frühe Strukturbildung:** Massereichere PBH könnten als Gravitationskerne für die Ansammlung baryonischer Materie gedient haben, die frühe Sternentstehung beschleunigt und damit die stellare Nukleosynthese vorverlegt hätte.
- **Lithium-7-Problem:** Einige Modelle untersuchen, ob PBH während der primordialen Nukleosynthese die Temperatur- oder Neutronendichte verändert haben könnten – womit die überproduzierte Menge an ^{7}Li reduziert worden wäre.

Bislang gibt es keine direkten Hinweise auf PBH. Beobachtungen durch Mikrolinsen (OGLE, HSC) und Gravitationswellen (LIGO/Virgo) schließen große Bereiche ihres möglichen Massenspektrums aus. Daher gelten sie heute bestenfalls als mögliche Teilkomponente – nicht als dominanter Faktor in der Nukleosynthese.

Viele Wege führen zu den Elementen

Die Urknall-Nukleosynthese war der Beginn der chemischen Evolution – aber nicht ihr Ende. Das Universum erzeugt die Elemente des Periodensystems durch eine Vielzahl unterschiedlicher Prozesse:

- **stellare Fusion:** In Sternen entstehen Elemente von Helium bis Eisen.
- **Spallation:** Durch kosmische Strahlung werden leichte Kerne wie ^{6}Li, ^{9}Be und B-Isotope nachträglich erzeugt.
- **Kilonovae und der r-Prozess:** sind die dominierenden Quellen für die schwersten Elemente, darunter Gold, Platin und Uran.
- **exotische Szenarien:** So könnten Primordiale Schwarze Löcher unter bestimmten Bedingungen die frühe Nukleosynthese beeinflusst haben.

Diese Prozesse zeigen, dass die Elemente in unserem Körper, in den Sternen und auf der Erde das Ergebnis einer vielfältigen kosmischen Geschichte sind – von den ersten Minuten bis zu den energiereichsten astrophysikalischen Ereignissen. Die chemische Evolution war kein einzelnes Ereignis, sondern eine Abfolge kosmischer Experimente – von den ersten Minuten bis zu den energiereichsten Kollisionen. Das Universum selbst ist das Labor, in dem die Elemente unseres Körpers geschmiedet wurden.

Schlüsselgedanken

Die Urknall-NukleosyntheseUrknall-Nukleosynthese erzeugte nur die leichtesten Elemente: *Wasserstoff, Helium und Spuren von Lithium – der chemische Grundstein des Universums.*

Stellare Fusion schuf Elemente bis Eisen. *In Sternen entstanden Kohlenstoff, Sauerstoff und andere lebenswichtige Kerne – aber nicht schwerer als Eisen.*

Spallation erklärt die Herkunft von Lithium-6, Beryllium und Bor. *Hochenergetische kosmische Strahlen zertrümmern schwere Kerne im interstellaren Medium – ein kontinuierlicher Prozess, der die Nukleosynthese über Sterne hinaus erweitert.*

Kilonovae sind die Schmieden der schwersten Elemente. *Die Kollision zweier Neutronensterne (z. B. GW170817) erzeugt extreme Neutronenflüsse – der r-Prozess produziert Gold, Platin, Uran und die seltenen Erden.*

Primordiale Schwarze Löcher (PBH) sind hypothetisch, aber faszinierend. *Falls sie existieren, könnten sie durch Hawking-Strahlung oder gravitative Wirkung die frühe Nukleosynthese beeinflusst haben – etwa beim Lithium-Problem.*

Das Universum ist ein vielfältiges Labor. *Die Elemente in uns sind das Produkt einer langen, komplexen Geschichte – von den ersten drei Minuten bis zu den gewaltigsten astrophysikalischen Ereignissen.*

Die chemische Evolution ist eine Abfolge kosmischer Experimente. *Kein einziges Ereignis, sondern viele Wege führten zu der Materie, aus der wir bestehen.*

IV

Dunkle Komponenten: Materie und Energie

24

Dunkle Energie: Was treibt die beschleunigte Expansion an?

Seit Ende der 1990er-Jahre wissen wir: Das Universum dehnt sich nicht nur aus – es beschleunigt diese Ausdehnung sogar. Irgendetwas treibt diese Expansion an, eine geheimnisvolle Energiedichte mit negativem Druck: die Dunkle Energie. Sie macht nach aktuellen Messungen etwa 68,6 % des Energieinhalts des Universums aus. Dennoch bleibt ihre physikalische Natur unklar und gehört zu den größten offenen Fragen der modernen Kosmologie. Verschiedene theoretische Ansätze versuchen sie zwar zu erklären, wobei die Deutungen von einer fundamentalen Vakuumenergie bis hin zu dynamischen Feldern oder Modifikationen der Gravitation reichen.

1. Die kosmologische Konstante Λ – Einsteins „größter Fehler"?

Die einfachste Erklärung für die Dunkle Energie ist die kosmologische Konstante Λ – eine räumlich homogene, zeitlich konstante Energiedichte, die dem Vakuum selbst zu-

M. Scholz, *Das frühe Universum*,
https://doi.org/10.1007/978-3-662-73261-8_24

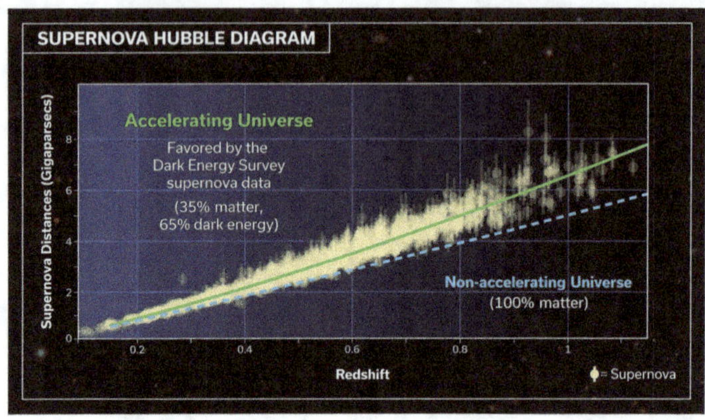

Abb. 24.1 Das Supernova-Hubble-Diagramm zeigt die Entfernung von Supernovae vom Typ Ia in Abhängigkeit ihrer Rotverschiebung. Die Datenpunkte (gelbe Kreise) liegen näher an der grünen Linie des „beschleunigenden Universums" (35 % Materie, 65 % Dunkle Energie) als an der blauen Linie eines „nicht-beschleunigenden Universums" (100 % Materie). Dies bestätigt die beschleunigte Expansion durch Dunkle Energie – ein Schlüsselargument für das ΛCDM-Modell.

geschrieben wird. Sie ist ein zentraler Bestandteil des ΛCDM-Modells und beschreibt die beobachtete Expansion präzise.

Doch die Quantenfeldtheorie sagt für diese Vakuumenergie einen Wert voraus, der um den Faktor 10^{120} größer ist, was zweifellos die größte Diskrepanz zwischen Theorie und Beobachtung in der Physik ist.[1]

Warum jedoch die effektive kosmologische Konstante in Wirklichkeit so klein, aber nicht null ist, bleibt ungeklärt (Abb. 24.1).

2. Quintessenz – eine dynamische Dunkle Energie

Alternativ ließe sich die Dunkle Energie durch ein zeitlich veränderliches skalares Feld beschreiben – ein Szenario, das

---

[1] Siehe Weinberg, S. (1989). The cosmological constant problem. Reviews of modern physics, 61(1), 1.

als *Quintessenz* bezeichnet wird. Im Gegensatz zu Λ kann die Energiedichte solcher Felder mit der Expansion des Universums abnehmen oder zunehmen.

Bestimmte Modelle könnten helfen, die Hubble-Spannung (siehe Essay 25) zu mildern, indem sie die Expansionsrate in der Frühzeit beeinflussen.[2]

- **Vorteil:** Derartige Modelle vermeiden die extreme Feinabstimmung der Vakuumenergie.
- **Nachteil:** Es gibt bislang keine experimentellen Hinweise auf ein solches Feld, und viele Modelle erfordern eigene Formen der Feinabstimmung (z. B. flache Potentiale).

3. Phantomenergie – wenn die Dunkle Energie wächst
Ein besonders spekulatives Modell ist die „Phantomenergie", bei der der Zustandsparameter $w < -1$ ist. In diesem Fall nimmt die Energiedichte der Dunklen Energie mit der Zeit zu, was zu einer überproportionalen Beschleunigung führt.

Langfristig könnte dies dazu führen, dass die Expansion jede Bindung überwindet: Zuerst wären Galaxienhaufen, dann Galaxien, Sterne, Moleküle, Atome und schließlich die gesamte Struktur von Raum und Zeit davon betroffen. Dieses apokalyptische Szenario wird als „Big Rip" bezeichnet.[3]

Beobachtungen (z. B. von Planck und DES) ergeben $w \approx -1{,}03 \pm 0{,}03$, was statistisch nicht signifikant von $w = -1$ verschieden ist. Oder anders ausgedrückt: Die Daten sind weiterhin konsistent mit $w = -1$.[4]

---

[2] Siehe Copeland, E. J., Sami, M., & Tsujikawa, S. (2006). Dynamics of dark energy. International Journal of Modern Physics D, 15(11), 1753–1935.

[3] Siehe Caldwell, R. R. (2002). A phantom menace? Cosmological consequences of a dark energy component with super-negative equation of state. Physics Letters B, 545(1–2), 23–29.

[4] Siehe Aghanim, N. (2020). Planck 2018 results. VI. Cosmological parameters. Astron. Astrophys, 641, A6.

4. Modifizierte Gravitation – eine Alternative zur Dunklen Energie?

Eine alternative Erklärung besagt, dass die beschleunigte Expansion nicht durch eine negative Energiedichte verursacht wird, sondern durch eine Abweichung von der Allgemeinen Relativitätstheorie auf großen Skalen. Theorien wie *f(R)*-Gravitation, Tensor-Vektor-Skalar-Modelle (TeVeS) oder relativistische Erweiterungen von MOND versuchen die Expansion durch modifizierte Feldgleichungen zu erklären.[5]

Diese Modelle sind mathematisch ausgefeilt – doch sie stehen vor einer harten Probe: Sie müssen gleichzeitig die CMB-Anisotropien, baryonische akustische Oszillationen (BAO), Gravitationslinsen und die großräumige Struktur des kosmischen Netzes erklären, was bislang kaum gelingt. Viele dieser Deutungsversuche sind jedenfalls mit den harten Beobachtungsfakten nur schwer oder gar nicht vereinbar. Dennoch bleiben sie weiterhin eine Diskussionsgrundlage mit Ausbaupotential.

5. Frühe Dunkle Energie (EDE) – ein kurzer Impuls zur Rekombination

Ein intensiv diskutierter Ansatz ist die „frühe Dunkle Energie" (*Early Dark Energy*, EDE), eine hypothetische Energiekomponente, die kurz vor der Rekombination ($z \approx$ 3000–3500) für einen kurzen Zeitraum die Expansion beschleunigte. Dies würde die akustische Skala im CMB verkleinern und den daraus abgeleiteten Wert von H_0 erhöhen, was schon näher an den lokal gemessenen Werten liegt.

Obwohl EDE die Hubble-Spannung reduzieren könnte, steht sie im Widerspruch zu einigen Beobachtungen der

[5] Siehe Clifton, T., Ferreira, P. G., Padilla, A., & Skordis, C. (2012). Modified gravity and cosmology. Physics reports, 513(1–3), 1–189.

großräumigen Struktur (z. B. *S8*-Messungen). Die Diskussion ist damit weiterhin offen.[6]

Die Mehrheit der aktuellen Daten – insbesondere von Planck und Euclid – ist konsistent mit einer konstanten Dunklen Energie ($w = -1$). Neuere Ergebnisse von DESI zur Strukturamplitude ($f\sigma_8$) deuten jedoch auf leichte Abweichungen vom ΛCDM-Modell hin. Die Frage, ob diese auf eine „neue Physik" oder unentdeckte systematische Unsicherheiten zurückgehen, wird intensiv diskutiert.[7]

Die wahre Natur der Dunklen Energie bleibt damit weiterhin ungelöst. Doch die Vielzahl an Modellen zeigt: Kosmologie ist nicht nur Beobachtung, sondern auch Interpretation. Ob Dunkle Energie eine unveränderliche Eigenschaft des Vakuums ist, ein dynamisches Feld oder ein Zeichen dafür, dass wir die Gravitation falsch verstehen – ihre Aufklärung könnte unsere Vorstellungen von Raum, Zeit und Energie revolutionieren.

Schlüsselgedanken

Dunkle Energie macht etwa 68,6 % des Universums aus *und verursacht die beschleunigte Expansion – doch ihre Natur ist unbekannt.*

Die kosmologische Konstante Λ ist die einfachste Erklärung. *Eine konstante Vakuumenergie, die gut zu den Daten passt – doch die theoretische Vorhersage aus der Quantenfeldtheorie ist um* 10^{120} *zu groß: die größte Diskrepanz in der Physik.*

[6] Siehe Poulin, V., Smith, T. L., Karwal, T., & Kamionkowski, M. (2019). Early dark energy can resolve the Hubble tension. Physical review letters, 122(22), 221301.

[7] Man denke an Ockhams Rasiermesser …

Quintessenz *postuliert ein dynamisches Feld, dessen Energiedichte sich im Lauf der Zeit ändert – eine Alternative, die die Feinabstimmung vermeidet, aber bisher keine Belege hat.*

Phantomenergie ($w < -1$) *würde die Expansion immer stärker beschleunigen – bis zum „Big Rip", bei dem Raumzeit selbst auseinandergerissen wird. Beobachtungen deuten nicht darauf hin, schließen es aber nicht vollständig aus.*

Modifizierte Gravitationstheorien *(z. B. f(R)) versuchen die Beschleunigung ohne neue Energie zu erklären – doch sie kämpfen damit, alle Beobachtungen (CMB, BAO, Linsen) gleichzeitig zu erklären.*

Frühe Dunkle Energie (EDE) *könnte die Hubble-Spannung lösen – steht aber im Widerspruch zu Messungen der Strukturbildung.*

Aktuelle Daten (Planck, Euclid, DESI) sind konsistent mit $w = -1$, *doch leichte Abweichungen halten die Suche nach „neuer Physik" am Leben.*

Die Antwort könnte alles verändern. *Die Aufklärung der Dunklen Energie könnte nicht nur das Schicksal des Universums bestimmen, sondern auch unser Verständnis von Raum, Zeit und Vakuum revolutionieren.*

25

Die Hubble-Spannung – ein Riss im Fundament der Kosmologie?

Inhaltsverzeichnis

Die Hubble-Spannung – die Diskrepanz zwischen lokal gemessener und aus dem frühen Universum abgeleiteter Expansionsrate – könnte ein Signal dafür sein, dass das ΛCDM-Modell nicht die ganze Geschichte erzählt.

Die Diskrepanz entsteht aus zwei unabhängigen Methoden zur Bestimmung der Hubble-Konstante H_0: Die erste Methode basiert auf der Analyse der Temperatur- und Polarisationsanisotropien der kosmischen Mikrowellen-

M. Scholz, *Das frühe Universum*,
https://doi.org/10.1007/978-3-662-73261-8_25

hintergrundstrahlung (CMB), gemessen von Satelliten wie Planck. Unter der Annahme des standardmäßigen ΛCDM-Modells mit sechs freien Parametern werden die beobachteten Muster zur Extrapolation der heutigen Expansionsrate verwendet. Das Ergebnis: $H_0 \approx 67{,}36$ km s^{-1} Mpc^{-1}.

Die zweite Methode ist die kosmische Entfernungsleiter:

- Cepheiden-Veränderliche in nahen Galaxien dienen als primäre Entfernungsmarker, da ihre Pulsationsperiode mit ihrer intrinsischen Helligkeit korreliert.
- In denselben Galaxien werden Supernovae vom Typ Ia beobachtet – thermonukleare Explosionen Weißer Zwerge mit standardisierbarer Spitzenhelligkeit.
- Aus der beobachteten Helligkeit (Entfernung) und der Rotverschiebung (Rezessionsgeschwindigkeit) wird H_0 direkt berechnet. Aktuelle Analysen (z. B. SH0ES) ergeben $H_0 \approx 73{,}04$ km s^{-1} Mpc^{-1}.

Was die Hubble-Spannung bemerkenswert macht, ist nicht die absolute Größe der Abweichung – etwa 5–6 km s^{-1} Mpc^{-1} –, sondern die hohe Präzision und Unabhängigkeit der beiden Methoden. Die CMB-Analyse (z. B. durch Planck) und die lokale Entfernungsleiter (Cepheiden + Supernovae Ia, SH0ES-Kollaboration) beruhen auf unterschiedlichen physikalischen Prinzipien und sind systematisch weitgehend unabhängig. Die Abweichung entspricht einer statistischen Signifikanz zwischen 4 und etwas über 5 Standardabweichungen (σ) – zu groß, um sie als bloßen Zufall abzutun, auch wenn systematische Effekte weiterhin diskutiert werden (Abb. 25.1).

Falls die Diskrepanz nicht auf unentdeckte systematische Unsicherheiten zurückgeht – und immer mehr Kontrollstudien schließen dies als alleinige Erklärung aus –, dann deutet sie entweder auf

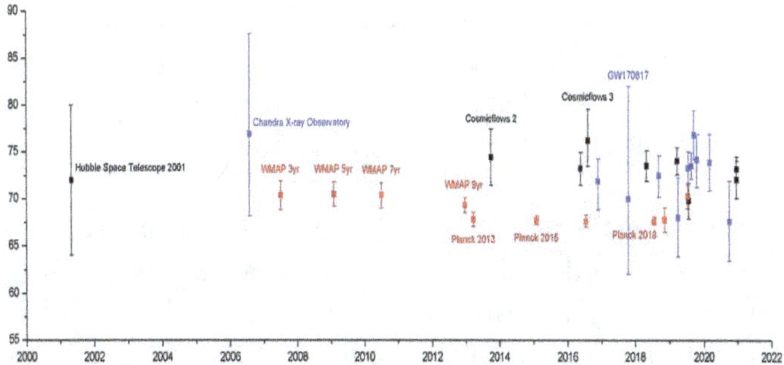

Abb. 25.1 Die Abbildung zeigt geschätzte Werte der Hubble-Konstanten (H_0) zwischen 2001 und 2020. Schwarze Datenpunkte repräsentieren Entfernungsleiter-Messungen (z. B. durch das Hubble-Weltraumteleskop), die sich um ~73 km s^{-1} Mpc^{-1} gruppieren. Rote Punkte basieren auf CMB- und BAO-Daten im Rahmen des ΛCDM-Modells und liegen bei etwa 67 km s^{-1} Mpc^{-1}. Blaue Messungen (z. B. Gravitationswellen oder Pulsar Timing Arrays) weisen größere Unsicherheiten auf und können noch nicht zwischen den beiden Gruppen unterscheiden. Die systematische Diskrepanz von ~ 6 km s^{-1} Mpc^{-1} („Hubble-Spannung") deutet auf ungelöste physikalische Fragen hin – möglicherweise auf eine „neue Physik" jenseits des Standardmodells

- eine Abweichung von der im ΛCDM-Modell angenommenen Physik im frühen Universum hin oder
- auf unbekannte Komponenten oder Wechselwirkungen, die die Expansionshistorie beeinflussen.

Ein viel diskutierter Ansatz ist die „frühe Dunkle Energie" (Early Dark Energy, EDE). Im Gegensatz zur heutigen, nahezu konstanten Dunklen Energie wäre EDE nur für einen kurzen Zeitraum vor der Rekombination ($z \approx$ 3000–10.000) aktiv gewesen und hätte die Expansion des frühen Universums beschleunigt. Dadurch würde die charakteristische akustische Skala im CMB kleiner erscheinen – was den aus ihr abgeleiteten Wert von H_0 anheben könnte. Damit könnte die Diskrepanz zu den lokalen Messungen reduziert werden, obwohl aktuelle Analysen zeigen, dass EDE allein die Spannung nicht vollständig auflösen kann, ohne andere CMB-Parameter zu verschlechtern.

Weitere theoretische Ansätze untersuchen:

- **Neutrino-Physik:** Massive Neutrinos mit Selbstwechselwirkungen oder nicht-thermischen Verteilungen könnten die Expansionsgeschichte und die Dichteperturbationen im frühen Universum beeinflussen.
- **interagierende Dunkle Materie:** Falls Dunkle Materie nicht völlig kalt und kollisionsfrei ist, sondern mit sich selbst oder mit Strahlung wechselwirkt, könnte dies die Entwicklung der Dichtefluktuationen verändern und die CMB-Analyse modifizieren.
- **exotische Skalarfelder oder modifizierte Gravitation:** Modelle wie $f(R)$-Gravitation oder dynamische Quintessenz-Felder könnten die Expansion auf kosmologischen Skalen abweichend beschreiben.

Bislang konnte kein Modell die Hubble-Spannung vollständig auflösen, ohne mit anderen präzisen Beobachtungen (z. B. CMB-Polung oder großräumige Struktur) in Konflikt zu geraten. Doch die Tatsache, dass solche Erweiterungen überhaupt diskutiert werden, zeigt: Die Hubble-Spannung ist kein marginales Problem, sondern ein ernst zu nehmender Hinweis auf eine mögliche „neue Physik" jenseits des ΛCDM-Modells.[1]

Neuere Daten tragen zur Diskussion bei. So hat das JWST systematische Unsicherheiten in der Cepheiden-Kalibrierung reduziert und auf diese Weise die SH0ES-

[1] Einen ausführlichen Überblick über Lösungsvorschläge für dieses kosmologische Rätsel findet sich in der Arbeit Di Valentino, E., Mena, O., Pan, S., Visinelli, L., Yang, W., Melchiorri, A., ... & Silk, J. (2021). In the realm of the Hubble tension – a review of solutions. Classical and Quantum Gravity, 38(15), 153001.

Messung von H_0 bestätigt. DESI liefert präzise Messungen der großräumigen Struktur, die auf eine geringere Strukturamplitude hindeuten – was ein weiterer unabhängiger Hinweis auf mögliche Abweichungen vom ΛCDM-Modell ist. Zusammen stützen diese Daten die Robustheit der Hubble-Spannung ganz enorm.

Neue Sirenen[2] und kosmische Uhren: Gravitationswellen und Pulsare als unabhängige Maßstäbe

Während die Debatte um die Hubble-Spannung lange Zeit zwischen CMB und der klassischen Entfernungsleiter stattfand, eröffnen neue, unabhängige Messmethoden die Möglichkeit, die Diskrepanz endgültig zu überprüfen – ohne auf Cepheiden oder Supernovae angewiesen zu sein. Zwei davon stehen aktuell im Fokus, nämlich Gravitationswellen als Standard-Sirenen (siehe Essay 33) und Pulsar Timing Arrays (PTA) als kosmische Uhren.

Standard-Sirenen: Das Universum mit Wellen aus der Raumzeit vermessen

Ähnlich wie Supernovae vom Typ Ia als „Standardkerzen" fungieren – weil ihre intrinsische Helligkeit bekannt ist –, können kompakte Binärsysteme, die Gravitationswellen emittieren, als „Standard-Sirenen" dienen. Bei der Verschmelzung zweier Neutronensterne oder Schwarzer Lö-

[2] Der Begriff „Sirene" (engl. *Standard Sirens*) wurde 2005 von Daniel Holz und Scott Hughes in Analogie zur „Standardkerze" (eine Lichtquelle bekannter Helligkeit, z. B. ein Delta-Cepheide) eingeführt, um in einem ähnlichen Sinn eine Gravitationswelle zu beschreiben.

cher lässt die Form der Gravitationswellen-Wellenform direkt auf die intrinsische Amplitude des Signals schließen. Der Vergleich mit der beobachteten Amplitude ermöglicht dann eine direkte Entfernungsbestimmung – und das völlig unabhängig von der klassischen Entfernungsleiter.

Die Rotverschiebung des Wirtssternsystems (falls optisch identifiziert) liefert die Rezessionsgeschwindigkeit. Aus der Entfernung und der Geschwindigkeit ergibt sich H_0 – und zwar ohne Kalibrierungsschritte über fehlerbehaftete Zwischenstufen.

Das bahnbrechende Ereignis war GW170817 (2017): die erste beobachtete Verschmelzung zweier Neutronensterne, detektiert von LIGO und Virgo, mit nachfolgender elektromagnetischer Identifikation in der Galaxie NGC 4993. Die daraus abgeleitete Hubble-Konstante betrug $H_0 \approx 70$ km s^{-1} Mpc^{-1} mit einer noch großen Unsicherheit von ±10 km s^{-1} Mpc^{-1} – aber im Zwischenbereich zwischen CMB und SH0ES.[3] Dies war ein erster, wichtiger Beweis, dass die Methode funktioniert.

Mit der laufenden Verbesserung der Empfindlichkeit von LIGO, Virgo und KAGRA sowie der steigenden Zahl detektierter Ereignisse (aktuell etwa zehn pro Jahr) wird erwartet, dass bis 2030 über 100 Neutronensternverschmelzungen zur Verfügung stehen – ausreichend, um H_0 auf 3–5 % Genauigkeit zu bestimmen.[4] Mit LISA, der für 2035 geplanten Laser Interferometer Space Antenna, sollen massereiche kompakte Binärsysteme schon in der frühen

---

[3] Siehe DLT40 Collaboration Haislip JB 241 Kouprianov VV 241 Reichart DE 241 Tartaglia L. 242 243 Sand DJ 242 Valenti S. 243 Yang S. 243 244 245, & Las Cumbres Observatory Collaboration Arcavi Iair 246 247 Hosseinzadeh Griffin 246 247 Howell D. Andrew 246 247 McCully Curtis 246 247 Poznanski Dovi 248 Vasylyev Sergiy 246 247. (2017). A gravitational-wave standard siren measurement of the Hubble constant. Nature, 551(7678), 85–88.

[4] Siehe Schutz, B. F. (1986). Determining the Hubble constant from gravitational wave observations. Nature, 323(6086), 310–311.

Inspiralphase[5] beobachtet werden können – was eine hochpräzise Bestimmung von H_0 aus einzelnen Gravitationswellenereignissen erlauben könnte.

Pulsar Timing Arrays: Das Universum durch Hintergrundrauschen messen

Parallel dazu eröffnen Pulsar Timing Arrays (PTA) eine völlig andere, indirekte Methode. Millisekundenpulsare – schnell rotierende Neutronensterne mit extrem stabiler Pulsationsperiode – wirken wie kosmische Uhren. Wenn ein Gravitationswellen-Hintergrund (z. B. aus Millionen verschmelzender massereicher Schwarzer Löcher) durch das Universum wandert, verändert er lokal die Raumzeit und führt zu winzigen, korrelierten Abweichungen in den Ankunftszeiten der Pulsarsignale auf der Erde.

2023 meldeten internationale Konsortien – darunter NANOGrav, EPTA, PPTA und CPTA – erstmals Hinweise auf einen solchen stochastischen Gravitationswellen-Hintergrund bei Nanohertz-Frequenzen.[6] Obwohl die Quellen noch nicht eindeutig identifiziert sind (möglicherweise supermassive binäre Schwarze Löcher), können die Amplitude und Form des Signals genutzt werden, um kosmologische Parameter abzuleiten – unter bestimmten Annahmen auch H_0.

Noch ist die Genauigkeit begrenzt, aber die Methode ist völlig unabhängig von elektromagnetischen Kalibrierungen. Langfristig könnte sie eine dritte, komplementäre

[5] Die Inspiralphase bezeichnet die frühe Entwicklungsstufe eines kompakten Doppelsternsystems (z. B. zweier Schwarzer Löcher oder Neutronensterne), in der sich die Objekte aufgrund der Abstrahlung von Gravitationswellen spiralförmig einander annähern, bevor sie schließlich verschmelzen.

[6] Siehe Agazie, G., Anumarlapudi, A., Archibald, A. M., Arzoumanian, Z., Baker, P. T., Bécsy, B., ... & Young, O. (2023). The NANOGrav 15 yr. data set: evidence for a gravitational-wave background. The Astrophysical Journal Letters, 951(1), L8.

Säule neben CMB und Supernovae bilden – und helfen zu entscheiden, ob die Hubble-Spannung auf einer Art „neue Physik“ oder auf systematischen Effekten beruht.

Ein kosmisches Rätsel – mit neuen Werkzeugen gelöst?

Gravitationswellen und Pulsar Timing Arrays sind mehr als technische Errungenschaften. Sie repräsentieren eine neue Ära der Multi-Messenger-Kosmologie, in der wir das Universum nicht nur mit Licht, sondern mit Wellen aus der Raumzeit selbst vermessen. Ihre Unabhängigkeit von traditionellen Methoden macht sie zu idealen Prüfsteinen für die Hubble-Spannung.

Falls zukünftige Standard-Sirenen -Messungen einen Wert von H_0 nahe 73 km s^{-1} Mpc^{-1} bestätigen, wäre dies ein starker Beleg dafür, dass das ΛCDM-Modell tatsächlich unvollständig ist. Zeigen sie hingegen einen Wert nahe 67 km s^{-1} Mpc^{-1}, müssten die lokalen Messungen kritisch überprüft werden. In beiden Fällen würde der Grund für die Hubble-Spannung endlich entschieden, und zwar nicht durch irgendeine Theorie, sondern mittels Beobachtungen.

Am Ende muss man konstatieren, dass die Lage immer noch nicht eindeutig ist und die entsprechenden Aktivitäten zur Lösung des Rätsels in den Jahren 2024–2025 die Debatte eher verschärft hat.[7]

Die Hubble-Spannung könnte also unsere heutige Kosmologie genauso herausfordern wie einst die rätselhafte Periheldrehung des Merkur die klassische Mechanik – ein kleiner Riss im Fundament, der eine neue Theorie nötig machte.

---

[7] Siehe Giarè, W., Sabogal, M. A., Nunes, R. C., & Di Valentino, E. (2024). Interacting dark energy after DESI baryon acoustic oscillation measurements. Physical Review Letters, 133(25), 251003.

Schlüsselgedanken

Die Hubble-Spannung ist die größte Krise der modernen Kosmologie. *Zwei unabhängige Methoden liefern unterschiedliche Werte für die Hubble-Konstante:*

- *~67,36 km s^{-1} Mpc^{-1} aus der CMB (Planck, unter Annahme von ΛCDM)*
- *~73,04 km s^{-1} Mpc^{-1} aus der lokalen Entfernungsleiter (Cepheiden + Supernovae Ia, z. B. SH0ES)*

Die Diskrepanz beträgt zwischen 4σ und etwas über 5σ – zu signifikant für einen Zufall.

Die Spannung ist kein Messfehler, sondern ein physikalisches Rätsel. *Systematische Unsicherheiten werden durch JWST und andere Daten immer unwahrscheinlicher.*

Mögliche Erklärungen deuten auf „neue Physik" hin:

- ***frühe Dunkle Energie (EDE):*** *beschleunigte Expansion vor der Rekombination.*
- ***Neutrino- oder Dunkle-Materie-Wechselwirkungen:*** *verändern die Expansionsgeschichte.*
- ***modifizierte Gravitation oder exotische Felder:*** *Alternativen zu ΛCDM.*

Doch kein Modell löst das Problem vollständig, ohne andere Beobachtungen zu verletzen.

Neue, unabhängige Methoden prüfen die Spannung:

- Standard-Sirenen *(Gravitationswellen von Neutronenstern-Kollisionen) liefern erste Werte um ~ 70 km/s/Mpc – im Zwischenbereich.*
- ***Pulsar Timing Arrays*** *messen den Gravitationswellen-Hintergrund und könnten H_0 unabhängig bestimmen.*

Die Entscheidung steht bevor. *Bis 2030 könnten Gravitationswellen die Spannung endgültig klären – und zeigen, ob wir am Rande eines Paradigmenwechsels stehen.*

Ein kleiner Riss, eine große Chance *Wie die Periheldrehung des Merkur zur Allgemeinen Relativitätstheorie führte, könnte die Hubble-Spannung der Schlüssel zu einer tieferen Theorie des Universums sein.*

26

Sterile Neutrinos: Geisterteilchen mit kosmologischer Wirkung

Inhaltsverzeichnis

Kaum ein Teilchen ist so schwer zu fassen wie das Neutrino. Schon die „gewöhnlichen" Neutrinos des Standardmodells – Elektron-, Myon- und Tau-Neutrino – durchdringen nahezu ungehindert ganze Planeten, ohne die kleinsten Spuren zu hinterlassen. Dennoch konnten sie experimentell nachgewiesen werden, etwa durch ihre schwache Wechselwirkung in Detektoren wie Super-Kamiokande oder SNO.[1] Die Hypothese der sterilen Neutrinos geht

[1] Siehe Fukuda, Y., Hayakawa, T., Ichihara, E., Inoue, K., Ishihara, K., Ishino, H., ... & Super-Kamiokande Collaboration. (1998). Evidence for oscillation of atmospheric neutrinos. Physical review letters, 81(8), 1562.

M. Scholz, *Das frühe Universum*,
https://doi.org/10.1007/978-3-662-73261-8_26

jedoch noch einen Schritt weiter: Sie postuliert die Existenz von Teilchen, die sich nicht einmal mehr über die bekannte schwache Wechselwirkung bemerkbar machen, sondern ausschließlich durch die Schwerkraft. Manche Teilchenphysiker erhoffen sich darüber hinaus, dass sie sich möglicherweise auch durch ihre Mischung mit aktiven Neutrinos irgendwie bemerkbar machen könnten.[2]

Damit rücken sie in eine fast geisterhafte Rolle – unsichtbarer als jedes andere bisher bekannte Teilchen – und gleichzeitig in das Zentrum einiger der spannendsten Fragen der modernen Kosmologie. Können sterile Neutrinos einen Teil der Dunklen Materie ausmachen? Haben sie zur Entstehung der Materie-Antimaterie-Asymmetrie beigetragen? Und könnten sie sogar Hinweise auf eine Physik jenseits des Standardmodells geben?

Obwohl sie bis heute nicht direkt nachgewiesen sind, haben sterile Neutrinos die Fähigkeit, unser Verständnis von Teilchenphysik und Kosmologie tiefgreifend zu verändern.

Was sind sterile Neutrinos?

Sterile Neutrinos sind hypothetische Fermionen, die im Gegensatz zu den drei bekannten („aktiven") Neutrinos keinerlei Wechselwirkung über die elektroschwache Kraft zeigen.[3] Sie wären damit „blind" für alle fundamentalen Kräfte außer der Gravitation – und selbst deren Wirkung wäre extrem schwach, da ihre erwartete Masse klein ist. Mathematisch lassen sie sich als sogenannte rechtshändige Neutrinos beschreiben. Während die bekannten Neutrinos

---

[2] Siehe Boyarsky, A., Drewes, M., Lasserre, T., Mertens, S., & Ruchayskiy, O. (2019). Sterile neutrino dark matter. Progress in Particle and Nuclear Physics, 104, 1–45.

[3] Siehe Mohapatra, R. N., & Pal, P. B. (2004). Massive neutrinos in physics and astrophysics (Vol. 72). World scientific.

im Standardmodell ausschließlich linkshändig sind (d. h., ihr Spin ist antiparallel zur Bewegungsrichtung), würden sterile Neutrinos die fehlenden rechtshändigen Partner darstellen.

Im ursprünglichen Standardmodell sind Neutrinos masselos. Seit Entdeckung der Neutrino-Oszillationen – bei denen sich Neutrinos periodisch zwischen ihren Flavour-Zuständen umwandeln können – wissen wir jedoch, dass sie eine kleine, aber endliche Masse besitzen müssen.[4] Diese Tatsache sprengt den Rahmen des ursprünglichen Modells und legt damit überdeutlich nahe, dass es eine Erweiterung braucht.

Hier kommt der sogenannte Seesaw-Mechanismus ins Spiel, einer der elegantesten theoretischen Ansätze zur Erklärung der geringen Neutrino-Massen. In diesem Szenario müssen schwere, sterile Neutrinos (oft mit Massen im Bereich von 10^9–10^{15} GeV) existieren. Ihre Kopplung zum Higgs-Feld führt nämlich zu einer Mischung mit den leichten, aktiven Neutrinos. Aufgrund der Massenunterschiede ergibt sich dabei eine Art „Wippe": Je schwerer die sterilen Neutrinos sind, desto leichter werden die aktiven. Dies erklärt naturgemäß, warum die beobachteten Neutrino-Massen so winzig sind – typischerweise unter 0,1 eV.

Doch nicht alle Modelle setzen auf solch extreme Massen. Insbesondere für kosmologische Anwendungen interessant sind leichte sterile Neutrinos im keV-Bereich als Kandidaten für „warme Dunkle Materie" (WDM) sowie Varianten im MeV- bis GeV-Bereich, die an Prozesse der Baryogenese koppeln könnten.[5]

---

[4] Siehe Ahmad, Q. R., Allen, R. C., Andersen, T. C., Anglin, J. D., Barton, J. C., Beier, E. W., ... & Smith, A. R. (2002). Direct evidence for neutrino flavor transformation from neutral-current interactions in the Sudbury Neutrino Observatory. Physical review letters, 89(1), 011301.

[5] Siehe Shaposhnikov, M. E. (1997). Is there a hot electroweak phase transition at large Higgs masses?

Kosmologische Bedeutung: Von Dunkler Materie bis zur Baryonen-Asymmetrie

Obwohl sterile Neutrinos bislang nur hypothetisch sind, entfalten sie in der Kosmologie ein beeindruckendes Erklärungspotential.

1. Sterile Neutrinos als Kandidaten für Dunkle Materie
Die Natur der Dunklen Materie bleibt immer noch eines der größten Rätsel der Physik (siehe Essay 7). Während der Parameterraum für klassische Kandidaten wie WIMPs immer stärker durch Nicht-Nachweise eingeschränkt wird, gewinnen mehr und mehr alternative Szenarien an Bedeutung. Eines davon ist die bereits erwähnte „warme Dunkle Materie", und hier spielen sterile Neutrinos im Massenbereich von 1–50 keV eine zentrale Rolle.[6]

Im frühen Universum könnten sterile Neutrinos durch Oszillationen aus aktiven Neutrinos hervorgegangen sein – ein Mechanismus, der als „Dodelson-Widrow-Szenario" bekannt ist.[7] Da sie sich relativ schnell bewegen, „laufen" sie aus kleinen Dichtefluktuationen heraus und dämpfen dadurch die Bildung kleiner Strukturen. Dies steht im deutlichen Kontrast zum klassischen CDM-Modell, das oft zu viele Satellitengalaxien vorhersagt („Missing Satellites Problem") oder zu steile Dichteprofile in Zwerggalaxienzentren generiert (Cusp-Core-Problem).

Simulationen zeigen, dass sterile Neutrinos mit einer Masse von etwa 3–7 keV diese Diskrepanzen mildern können, ohne die großräumige Struktur des Universums dabei

---

[6] Siehe Dodelson, S., & Widrow, L. M. (1994). Sterile neutrinos as dark matter. Physical Review Letters, 72(1), 17.

[7] Siehe Canetti, L., Drewes, M., & Shaposhnikov, M. (2012). Matter and Antimatter in the Universe. New Journal of Physics, 14(9), 095012.

zu gefährden. Präzise Daten von Euclid, DESI und des JWST testen diese Vorhersagen bereits durch Analysen der Galaxienkorrelationsfunktion und der Lyman-α-Forest-Spektren.

2. Leptogenese und die Baryonen-Asymmetrie

Ein weiteres fundamentales Rätsel stellt die Materie-Antimaterie-Asymmetrie dar. Warum dominiert Materie im heutigen Universum, obwohl bei der Urknall-Nukleosynthese annähernd gleiche Mengen an Materie und Antimaterie hätten entstehen sollen?

Eine elegante Lösung dafür bietet die sogenannte Leptogenese, ein Szenario, das eng mit der Präsenz von sterilen Neutrinos verknüpft ist.[8] Es basiert auf den drei bekannten Voraussetzungen, die erstmalig von Andrei Sacharow formuliert wurden:

- Baryonenzahl-Nichterhaltung
- CP-Verletzung
- Abweichung vom thermischen Gleichgewicht[9]

In der Leptogenese erzeugen schwere sterile Neutrinos durch CP-verletzende Zerfälle einen Überschuss an Leptonen. Durch sogenannte Sphaleron-Prozesse im elektroschwachen Sektor – nicht-perturbative Übergänge, welche die Baryonenzahl (B) und Leptonenzahl (L) verletzen, aber B–L erhalten – wird dieser Leptonen-Überschuss dann in einen Baryonen-Überschuss umgewandelt.[10]

[8] Siehe Fukugita, M., & Yanagida, T. (1986). Baryogenesis without grand unification. Physics Letters B, 174(1), 45–47.

[9] Siehe Sakharov, A. D. (1998). Violation of CP-invariance, C-asymmetry, and baryon asymmetry of the Universe. In: In The Intermissions… Collected Works on Research into the Essentials of Theoretical Physics in Russian Federal Nuclear Center, Arzamas-16 (pp. 84–87).

[10] Siehe Biondini, S. (2017). Effective field theories for heavy Majorana neutrinos in a thermal bath. Springer.

Dieses Szenario ist besonders attraktiv, weil es zwei Probleme gleichzeitig löst: nämlich die Entstehung der baryonischen Materie sowie die Erklärung der Neutrino-Massen über den Seesaw-Mechanismus.[11]

3. Effekte auf die frühe Strahlungsära
Sterile Neutrinos beeinflussen auch die Thermodynamik des frühen Universums. Zusätzliche, kaum wechselwirkende Teilchenarten erhöhen die effektive Zahl der Neutrino-Familien (ihre Zahl wird gewöhnlich als N_{eff} bezeichnet). Im Standardmodell beträgt $N_{eff} \approx 3{,}046$ – ein Wert, der durch die kinetische Energie der drei aktiven Neutrinos und Korrekturen aus QED und QCD bestimmt wird.[12]

Präzise Messungen der kosmischen Mikrowellenhintergrundstrahlung (CMB) durch den Planck-Satelliten liefern einen Wert von $N_{eff} = 2{,}99 \pm 0{,}17$.[13] Dies schließt große Abweichungen aus, lässt aber durchaus noch Raum für sterile Neutrinos, wenn sie nicht vollständig thermisch produziert wurden oder in einem bestimmten Massenbereich liegen.

Zudem könnte die Existenz steriler Neutrinos die Urknall-Nukleosynthese (BBN) beeinflussen: Eine höhere Energiedichte beschleunigt die Expansion, was mehr Deuterium und weniger Lithium-7 produziert, was übrigens eine mögliche Brücke zum langjährigen Lithium-Paradoxon schlägt.

[11] Siehe Buchmüller, W. (2013). Leptogenesis: theory & neutrino masses. Nuclear Physics B-Proceedings Supplements, 235, 329–335.

[12] Siehe Mangano, G., Miele, G., Pastor, S., Pinto, T., Pisanti, O., & Serpico, P. D. (2005). Relic neutrino decoupling including flavour oscillations. Nuclear Physics B, 729(1–2), 221–234.

[13] Siehe Collaboration, P., Aghanim, N., Akrami, Y., Alves, M., Ashdown, M., Aumont, J., ... & Combet, C. (2020). Planck 2018 results. A&a, 641, A4.

Chancen auf einen Nachweis

Der direkte Nachweis steriler Neutrinos ist extrem herausfordernd, da sie nicht mit Materie wechselwirken. Stattdessen suchen Physiker nach indirekten Signaturen.

1. Neutrino-Oszillationsanomalien
Wenn sich aktive Neutrinos in sterile Neutrinos umwandeln können, müsste dies nach Meinung der Theoretiker in Oszillationsexperimenten zu nachweisbaren Abweichungen führen. Tatsächlich haben einige Experimente diesbezügliche Hinweise gefunden:

- Das LSND-Experiment (1990er) beobachtete einen unerwarteten Überschuss an $\bar{\nu}_e$ -Ereignissen, der mit einem sterilen Neutrino von ~1 eV vereinbar wäre.
- MiniBooNE am Fermilab bestätigte später ähnliche Anomalien, blieb aber kontrovers, da systematische Unsicherheiten nicht ausgeschlossen werden konnten.[14]
- Neuere Projekte wie MicroBooNE und das Short-Baseline-Neutrino-Programm (SBN) zielen darauf ab, diese Signale endgültig zu bestätigen oder zu widerlegen.[15]

2. Der 3,5-keV-Röntgenlinien-Hinweis
Ein besonders spektakulärer (indirekter) Kandidat für die Existenz steriler Neutrinos ist ein schwacher Röntgenstrahlungshintergrund bei 3,5 keV, der 2014 in Daten von einigen Galaxienhaufen (z. B. im Sternbild Perseus) und

[14] Siehe Aguilar-Arevalo, A., Brown, B. C., Bugel, L., Cheng, G., Church, E. D., Conrad, J. M., ... & (MiniBooNE Collaboration). (2013). Improved Search for ν μ → ν e Oscillations in the MiniBooNE Experiment. Physical review letters, 110(16), 161801.

[15] Siehe Abratenko, P., An, R., Anthony, J., Arellano, L., Asaadi, J., Ashkenazi, A., ... & Snider, E. L. (2022). Search for an anomalous excess of charged-current quasielastic ν e interactions with the MicroBooNE experiment using Deep-Learning-based reconstruction. Physical Review D, 105(11), 112003.

der Milchstraße entdeckt wurde[23]. Wenn ein steriles Neutrino im keV-Bereich existiert, könnte es nämlich, wenn auch selten, in ein aktives Neutrino und ein Photon zerfallen:

$$\nu_s \rightarrow \nu_a + \gamma$$

Die Energie des Photons entspricht gerade der halben Ruheenergie des sterilen Neutrinos – bei 7 keV Masse also ein 3,5-keV-Photon. Obwohl dieser Befund intensiv diskutiert wird, konnte er bisher nicht eindeutig bestätigt werden; alternative Erklärungen reichen von Kalzium-Ionen bis hin zu Instrumenteneffekten.

3. Kosmologische Tests

Zukünftige Missionen wie Euclid, Athena und XRISM werden die großräumige Struktur und das Röntgenspektrum des Universums mit nie dagewesener Genauigkeit kartieren. Auch das JWST liefert Daten zu frühen Galaxien, deren Anzahl und Verteilung empfindlich auf warme Dunkle Materie reagiert.

Auf der Erde sucht das PTOLEMY-Experiment nach dem direkten Nachweis fossiler Neutrinos – einschließlich potentieller steriler Komponenten – durch deren Einfluss auf den Betazerfall von Tritium.

Geisterteilchen mit offenem Schicksal

Sterile Neutrinos sind ein faszinierendes Gedankenkonstrukt: Sie entstehen aus der Notwendigkeit, die Masse gewöhnlicher Neutrinos zu erklären, eröffnen aber zugleich weitreichende Möglichkeiten für die Kosmologie und die

Teilchenphysik. Ob sie die Dunkle Materie bilden, zur Lösung der Baryonen-Asymmetrie beitragen oder sich in subtile Oszillationsanomalien einschreiben – ihr Potential ist enorm.

Und doch bleibt ihre Existenz unbewiesen. Der experimentelle Nachweis ist extrem schwierig und wird vermutlich nur indirekt gelingen, sei es über präzisere Oszillationsdaten, über Signaturen im Röntgenhimmel oder durch Abweichungen in kosmologischen Parametern.

Solange diese Hinweise nicht klar und eindeutig sind, bleiben sterile Neutrinos ein Schatten an der Grenze unseres Verständnisses – und eine ständige Mahnung, dass die Teilchenphysik und die Kosmologie möglicherweise tiefer miteinander verknüpft sind, als wir bisher ahnen. Vielleicht sind sie die Bindeglieder zwischen dem Kleinsten und dem Größten – unsichtbare Architekten, die das Universum formten, ohne jemals gesehen zu werden …

Schlüsselgedanken

Sterile Neutrinos sind hypothetische Teilchen, die nur über Gravitation (und möglicherweise Mischung mit aktiven Neutrinos) wirken, also „blind" für alle anderen Kräfte. Sie wären damit unsichtbarer als jedes bekannte Teilchen und könnten als „Geisterteilchen" durch das Universum wandern.

Sie entstehen theoretisch als rechtshändige Partner der bekannten linkshändigen Neutrinos und sind als eine Erweiterung des Standardmodells notwendig, weil Neutrinos eine kleine Masse besitzen, was im ursprünglichen Modell nicht erklärt werden kann.

Der Seesaw-Mechanismus verbindet sie elegant mit dem Higgs-Mechanismus. Schwere sterile Neutrinos (10^9–10^{15} GeV) würden durch ihre Kopplung an das Higgs-Feld die beobachteten leichten Massen der aktiven Neutrinos erklären – je schwerer die sterilen, desto leichter die sichtbaren.

Für die Kosmologie besonders relevant sind jedoch leichte sterile Neutrinos im keV-Bereich als Kandidaten für warme Dunkle Materie (WDM). Im frühen Universum könnten sie aus Oszillationen aktiver Neutrinos hervorgegangen sein (Dodelson-Widrow-Szenario).

Als warme Dunkle Materie (WDM) bewegen sie sich relativ schnell und dämpfen die Bildung kleiner Strukturen. Damit sind sie eine mögliche Lösung für Probleme des ΛCDM-Modells wie das „Missing Satellites Problem" oder zu steile Dichteprofile in Zwerggalaxien (Cusp-Core-Problem).

Simulationen zeigen: Sterile Neutrinos mit einer Masse von 3–7 keV könnten diese Diskrepanzen mildern, ohne die großräumige Struktur zu gefährden. Daten von Euclid, DESI und JWST testen dieses Szenario bereits.

Ein weiteres großes Rätsel, das sterile Neutrinos lösen könnten: die Materie-Antimaterie-Asymmetrie Über die Leptogenese erzeugen schwere sterile Neutrinos durch CP-verletzende Zerfälle einen Leptonen-Überschuss, der via Sphaleron-Prozesse in einen Baryonen-Überschuss umgewandelt wird – so entstand die baryonische Welt.

Sterile Neutrinos beeinflussen auch die Thermodynamik des frühen Universums. Sie erhöhen die effektive Zahl der Neutrino-Familien (N_{eff}). Planck-Daten messen N_{eff} = 2,99 ± 0,17 – konsistent mit dem Standardmodell, aber Raum bleibt für subdominante sterile Komponenten.

Sie könnten zudem die Urknall-Nukleosynthese (BBN) beeinflussen. Eine höhere Energiedichte beschleunigt die Expansion und könnte mehr Deuterium und weniger Lithium-7 erzeugen – ein möglicher Hinweis auf das Lithium-Paradoxon.

Der direkte Nachweis ist extrem schwierig – doch es gibt indirekte Spuren:

- **Oszillationsanomalien** (LSND, MiniBooNE) deuten auf ein ~1-eV-steriles Neutrino hin, bleiben aber kontrovers.
- **Die mysteriöse 3,5-keV-Röntgenlinie** in Galaxienhaufen könnte vom Zerfall eines 7-keV-sterilen Neutrinos stammen (v_s → v_a + γ) – ein spektakulärer, aber noch unbestätigter Kandidat.
- **Präzisionsmissionen** wie Euclid, Athena, XRISM und JWST testen die Auswirkungen auf Struktur und Spektrum.
- **Das PTOLEMY-Experiment** sucht nach fossilen Neutrinos im Tritium-Zerfall – potentiell inklusive steriler Anteile.

Sterile Neutrinos sind mehr als eine theoretische Idee. Sie könnten gleich mehrere fundamentale Rätsel verbinden – Neutrino-Massen, Dunkle Materie, Baryonen-Asymmetrie.

Und doch bleibt ihre Existenz ungeklärt. Solange die Signale nicht eindeutig sind, bleiben sie Schatten an der Grenze unseres Wissens – aber zugleich eine Brücke zwischen Teilchenphysik und Kosmologie.

Vielleicht sind sie die unsichtbaren Architekten des Universums: nie gesehen, aber überall wirkend.

V

Grenzen der klassischen Kosmologie

27

Kants Antinomie der Zeit und der Urknall

Inhaltsverzeichnis

Immanuel Kant (1724–1804) analysierte in seiner „Kritik der reinen Vernunft" die Grenzen der menschlichen Erkenntnis und identifizierte dabei die Antinomien der reinen Vernunft – scheinbare logische Widersprüche. Besonders bekannt ist die erste kosmologische Antinomie, die die Frage nach dem Anfang und der räumlichen Ausdehnung

M. Scholz, *Das frühe Universum*,
https://doi.org/10.1007/978-3-662-73261-8_27

der Welt betrifft. Sie lässt sich in zwei gegensätzliche, jeweils vernunftgeleitete Behauptungen fassen:

These: *Die Welt hat einen Anfang in der Zeit und ist im Raum begrenzt.*
Antithese: *Die Welt hat keinen Anfang in der Zeit und ist im Raum unbegrenzt.*[1]

Kant zeigt, dass sowohl die These als auch die Antithese jeweils auf scheinbar zwingenden, rein vernunftgeleiteten Argumenten beruhen, die innerhalb ihrer eigenen Logik konsistent erscheinen. Ihr Widerspruch offenbart jedoch, dass die Vernunft, sobald sie über den Bereich möglicher Erfahrung hinausgeht, in eine Dialektik gerät. Für Kant sind Zeit und Raum keine objektiven Eigenschaften der „Dinge an sich", sondern A-priori-Formen der menschlichen Anschauung. Die Frage nach einem absoluten Anfang oder einer unendlichen Dauer der Welt überschreitet daher die Grenzen der möglichen Erfahrung und ist als metaphysische Spekulation nicht entscheidbar.

Die These, die Welt habe einen Anfang, argumentiert: *„Wenn es in der Vergangenheit unendlich viele Zeitmomente gegeben hätte, dann müsste die Ewigkeit bis zum heutigen Tag bereits durchlaufen worden sein – was aber unmöglich sei, da eine unendliche Reihe niemals ‚vollendet' werden könne."* Die Antithese hingegen behauptet: *„Wenn die Welt einen Anfang hätte, müsste es eine Zeit davor gegeben haben, in der sie noch nicht existierte – aber eine leere Zeit, in der nichts geschieht, könne nichts hervorbringen, also könne der Übergang vom Nichts zum Sein nicht erklärt werden."* Ohne Veränderung gäbe es keinen Übergang vom Nichtsein zum Sein, und die Welt könnte nicht entstehen.

[1] Siehe Kant, I. (1868). Immanuel Kant's Kritik der reinen Vernunft. Voss.

Kant interpretiert dieses Dilemma nicht als logischen Fehler, sondern als Indiz dafür, dass Zeit – ebenso wie Raum – keine objektive Eigenschaft der „Dinge an sich" ist, sondern eine subjektive Form der sinnlichen Anschauung. Sie gilt nur innerhalb der Erscheinungswelt, nicht aber für die Dinge an sich. Die Frage nach einem „Anfang der Zeit" ist daher transzendent: Sie überschreitet die Bedingungen möglicher Erfahrung und kann weder empirisch noch vernunftmäßig entschieden werden.

Der Urknall: Eine wissenschaftliche Antwort auf eine metaphysische Frage?

Fast 200 Jahre nach Kant schien die moderne Kosmologie eine Antwort auf die antinomische Frage zu liefern: Die Zeit hat einen Anfang. Auf Grundlage der Allgemeinen Relativitätstheorie und astronomischer Beobachtungen – insbesondere der kosmologischen Rotverschiebung (Hubble 1929) – entwickelte sich das Modell des heißen Urknalls. Demnach dehnt sich das Universum seit etwa 13,8 Mrd. Jahren aus – aus einem Zustand extrem hoher Dichte und Temperatur, in dem die physikalischen Größen Raum, Zeit, Materie und Energie ihre gegenwärtige Bedeutung erlangten.[2]

Gemäß den Friedmann-Lemaître-Gleichungen führt die rückwärts extrapolierte Expansion zwangsläufig zu einem Zustand unendlicher Dichte und Krümmung – einer Singularität. Dies ist kein Ereignis im Raum und der Zeit, sondern eine Grenze des physikalischen Modells, an der die bekannten Gesetze der Gravitation versagen. An dieser

---

[2] Siehe Miville-Deschênes, M. A., Pettorino, V., Bucher, M., Delabrouille, J., Ganga, K., Le Jeune, M., ... & Ducout, A. (2020). Planck 2018 results: VI. Cosmological parameters. Astronomy and Astrophysics, 641, A6-A6.

Grenze endet die Zeitkoordinate in der Vergangenheit. Die Frage nach einer „Zeit vor dem Urknall" hat daher innerhalb dieses Modells keinen physikalischen Sinn, da die Zeit nicht unabhängig vom Universum existiert, sondern als Bestandteil der Raumzeit mit ihm zusammen entsteht.[3]

Diese Sichtweise scheint Kants Antinomie aufzulösen, indem sie die These – einen Anfang der Zeit – als wissenschaftlich fundiert erscheinen lässt. Doch tatsächlich wird die Frage nicht beantwortet, sondern in einen neuen Rahmen gestellt. Der Urknall ist kein metaphysischer Beweis für einen Anfang, sondern eine Aussage innerhalb eines physikalischen Modells. Er verändert nicht die Wahrheit der These, sondern den Rahmen, in dem die Frage nach dem Anfang der Zeit gestellt wird.

Von der Metaphysik zur Physik: Was der Urknall wirklich aussagt

Der entscheidende Unterschied liegt darin, dass die moderne Kosmologie nicht in Kants transzendentaler Begrifflichkeit operiert. Sie untersucht nicht die „Welt" als Ganzes im metaphysischen Sinn, sondern ein physikalisches Modell des Raum-Zeit-Kontinuums, das durch die Einsteinschen Feldgleichungen beschrieben wird. Der Urknall ist kein Ereignis in der Zeit, sondern markiert das Ende der Zeitkoordinate in der Vergangenheit – eine Grenze, an der das Modell selbst seine Anwendbarkeit verliert.[4]

Stephen Hawking und James Hartle formulierten dies 1983 in ihrer *„No-Boundary"*-Bedingung: Am Anfang des

---

[3] Siehe Hawking, S. W., & Ellis, G. F. (2023). The large scale structure of spacetime. Cambridge University Press.

[4] Siehe Misner, C. W., Thorne, K. S., & Wheeler, J. A. (1973). Gravitation. WH Freeman and Co. San Francisco, 660.

Universums geht die Zeitkoordinate in eine raumartige Dimension über – analog dazu, wie am Nordpol die Himmelsrichtung „Norden" endet. Es existiert kein singulärer Zeitpunkt $t = 0$, sondern ein regulärer, glatter Zustand, in dem die Raumzeit eine geschlossene, vierdimensionale Geometrie ohne Rand bildet.[5] In diesem quantenkosmologischen Modell ist die Frage „Was war vor dem Urknall?" sinnlos – ebenso wie die Frage: „Was liegt nördlich des Nordpols?"

Dieser Ansatz verdeutlicht: Die Antinomie der reinen Vernunft wird nicht logisch aufgelöst, sondern durch einen Paradigmenwechsel überwunden. Anstatt die Zeit als absolute, unveränderliche Form der Anschauung zu betrachten, wird sie in der modernen Physik als Teil eines dynamischen Raum-Zeit-Kontinuums verstanden, dessen Struktur von der Materie- und Energiedichte abhängt. In quantenkosmologischen Modellen kann die Zeitkoordinate selbst am Anfang verschwinden – nicht als philosophisches Postulat, sondern als Konsequenz einer physikalischen Theorie.

Was bleibt von Kants Erbe?

Kants zentrale Einsicht bleibt gültig: Die Grenzen der Erkenntnis sind nicht aufgehoben, sondern haben sich verlagert. Die Urknalltheorie beschreibt die Entwicklung des Universums ab etwa 10^{-43} Sekunden – der Planck-Zeit. Davor dominierten Quantenfluktuationen der Raumzeit, und die klassische Beschreibung versagt. Eine Theorie der Quantengravitation, die diesen Bereich erfassen könnte, existiert bisher nicht.[6] Solange dies der Fall ist, bleibt der

[5] Siehe Hartle, J. B., & Hawking, S. W. (1983). Wave function of the universe. Physical Review D, 28(12), 2960.

[6] Siehe Smolin, L. (2008). Three roads to quantum gravity. Basic books.

Anfang der Zeit physikalisch unzugänglich – und damit ein Bereich, der notwendigerweise von Interpretation, Spekulation und philosophischer Reflexion geprägt ist.

Kants Antinomie erscheint daher nicht länger als logischer Widerspruch, sondern als methodologische Warnung vor metaphysischen Übergriffen – auch im Rahmen der Wissenschaft. Die moderne Kosmologie kann beschreiben, wie sich das Universum seit der Planck-Ära entwickelt hat, aber sie kann nicht erklären, warum es existiert oder ob es einen Zustand „vor" dem Urknall gab – sei es ein zyklisches Modell, ein Multiversum oder ein zeitloser quantenkosmologischer Zustand. Diese Fragen überschreiten die Grenzen empirischer Wissenschaft.

Der Urknall löst Kants Antinomie nicht – er transformiert sie

Er überwindet das Dilemma nicht durch eine logische Entscheidung, sondern durch eine Neukonzeption der Zeit innerhalb der Physik selbst. Was einst ein unlösbares Paradox der reinen Vernunft war, wird heute zu einer Frage nach den Grenzen physikalischer Theorien. Die Zeit mag einen Anfang haben – doch dieser Anfang ist kein Ereignis, sondern eine Grenze der Anwendbarkeit unserer Modelle.

Kants zentrale Erkenntnis bleibt gültig: Die Vernunft stößt an ihre Grenzen, wenn sie nach dem Ursprung aller Dinge fragt. Die Wissenschaft kann diese Grenze verschieben – aber ob die Wissenschaft sie jemals vollständig überschreiten kann, bleibt eine der grundlegenden offenen Fragen der Naturphilosophie.

Gerade in der modernen Kosmologie zeigt sich, wie fruchtbar diese Grenzlage ist: Jede neue Theorie – von der Inflation über die Schleifen-Quantengravitation bis zur

Hypothese zyklischer Universen – ist der Versuch, den Grenzbereich zwischen „vor" und „nach" dem Anfang zu erhellen. Doch je weiter wir vordringen, desto deutlicher wird: Wir sprechen nicht über einen „Moment" im üblichen Sinne, sondern über das Entstehen der Zeit selbst.

In diesem Sinn ist der Urknall weniger ein Beginn als ein Horizont. Er markiert den Punkt, an dem sich Physik und Metaphysik berühren. Jenseits davon liegt kein „Nichts" im trivialen Sinn, sondern eine Sphäre, in der Begriffe wie Ursache, Abfolge und Dauer vielleicht gar keine Bedeutung mehr haben. Die eigentliche Revolution besteht daher nicht in der Antwort auf die Frage nach dem Anfang, sondern in der Einsicht, dass die Frage selbst eine Transformation erfahren muss.

Schlüsselgedanken

Kants erste kosmologische Antinomie zeigt einen logischen Widerspruch. *Die Welt muss einen Anfang haben – und kann doch nicht einen haben. Beide Seiten scheinen vernünftig, was offenbart, dass die Vernunft an ihre Grenzen stößt, wenn sie über die Erfahrung hinausgeht.*

Für Kant sind Zeit und Raum keine Eigenschaften der Realität, *sondern Formen unserer Wahrnehmung. Die Frage nach einem „Anfang der Zeit" ist daher transzendent – jenseits empirischer oder logischer Entscheidbarkeit.*

Der Urknall scheint die These zu bestätigen. *Die Zeit hat einen Anfang. Doch er ist kein Ereignis in der Zeit, sondern die Grenze, an der Zeit selbst entsteht – eine Aussage innerhalb eines physikalischen Modells, nicht ein metaphysischer Beweis.*

Die moderne Physik transformiert die Antinomie. *Modelle wie das „No-Boundary Proposal" von Hartle und Hawking behandeln den Urknall wie den Nordpol der Erde – es gibt kein „Davor", so wie es nördlich des Nordpols kein „nördlicher" gibt.*

Die Antinomie wird nicht gelöst, sondern verlagert. *Statt eines philosophischen Paradoxons wird sie zur Frage nach den Grenzen der Physik – besonders an der Planck-Skala, wo die Allgemeine Relativitätstheorie versagt.*

Kants Erbe bleibt lebendig. *Solange es keine* Theorie der Quantengravitation *gibt, bleibt der Anfang der Zeit ein Bereich der Spekulation – und die Antinomie eine methodologische Warnung: Die Wissenschaft stößt dort an ihre Grenzen, wo das Denken nach einem „Vorher" verlangt, obwohl die Zeit selbst erst beginnt.*

28

Zeit in der Quantengravitation – wenn die Zeit verschwindet

Inhaltsverzeichnis

Wenn wir über den Ursprung des Universums nachdenken, verwenden wir intuitiv Begriffe wie „Anfang", „danach" oder „vorher". Diese Kategorien setzen jedoch voraus, dass Zeit als fundamentale Dimension existiert. Was aber, wenn die Zeit keine fundamentale Größe der Physik ist, sondern erst unter bestimmten Bedingungen – etwa bei einer hinreichend komplexen großräumigen Struktur und thermodynamischer Irreversibilität – als emergente Kategorie erscheint?

M. Scholz, *Das frühe Universum*,
https://doi.org/10.1007/978-3-662-73261-8_28

In einigen Ansätzen zur Vereinigung von Quantenmechanik und Gravitation – insbesondere in der kanonischen Quantengravitation – tritt ein bemerkenswertes Phänomen auf: Die Zeitvariable verschwindet aus den fundamentalen Gleichungen. Die Zeit ist dort kein vorgegebener Hintergrund mehr, vor dem Prozesse ablaufen, sondern eine emergente Größe, die erst aus den relationalen Dynamiken zwischen physikalischen Größen hervorgeht.

Die Wheeler-DeWitt-Gleichung: Physik ohne Zeit

1967 entwickelten John Archibald Wheeler und Bryce De-Witt eine Gleichung, die eine Wellenfunktion des gesamten Universums beschreiben soll und heute als ein zentraler Ansatz der kanonischen Quantengravitation gilt. Ihre bemerkenswerteste Eigenschaft ist das Fehlen einer Zeitvariable. Die Gleichung beschreibt keinen zeitlichen Ablauf, sondern einen zeitlosen Zustand: die Wellenfunktion des Universums, definiert über den Raum aller möglichen räumlichen Geometrien und Materiefelder - den sogenannten *Superspace*. Einige Interpretationen vergleichen dies mit einem Blockuniversum – nicht wie dort als dynamische Entwicklung, sondern als ein zeitlich unveränderliches Ganzes, das alle möglichen Konfigurationen zugleich beschreibt.

Der Physiker Carlo Rovelli fasst es pointiert so zusammen: *„Die Welt ist nicht aus Ereignissen in der Zeit aufgebaut – sie besteht aus Beziehungen zwischen Ereignissen."*[1] In diesem relationalen Verständnis ist Zeit keine absolute Größe, sondern sie entsteht durch Beziehungen zwischen physikalischen Variablen – etwa dann, wenn beispielsweise

---

[1] Siehe Rovelli, C. (2019). The Order of Time. Penguin Books.

die Expansion des Universums als Referenz für Veränderungen anderer Größen dient. Zeit wird so zu einer internen, nicht-fundamentalen Kategorie.

Emergente Zeit

Diese Sichtweise führt zu einer alternativen Auffassung: Die Zeit ist keine fundamentale Größe der Physik, sondern eine effektive Beschreibung, die erst im makroskopischen, klassischen Limit sinnvoll wird – also erst dann, wenn das Universum genügend groß, geordnet und thermodynamisch irreversibel ist.

Anstelle einer universellen Zeit kann die kosmologische Entwicklung als Folge relationaler Zustände beschrieben werden, bei der eine physikalische Größe (z. B. der Skalenfaktor) als Referenz für Veränderungen anderer Größen dient. Zeit entsteht so nicht autonom, sondern aus den Korrelationen zwischen dynamischen Variablen – ohne dass eine externe Zeitkoordinate erforderlich ist.

Spuren einer zeitlosen Raumzeit?

Direkte experimentelle Tests dieser Konzepte sind derzeit unmöglich, da die Planck-Skala ($\sim 10^{-35}$ m, $\sim 10^{-43}$ s) weit jenseits der Reichweite heutiger Technologie liegt. Dennoch gibt es Ansätze zu indirekten Tests:

- Zukünftige Gravitationswellen-Observatorien wie LISA könnten nach Anzeichen für Quantenrauschen oder Modifikationen der Dispersion von Wellen suchen, die auf eine diskontinuierliche Raumzeit hindeuten.

- Hochpräzise CMB-Missionen (z. B. CMB-S4, LiteBIRD) könnten primordiale Anisotropien aufspüren, die mit quantenkosmologischen Modellen (z. B. Loop-Quantenkosmologie) vereinbar wären.
- Experimente in der Quanteninformation und Quantenoptik untersuchen, ob kausale Ordnungen überlagert sein können – ein Hinweis darauf, dass Kausalität und Zeit nicht fundamental sind.[2]

Bislang gibt es keine Bestätigung, doch die Tatsache, dass diese Ideen überhaupt experimentell untersucht werden können, zeigt, dass sie nicht rein spekulativ sein können.

Keine Uhr, sondern ein Rhythmus der Welt

Die Quantengravitation fordert eine Neubewertung der Zeit: Sie ist möglicherweise keine universelle, fundamentale Größe, sondern ein emergentes Phänomen, das aus den relationalen Dynamiken zwischen physikalischen Variablen – wie Geometrie, Materie und Energie – hervorgeht.

Wie der Kosmologe Claus Kiefer betont: *„Die Zeit ist das letzte klassische Konzept in einer ansonsten quantisierten Welt."*[3] Ihr Fehlen in fundamentalen Gleichungen wie der Wheeler-DeWitt-Gleichung ist kein Mangel, sondern ein Hinweis darauf, dass unsere klassischen Vorstellungen von Zeit und Kausalität in der Quantenkosmologie überwunden werden müssen.

---

[2] Siehe z. B. Chiribella, G., D'Ariano, G. M., & Perinotti, P. (2012). Quantum theory, namely the pure and reversible theory of information. Entropy, 14(10), 1877–1893.

[3] Siehe Kiefer, C. (2025). Quantum Gravity (4. Aufl.). Oxford University Press.

Die Frage „Was war vor dem Urknall?" verliert ihren Sinn, wenn die Zeit selbst erst mit dem Universum entsteht. Stattdessen lautet die physikalischere Frage: Welche Konfiguration des Quantenuniversums korreliert mit dem Zustand, den wir heute als Anfang interpretieren?

Schlüsselgedanken

In der Quantengravitation könnte die Zeit keine fundamentale Größe sein. *In Theorien wie der kanonischen Quantengravitation verschwindet die Zeitvariable aus den Grundgleichungen – etwa in der Wheeler-DeWitt-Gleichung, die ein zeitloses Universum beschreibt.*

Zeit ist möglicherweise emergent. *Sie entsteht nicht als Hintergrund, sondern aus relationalen Dynamiken zwischen physikalischen Größen – wie der* Expansion des Universums *oder der Wechselwirkung von Materie und Geometrie.*

Der Urknall ist kein „Anfang in der Zeit", *sondern der Punkt, an dem Zeit als sinnvolle Kategorie erst entsteht. Die Frage „Was war vorher?" verliert damit ihren physikalischen Sinn.*

Das Blockuniversum kehrt zurück. *Die Realität könnte ein zeitlich unveränderliches Ganzes sein, in dem Vergangenheit, Gegenwart und Zukunft zugleich existieren – und der „Zeitfluss" wäre nur eine Illusion des Bewusstseins in einem geordneten, thermodynamischen Universum.*

Indirekte Tests sind denkbar. *Gravitationswellen (LISA), CMB-Missionen (CMB-S4) oder Quantenexperimente könnten Spuren einer diskreten oder zeitlosen Raumzeit liefern.*

Die größte Erkenntnis ist philosophisch. *Wenn die Zeit nicht fundamental ist, dann ist auch die Kausalität eine emergente Ordnung. Die Physik zeigt: Die Wirklichkeit ist radikaler, als unsere Sprache und Intuition es erfassen können.*

29

Die Planck-Skala – wo Raum und Zeit zerfließen

Inhaltsverzeichnis

Es gibt eine Größenordnung, an der die Gültigkeit unserer fundamentalen physikalischen Theorien endet – nicht an einem räumlichen Ort, sondern in der Tiefe der Skalen. Dort, wo Längen, Zeiten und Energien Werte erreichen,

M. Scholz, *Das frühe Universum*,
https://doi.org/10.1007/978-3-662-73261-8_29

bei denen die Effekte der Quantenmechanik und der Gravitation gleich stark werden, versagen sowohl die Allgemeine Relativitätstheorie als auch die Quantenfeldtheorie. Diese Grenze wird durch die Planck-Skala markiert – eine Schwelle, jenseits derer eine Theorie der Quantengravitation notwendig ist.

Die Planck-Skala markiert demnach genau die Grenze, ab der die klassischen Konzepte von Raum, Zeit und Kausalität ihre Gültigkeit verlieren. Bei einer Länge von etwa 10^{-35} m und einer Zeit von 10^{-43} s werden die quantenmechanischen Fluktuationen der Raumzeit so stark, dass die glatte Geometrie der Allgemeinen Relativitätstheorie nicht mehr anwendbar ist. Die Planck-Einheiten sind keine willkürlichen Maßstäbe, sondern natürliche Einheiten, die sich aus der Kombination der drei fundamentalen Konstanten ergeben:

- **Lichtgeschwindigkeit** (*c*): die universelle Geschwindigkeits-Obergrenze für kausale Wechselwirkungen,
- Planck-Konstante (*ħ*): Maßstab für quantenmechanische Effekte,
- **Gravitationskonstante** (*G*): Stärke der Gravitation im Newtonschen und Einsteinschen Sinne.

Aus diesen drei Konstanten lassen sich die Planck-Einheiten durch dimensionsanalytische Kombinationen ableiten. Sie dienen nicht als praktische Messgrößen, sondern als Indikatoren dafür, wo die klassische Beschreibung von Raum und Zeit durch quantengravitative Effekte ersetzt werden muss. Sie markieren den Übergang von einer kontinuierlichen Raumzeit zu einem Regime, das nur durch eine Theorie der Quantengravitation beschreibbar ist.

Die Planck-Einheiten: Die fundamentalen Grenzen

Die Planck-Einheiten sind genau genommen keine praktischen Maßeinheiten, sondern echte physikalische Kenngrößen, welche die Grenzen der gegenwärtigen physikalischen Theorien markieren. Sie definieren den Bereich, in dem die Beschreibung der Raumzeit als glatte, differenzierbare Mannigfaltigkeit versagt und Quantenfluktuationen der Geometrie dominant werden.[1] (Tab. 29.1).

In einigen Quantengravitationstheorien wird die Geometrie unterhalb der Planck-Länge diskret – etwa als quantisierte Flächen oder Volumina. Ebenso verliert die Zeitkoordinate unterhalb derPlanck-Zeit ihre klassische Bedeutung, was zur Folge hat, dass die kausale Ordnung von

Tab. 29.1 Planck-Einheiten (siehe auch Anhang)

Planck-Länge (ℓ_p)	~1,616 × 10^{-35} m	Kleinste sinnvolle Längenskala. Unterhalb davon verliert der Raum seine Kontinuität – er wird „diskret".
Planck-Zeit (t_p)	~5,391 × 10^{-44} s	Kürzeste sinnvolle Zeitspanne. Unterhalb davon verschwimmt die Unterscheidung zwischen „vorher" und „nachher".
Planck-Masse (m_p)	~2,176 × 10^{-8} kg	Masse eines Schwarzen Lochs, dessen Schwarzschild-Radius gleich seiner Compton-Wellenlänge ist – der Grenzfall zwischen Quanten- und Gravitationsphysik.
Planck-Energie (E_p)	~1,956 × 10^{9} J	Energie, bei der Quantenfluktuationen der Raumzeit so stark sind, dass sich spontan Mikro-Schwarze Löcher bilden.
Planck-Temperatur (T_p)	~1,417 × 10^{32} K	Temperatur des Universums unmittelbar nach $t = 0$ – ein Zustand, in dem alle bekannten Wechselwirkungen verschmolzen waren.

[1] Siehe Rovelli, C. (2004). Quantum gravity. Cambridge University Press.

Ereignissen infrage gestellt wird. Ohne eine wohldefinierte Zeitstruktur ist die Trennung zwischen Ursache und Wirkung nicht mehr eindeutig möglich.

Oder wie Carlo Rovelli treffend formuliert:

> *„Die Planck-Skala ist der Punkt, an dem wir aufhören müssen, von ‚Raum' und ‚Zeit' zu sprechen, wie wir es gewohnt sind. Hier beginnt eine neue Physik – eine, die wir noch nicht verstehen."*[2]

Die Problematik der fundamentalen Naturkonstanten

Die Existenz der Planck-Einheiten wirft die Frage auf, warum die fundamentalen Naturkonstanten – c, G und $\hbar$ – gerade die Werte haben, die sie offensichtlich besitzen. Die Lichtgeschwindigkeit ($c \approx 3 \times 10^8$ m/s), die Gravitationskonstante ($G \approx 6{,}67 \times 10^{-11}$ m^3 kg^{-1} s^{-2}) und die reduzierte Planck-Konstante ($\hbar \approx 1{,}05 \times 10^{-34}$ J s) bestimmen maßgeblich die physikalischen Bedingungen im Universum. Abweichungen um wenige Größenordnungen könnten verhindern, dass Sterne brennen, Atome stabil sind oder komplexe Chemie möglich wird (siehe Essay 36). Dieses scheinbare Feinabstimmungsproblem legt nahe, dass nur in einem engen Bereich der möglichen Parameter komplexe Strukturen entstehen können.[3]

Doch ob diese Konstanten tatsächlich fundamental sind, bleibt offen. Es ist denkbar, dass sie nicht zu den elementaren Größen der Natur gehören, sondern emergent aus einer tieferen Theorie hervorgehen. Erik Verlinde postuliert bei-

---

[2] Siehe Rovelli, C. (2019). The order of time. Penguin.

[3] Siehe Wheeler, J. A. (1957). On the nature of quantum geometrodynamics. Annals of Physics, 2(6), 604-614.

spielsweise, dass Gravitation keine fundamentale Wechselwirkung ist, sondern als entropische Kraft entsteht – analog zu thermodynamischen Größen wie Druck oder Temperatur. In solchen Modellen könnten Raum, Zeit und sogar die Naturkonstanten selbst emergente Eigenschaften sein, die erst im makroskopischen Limit sinnvoll werden. Die Planck-Konstante, die Vakuum-Lichtgeschwindigkeit und die Gravitationskonstante wären dann nicht fundamental, sondern Resultate einer tiefer liegenden, möglicherweise informationstheoretischen oder mathematischen Struktur.

Planck-Skalen in der Quantenphysik: Das Ende der Kontinuität

In der Quantenfeldtheorie wird die Raumzeit als glatte, kontinuierliche Hintergrundstruktur vorausgesetzt. Bei Planck-Skalen wird diese Annahme jedoch unphysikalisch. Stattdessen erwarten wir hier eine starke Quantenfluktuation der Geometrie – ein Zustand, den John Archibald Wheeler als „Raumzeit-Schaum" (*Space-time Foam*) bezeichnete, in dem die Topologie und Geometrie selbst quantenmechanisch unscharf sind.[4] (Abb. 29.1)

In der Schleifen-Quantengravitation (LQG) ist die Raumzeit auf fundamentalster Ebene nicht-kontinuierlich, sondern wird durch diskrete Quantenzustände beschrieben – die sogenannten Spin-Netzwerke. Diese bilden ein dynamisches Netzwerk aus Knoten (Volumenquanten) und Kanten (Flächenquanten), deren Evolution die Geometrie des Raums beschreibt. Unterhalb der Planck-Länge verliert der klassische Raum seine Bedeutung.

[4] Siehe Wheeler, J. A. (1957). On the nature of quantum geometrodynamics. Annals of Physics, 2(6), 604-614.

Abb. 29.1 Quanten-Schaum ist die hypothetische, chaotische Struktur des Raums und der Zeit auf der Planck-Skala (~10^{-35} m). Hier zerfällt die glatte Raumzeit der Allgemeinen Relativitätstheorie in diskrete Quantenzustände – ein „Schaum" aus fluktuierenden Geometrien. Die Abbildung zeigt, wie sich die räumliche Struktur mit zunehmender Vergrößerung verändert: Ab der Planck-Länge entsteht ein unregelmäßiges Muster, das Theorien wie die Schleifen-Quantengravitation beschreiben. Dieser Bereich markiert den Übergang zu einer „neuen Physik", wo Quanteneffekte und Gravitation ineinander verschmelzen

Noch radikaler ist die Behandlung der Zeit. In der Wheeler-DeWitt-Gleichung, einer zentralen Gleichung der kanonischen Quantengravitation, erscheint die Zeitvariable nicht mehr. Die Zeit ist danach keine fundamentale Größe, sondern emergiert aus den relationalen Veränderungen zwischen physikalischen Größen. Lee Smolin fasst dies zusammen:

> *„Zeit ist nicht der Rahmen, in dem die Welt existiert – sie ist das, was entsteht, wenn die Welt sich verändert. Bei Planck-Skalen gibt es keine Veränderung mehr, die wir messen können – also gibt es auch keine Zeit.“*[5]

[5] Siehe Smolin, L. (2006). The trouble with physics: The rise of string theory, the fall of a science, and what comes next. Houghton Mifflin Harcourt.

Planck-Skalen in der Kosmologie: Der Urknall und die Singularität

Die Planck-Skalen sind nicht nur theoretische Konstrukte, sondern entscheidend für das Verständnis des frühesten Universums. Die Allgemeine Relativitätstheorie beschreibt bekanntlich den Urknall als Singularität – einen Zustand unendlicher Dichte und Krümmung, an dem die Gleichungen versagen.[6] Diese Unendlichkeit ist kein physikalisches Phänomen, sondern ein Hinweis darauf, dass die klassische Beschreibung an ihre Grenzen stößt.

Was war der Zustand des Universums bei $t \sim t_p$?

- In der Schleifen-Quantengravitation ersetzt der „Big Bounce" die Singularität: Ein vorhergehendes Universum kollabiert, erreicht eine maximale Dichte (bei Planck-Dichte) und expandiert erneut.
- In der Stringtheorie verhindert die endliche Ausdehnung der Strings, dass punktförmige Singularitäten entstehen. Die Planck-Länge ist die kleinste sinnvolle Längenskala.
- Im Hartle-Hawking-Zustand hat das Universum keinen zeitlichen Anfang. Es wird durch eine zeitlose, euklidische Geometrie beschrieben, in der Raum und Zeit erst im klassischen Limit emergieren.[7]

Stephen Hawking kommentierte dazu:

„Die Singularität des Urknalls ist kein Ort in Raum und Zeit, sondern ein Signal, dass unsere Theorien unvollständig sind.

---

[6] Siehe Hawking, S. W., & Penrose, R. (1970). The singularities of gravitational collapse and cosmology. Proceedings of the Royal Society of London. A. Mathematical and Physical Sciences, 314(1519), 529-548.

[7] Siehe Hartle, J. B., & Hawking, S. W. (1983). Wave function of the universe. Physical Review D, 28(12), 2960.

Bei Planck-Skalen müssen wir Quantenmechanik und Gravitation vereinen – doch wir wissen noch nicht, wie.“[8]

Experimentelle Hinweise: Können wir Planck-Skalen „sehen"?

Direkte Messungen an der Planck-Skala sind unmöglich – die erforderlichen Energien liegen etwa 15 Größenordnungen über der Reichweite des LHC. Dennoch werden indirekte Ansätze verfolgt, um mögliche Effekte einer quantisierten Raumzeit nachzuweisen:

- Gravitationswellen-Observatorien wie LISA könnten nach Anzeichen für Quantenrauschen oder Modifikationen der Wellenausbreitung suchen, die auf Planck-skalierte Fluktuationen hindeuten.
- Beobachtungen von Gammastrahlenausbrüchen (GRBs) testen, ob Photonen unterschiedlicher Energie sich mit leicht unterschiedlichen Geschwindigkeiten ausbreiten – ein Zeichen für die Verletzung der fundamentalen Lorentz-Invarianz. Bislang gibt es jedoch keine Anzeichen dafür, trotz intensiver Suche danach mittels des Fermi-Teleskops.
- Laser-Interferometer wie GEO600 und LIGO suchen nach einem universellen „Hintergrundrauschen", das auf eine diskrete Raumzeit hindeuten könnte – bisher jedoch ohne Bestätigung.
- Schwarze Löcher, insbesondere ihre Ereignishorizonte, könnten über Hawking-Strahlung oder Informationsverlust Quantensignaturen der Gravitation zeigen – eine

---

[8] Siehe Hawking, S. W., & Penrose, R. (1970). The singularities of gravitational collapse and cosmology. Proceedings of the Royal Society of London. A. Mathematical and Physical Sciences, 314(1519), 529-548.

lohnenswerte, aber schwierige Aufgabe für das „Event Horizon Telescope".

Sabine Hossenfelder fasst die Lage so zusammen:

„*Wir werden Planck-Skalen nie direkt messen können – aber vielleicht sehen wir ihre Auswirkungen in extremen Systemen wie Schwarzen Löchern oder dem frühen Universum.*"[9]

Philosophische Implikationen: Das Ende der klassischen Realität

Die Planck-Skalen fordern eine Neubewertung der Grundlagen der Physik:

- Ist die Raumzeit eine fundamentale Entität – oder eine emergente Beschreibung, die erst im makroskopischen Limit gültig ist, ähnlich wie Temperatur oder Druck in der Thermodynamik?
- Kann eine konsistente Theorie der Quantengravitation entwickelt werden, die die Allgemeine Relativitätstheorie und die Quantenmechanik vereint? Bisher existiert keine experimentell bestätigte Theorie – weder die Schleifen-Quantengravitation noch die Stringtheorie können das umfänglich leisten.
- Was bleibt, wenn Raum und Zeit nicht fundamental sind? Max Tegmark spekuliert: „*Vielleicht ist die ultimative Realität nicht aus Teilchen oder Strings aufgebaut, sondern aus mathematischen Mustern. Die Planck-Skalen wären dann die Pixel dieser Struktur.*"[10]

---

[9] Siehe Hossenfelder, S. (2018). Lost in math: How beauty leads physics astray. Basic Books.

[10] Siehe Tegmark, M. (2015). Our mathematical universe: My quest for the ultimate nature of reality. Vintage.

Ein Schleier vor der „neuen Physik"

Die Planck-Skalen markieren kein Ende der Physik, sondern den Übergang zu einem Regime, in dem eine Theorie der Quantengravitation erforderlich ist – eine Welt, in der Raum und Zeit möglicherweise emergente Größen sind, keine Fundamente.

Ob eine vollständige Theorie jemals gefunden wird, ist ungewiss. Doch wie Brian Greene betont:

> *„Die Planck-Skalen sind wie ein Schleier – dahinter liegt eine neue Physik, die wir noch nicht verstehen. Vielleicht ist sie so fremdartig, dass wir sie uns heute nicht einmal vorstellen können.*"[11]

Genau diese Grenze treibt die Forschung an: Wo bestehende Theorien versagen, beginnt die Neugier – und damit die Suche nach einer tieferen Beschreibung der Natur.

Schlüsselgedanken

Die Planck-Skala markiert die Grenze der bekannten Physik. *Bei Längen (~ 10^{-35} m) und Zeiten (~ 10^{-43} s) dominieren Quantengravitationseffekte – und die glatte Raumzeit der Relativitätstheorie bricht zusammen.*

Raum und Zeit sind möglicherweise nicht fundamental. *In Theorien wie der Schleifen-Quantengravitation oder der Stringtheorie wird die Raumzeit diskret oder emergent – kein Kontinuum, sondern aus „Atomen der Geometrie" aufgebaut.*

---

[11] Siehe Greene, B. (2004). The fabric of the cosmos: Space, time, and the texture of reality. Knopf.

Die Singularität ist kein physikalisches Ereignis, sondern ein Warnsignal. *Die Unendlichkeiten des Urknalls zeigen, dass die Allgemeine Relativitätstheorie versagt – und eine Theorie der Quantengravitation benötigt wird.*

Die Zeit könnte verschwinden. *In der Wheeler-DeWitt-Gleichung fehlt die Zeitvariable – sie entsteht erst im makroskopischen Limit als Beziehung zwischen physikalischen Größen.*

Direkte Messungen sind unmöglich – aber indirekte Spuren denkbar. *Gravitationswellen (LISA), Gammastrahlenausbrüche oder Schwarze Löcher könnten Hinweise auf eine quantisierte Raumzeit liefern.*

Die Planck-Konstanten (c, G, ħ) könnten emergent sein. *Vielleicht sind nicht Raum, Zeit und Naturgesetze fundamental, sondern nur Manifestationen einer tieferen, möglicherweise mathematischen Struktur.*

Die Suche geht weiter. *Die Planck-Skala ist kein Ende, sondern ein Schleier – dahinter wartet eine Physik, die wir uns heute noch nicht vorstellen können.*

30

Schwarze Löcher und die Singularität – Parallelen zum Urknall

Inhaltsverzeichnis

Die Singularität des Urknalls markiert die Grenze der Anwendbarkeit der Allgemeinen Relativitätstheorie (ART) – und ihr Gegenstück findet sich im Zentrum Schwarzer Löcher. Beide repräsentieren Zustände, in denen die Dichte und die Raumzeit-Krümmung in den Gleichungen der ART gegen unendliche Werte streben. An diesen Stellen versagt die klassische Beschreibung, und es stellt sich dieselbe fundamentale Frage: Wie beschreibt eine Theorie der

M. Scholz, *Das frühe Universum*,
https://doi.org/10.1007/978-3-662-73261-8_30

Quantengravitation die Struktur der Raumzeit, wenn Gravitation und Quantenmechanik gleichzeitig dominant sind?

Trotz dieser Gemeinsamkeiten unterscheiden sich Urknall und Schwarzes Loch in wesentlichen physikalischen Eigenschaften: hinsichtlich ihrer räumlichen Ausdehnung (global vs. lokal), ihrer kausalen Struktur und ihrer Rolle im zeitlichen Ablauf des Universums.

Singularitäten im Vergleich: Anfang und Ende der Zeit

Die Gemeinsamkeiten sind offensichtlich: Sowohl die Urknall-Singularität als auch die im Zentrum eines Schwarzen Lochs markieren Stellen, an denen die Allgemeine Relativitätstheorie keine sinnvollen physikalischen Vorhersagen mehr liefert. Klassische Konzepte wie Raum und Zeit verlieren hier ihre Bedeutung. In beiden Fällen deutet das Versagen der ART darauf hin, dass eine Theorie der Quantengravitation erforderlich ist. Unabhängig davon, ob diese in der Schleifen-Quantengravitation (mit diskreten Flächen- und Volumenquanten) oder in der Stringtheorie (mit ausgedehnten fundamentalen Objekten) formuliert wird, besteht die Erwartung, dass die Singularitäten durch eine endliche, extrem dichte Quantenkonfiguration ersetzt werden.

Der entscheidende Unterschied liegt in ihrer räumlichen und kausalen Reichweite. Die Urknall-Singularität war kein lokales Ereignis, sondern eine globale Bedingung: Sie betraf den gesamten Raum zum Anfang der Zeit. Alle heutigen Strukturen – Galaxien, Sterne, Planeten – waren damals Teil eines extrem dichten, homogenen Zustands. Der Urknall war daher nicht „an einem Ort“, sondern überall und markierte das Ende der Zeitkoordinate in der Vergangenheit. Ein Schwarzes Loch hingegen entsteht lokal durch einen Gravitationskollaps massereicher Sterne. Dessen Singularität ist hinter einem Ereignishorizont verborgen und beeinflusst nur die kausale Zukunft von Objekten, die diesen Horizont überschreiten.

Ein weiterer fundamentaler Unterschied liegt in der Rolle der Zeit. Der Urknall repräsentiert eine kosmische Anfangsbedingung mit extrem niedriger Entropie – den Ursprung des thermodynamischen Zeitpfeils, der seitdem in Richtung zunehmender Entropie verläuft. Das Schwarze Loch hingegen weist die höchste Entropie auf, die ein physikalisches System gegebener Größe überhaupt erreichen kann – gemäß der Bekenstein-Hawking-Formel proportional zur Fläche des Ereignishorizonts: eine der fundamentalen Einsichten der modernen Theoretischen Physik. Für einfallende Objekte endet die Zeitkoordinate an der zentralen Singularität. Während der Urknall der Ursprung kausaler Entwicklung ist, stellt das Schwarze Loch einen möglichen Endzustand dar.

Schwarze Löcher als Laboratorien der Urknall-Physik

Die Verbindung zwischen beiden Extremen wird besonders deutlich durch die Hawking-Strahlung. 1975 zeigte Stephen Hawking, dass Schwarze Löcher aufgrund quantenfeldtheoretischer Effekte in gekrümmter Raumzeit thermische Strahlung emittieren.[1] Nahe dem Ereignishorizont führen nämlich Vakuumfluktuationen dazu,

[1] Siehe Hawking, S. W. (1975). Particle Creation by Black Holes. Communications in Mathematical Physics, 43(3), 199–220.

dass Teilchen nach außen entweichen, während ihre Anti-Partner ins Innere fallen. Dies führt zu einer extrem langsamen „Verdampfung“: Ein stellares Schwarzes Loch benötigt etwa 10^{67} Jahre, ein supermassereiches sogar über 10^{100} Jahre, bis es endgültig verschwunden ist. Obwohl dieser Prozess kosmologisch irrelevant ist, hat er trotzdem tiefe Konsequenzen. Es ergibt sich nämlich ein ernsthaftes Problem, das man als „Informationsparadoxon“ bezeichnet. Es besteht in der Frage: Wenn das Schwarze Loch vollständig verdampft, geht dann die Quanteninformation über die Anfangszustände vollständig verloren?[2] Dieser Umstand verstößt eindeutig gegen das Unitaritätsprinzip der Quantenmechanik, demzufolge Quanteninformation niemals verloren gehen darf. Fundamental ist dabei die Frage, ob diese Information im Ereignishorizont gespeichert vorliegt – wie es das holographische Prinzip nahelegt – oder ob sie in der Hawking-Strahlung codiert wird. Diese ungelöste Frage macht Schwarze Löcher zu zentralen Laboratorien für die Suche nach einer Theorie der Quantengravitation.

Obwohl die zentrale Singularität nicht direkt beobachtbar ist, lässt sich ihre unmittelbare Umgebung abbilden. 2019 veröffentlichte das Event Horizon Telescope (EHT) das erste Bild eines Schwarzen Lochs: den Schatten von M87*, einem supermassereichen Objekt in der elliptischen Galaxie Messier 87 (rund 55 Mio. Lichtjahre entfernt).[3] 2022 folgte dann die Abbildung von Sagittarius A* im Zentrum der Milchstraße. Beide Auf-

---

[2] Für eine Einführung siehe hier: Susskind, L. (2002). Schwarze Löcher und das Informationsparadoxon. Spektrum der Wissenschaft. Heidelberg. Dossier, 2.

[3] Siehe EHT Collaboration (2019). First M87 Event Horizon Telescope Results. I. The Shadow of the Supermassive Black Hole. The Astrophysical Journal Letters, 875(1), L4.

nahmen zeigen einen dunklen zentralen Bereich – den Schatten, verursacht durch die Licht ansaugende Wirkung des Ereignishorizonts – umgeben von einem Ring aus akkretierendem, thermisch strahlendem Plasma. Die Übereinstimmung mit den Vorhersagen der Allgemeinen Relativitätstheorie ist dabei durchaus bemerkenswert. Genau diese Übereinstimmung bildet nämlich die Grundlage, um in zukünftigen Beobachtungen nach Abweichungen zu suchen, die auf Quantengravitationseffekte hindeuten könnten.

Schwarze Löcher sind daher einzigartige physikalische Systeme: Sie komprimieren Materie und Energie auf Größenordnungen, die den Bedingungen kurz nach dem Urknall ähneln. In ihrer Nähe herrschen Dichten nahe der Planck-Dichte, extreme Raumzeit-Krümmung und Quantenprozesse an der Grenze der bekannten Theorien. Wer die Physik der frühesten Phasen des Universums verstehen will, muss Schwarze Löcher untersuchen. Sie stellen gewissermaßen lokale, stabile Zustände extremer Gravitation dar – und könnten damit unsere besten Zugänge zu den Gesetzen sein, die am Anfang des Kosmos galten (Abb. 30.1).

Urknall und Schwarzes Loch repräsentieren daher zwei Extreme derselben physikalischen Herausforderung: der Unvereinbarkeit von Allgemeiner Relativitätstheorie und Quantenmechanik. Der eine markiert den Anfang, das andere einen möglichen Endzustand der kosmischen Evolution. Beide definieren die Grenze unseres heutigen Wissens – und beide weisen den Weg zu einer tieferen Theorie. Während der Urknall uns in die Vergangenheit führt, deutet vieles darauf hin, dass die Zukunft der Physik im Inneren dieser dunklen Objekte verborgen liegen könnte.

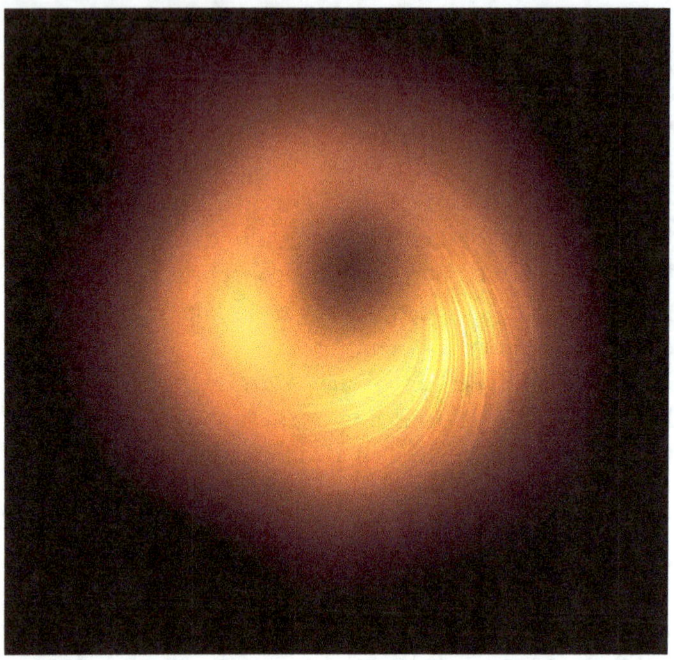

Abb. 30.1 Diese Aufnahme des supermassereichen Schwarzen Lochs M87* im polarisierten Licht zeigt die turbulente Umgebung nahe dem Ereignishorizont. Die schimmernden, spiralförmigen Muster entstehen durch magnetische Felder, die das umlaufende Gas (*Accretion Disk*) und den ausstrahlenden Jet strukturieren. Die Polarisierung des Lichts (hier visuell als „Glanz" dargestellt) verrät die Richtung und Stärke dieser Felder – ein Schlüssel, um Prozesse wie Materiezufuhr und Energieabgabe zu verstehen. Erstmals konnte das Event Horizon Telescope (EHT) 2019 diese extremen Phänomene direkt abbilden, wobei polarisiertes Licht neue Einblicke in die interagierenden Kräfte am Schwarzen Loch liefert. (Wikimedia)

Schlüsselgedanken

Urknall und Schwarze Löcher teilen ein Schicksal. *Beide enden in einer Singularität, wo die Allgemeine Relativitätstheorie versagt und Quantengravitation benötigt wird – ein Zeichen, dass Raum und Zeit keine fundamentale Realität sind.*

Fundamentaler Unterschied: Anfang vs. Ende *Der Urknall ist eine globale Anfangsbedingung mit niedriger Entropie – der Ursprung von Zeit und Kausalität. Ein Schwarzes Loch ist ein lokales Endstadium mit maximaler Entropie, das die Zeit für einfallende Objekte beendet.*

Hawking-Strahlung verbindet Quanten und Gravitation. *Die thermische Strahlung von Schwarzen Löchern führt zum Informationsparadoxon – eine zentrale Herausforderung für die Vereinigung der Physik.*

Schwarze Löcher sind kosmische Laboratorien. *In ihrer Nähe herrschen Bedingungen wie beim Urknall – extreme Dichte, Krümmung und Quantenprozesse. Ihre Beobachtung (z. B. durch das EHT) testet die Grenzen der Relativität und könnte Hinweise auf Quantengravitation liefern.*

Das Universum begann überall – nicht an einem Punkt. *Der Urknall war keine Explosion im Raum, sondern die Entstehung des Raums selbst. Schwarze Löcher hingegen entstehen lokal durch Kollaps.*

Beide sind Tore zu einer tieferen Theorie. *Während der Urknall die Vergangenheit erklärt, könnten Schwarze Löcher die Zukunft der Physik bestimmen – als natürliche Experimente jenseits der klassischen Gesetze.*

31

Multiversum-Konzepte: Gibt es mehr als ein Universum?

Inhaltsverzeichnis

Was wäre, wenn unser Universum nicht einzigartig wäre? Wenn es nur eine Blase in einem unermesslichen kosmischen Ozean wäre – einem Multiversum? Diese Idee klingt nach Science-Fiction, ist aber heute keine bloße Spekulation mehr, sondern eine mögliche Konsequenz aus etablierten physikalischen Theorien wie der Inflation, der Stringtheorie oder zyklischen Modellen. Diese Konzepte entstehen nicht aus Fantasie, sondern aus dem Versuch, tiefgreifende Fragen zu beantworten: Warum haben die

M. Scholz, *Das frühe Universum*,
https://doi.org/10.1007/978-3-662-73261-8_31

Naturkonstanten Werte, die komplexe Strukturen wie Sterne, Atome und letztlich Leben ermöglichen? Welche Bedingungen herrschten vor der Entstehung des beobachtbaren Universums? Und ist die Struktur unseres Kosmos ein Zufall oder notwendig?

Drei der prominentesten Multiversum-Konzepte stammen aus der Inflationstheorie, der Stringtheorie und zyklischen Modellen:

1. Ewige Inflation – ein Schaum aus Blasenuniversen

Die ewige Inflation ist eine mögliche Konsequenz der Inflationstheorie. Während die Inflation in unserem beobachtbaren Universum endete und in die heiße, strahlungsdominierte Phase überging, könnte sie in anderen Raumregionen weiterhin andauern.

In diesem ständig expandierenden Inflatonsfeld entstehen durch Quantenfluktuationen oder thermische Prozesse lokal „Blasen“, in denen das Inflatonfeld in ein stabileres Vakuum rollt und die Inflation endet.[1] (Abb. 31.1).

Man kann sich in dieser Theorie die Raumzeit wie eine Art kochenden Schaum vorstellen: Inmitten des immer weiter expandierenden Inflationsfeldes bilden sich andauernd Blasen, wobei sich jede dieser Blasen zu einem kausal isolierten Universum entwickelt, in dem die physikalischen Konstanten, die Dimensionalität oder die Teilcheninhalte von denen unseres abweichen könnten. Unser Universum wäre dann eine solche Blase in einem viel größeren, möglicherweise unendlichen Multiversum. Die beobachtete Feinabstimmung könnte so erklärt werden: Nur in Universen mit geeigneten Bedingungen kann Leben entstehen – ein Argument, das auf dem anthropischen Prinzip beruht (siehe Essay 36).

[1] Siehe Vilenkin, A. (1983). Birth of inflationary universes. Physical Review D, 27(12), 2848.

Abb. 31.1 Illustrierte Darstellung des Multiversums: In diesem hypothetischen Szenario entstehen unzählige „Blasenuniversen" durch Quantenschwankungen in einem ewig expandierenden Inflationsfeld. Jede Blase repräsentiert ein kausal getrenntes Universum mit möglicherweise unterschiedlichen physikalischen Konstanten und Gesetzen. Die Idee basiert auf Modellen der etablierten Kosmologie wie der ewigen Inflation (basierend auf Arbeiten von Alan Guth und Andrei Linde) und der Stringtheorie, die bis zu 10^{500} verschiedene Vakuumzustände zulassen. Obwohl rein spekulativ, könnte das Multiversum-Konzept erklären, warum unsere Naturkonstanten für komplexes Leben präzise abgestimmt sind – ein Phänomen, das als „Feinabstimmungsproblem" bezeichnet wird. Kritisch bleibt jedoch, dass andere Universen prinzipiell nicht direkt beobachtbar sind, was ihre wissenschaftliche Falsifizierbarkeit erschwert

Das Maßproblem: Wie zählt man Welten im Multiversum?

Die Vorstellung ewiger Inflation – eines ständig expandierenden Inflationsfeldes, in dem unendlich viele Blasenuniversen entstehen – klingt überzeugend. Doch sie führt zu einer der tiefsten theoretischen Krisen der modernen Kosmologie: dem Maßproblem (*Measure Problem*). Es lautet: Wenn unendlich viele Universen mit unterschiedlichen physikalischen Eigenschaften existieren – wie können wir dann Wahrscheinlichkeiten aussprechen? Wie oft kommt ein Universum wie das unsere vor? Und was bedeutet „wahrscheinlich" in einem unendlichen Ensemble?

Dies ist kein mathematisches Detail, sondern eine grundlegende Herausforderung für die Aussagekraft des Multiversums. Denn wenn das Multiversum als Erklärung für die Feinabstimmung unserer Naturkonstanten dienen soll (etwa über das anthropische Prinzip), dann müssen wir zeigen, dass Universen mit lebensfreundlichen Bedingungen nicht so selten sind, dass wir sie als statistische Ausreißer abtun müssten. Doch in einem unendlichen Multiversum gibt es unendlich viele Universen mit Leben – und unendlich viele ohne. Wie vergleicht man Unendlichkeiten?

Warum das Maßproblem entsteht

In der ewigen Inflation expandiert das Inflationsfeld exponentiell schnell. Gleichzeitig führen Quantenfluktuationen dazu, dass an manchen Stellen das Inflatonfeld in ein stabileres Vakuum rollt – es bilden sich Blasen. Die Rate der Blasenbildung hängt ganz konkret von der Form des Potentials ab. In den meisten Modellen entstehen neue Blasen schneller, als der Raum zwischen ihnen durch die Inflation auseinandergetrieben wird. Das bedeutet: Die Gesamtfläche des noch inflationären Raums wächst exponentiell – und damit auch die Zahl zukünftiger Blasen.

Das führt zu einem Paradox: Obwohl jede einzelne Blase endlich ist, entstehen unendlich viele Blasen in unendlicher Zeit – und zwar mit unterschiedlichen physikalischen Gesetzen, je nachdem, in welches Vakuum das Feld rollt (z. B. in der Stringtheorie-Vakuumlandschaft mit bis zu 10^{500} möglichen Vakua).

Aber: Unendlich viele Blasen ≠ gleichverteilte Eigenschaften. Die Wahrscheinlichkeit, dass eine zufällig ausgewählte Blase Universum A oder B erzeugt, hängt davon ab, wie schnell solche Blasen entstehen und wie viel Raumzeit sie einnehmen. Doch in einem unendlichen, dynamischen Raum ist die Definition eines „Zählmaßes“ nicht eindeutig.

Verschiedene Maße – verschiedene Antworten

Physiker haben verschiedene Regeln zur Zählung von Blasen vorgeschlagen. Beispiele für entsprechende Maße sind:

- **Proper-time Cut-off:** zählt Ereignisse entlang von Weltlinien bis zu einem bestimmten Eigenzeitpunkt.
  → Problem: bevorzugt späte, kalte Universen – und sagt voraus, dass wir in einer „jungen“ Welt leben sollten, was der Beobachtung widerspricht.
- **Scale-factor Cut-off:** stoppt die Zählung, wenn der Skalenfaktor des Universums eine bestimmte Größe erreicht.
  → Einer der robustesten Ansätze; vermeidet einige Paradoxien und ist konsistent mit der beobachteten Dunklen Energie.
- **Stationary Measure:** betrachtet die Gleichgewichtsverteilung von Blasen im sich ausdehnenden Raum.
  → Sagt voraus, dass kleine, kalte Universen dominieren – wieder im Widerspruch zu unserer Existenz.

Das Dilemma dabei ist: Je nach gewähltem Maß erhält man andere Wahrscheinlichkeiten – manchmal sogar widersprüchliche Vorhersagen. Einige Maße sagen voraus, dass Boltzmann-Gehirne (zufällige Bewusstseinsfluktuationen, siehe Essay 32) häufiger sind als echte Beobachter wie wir – was unsere eigene Existenz als statistische Anomalie erscheinen lässt.[2]

---

[2] Siehe Linde, A., Linde, D., & Mezhlumian, A. (1995). Do we live in the center of the world?. Physics Letters B, 345(3), 203–210.

Kann das Maßproblem gelöst werden?

Bisher gibt es keine allgemein akzeptierte Lösung. Einige Physiker wie Leonard Susskind oder Raphael Bousso argumentieren, dass das Maßproblem nicht außerhalb der Quantenkosmologie lösbar ist – und dass eine holographische Beschreibung des Multiversums (z. B. über die dS/CFT-Korrespondenz[3]) notwendig sein könnte.[4] Andere wie Alan Guth und Vitaly Vanchurin schlagen vor, das Maß über beobachterzentrierte Wahrscheinlichkeiten zu definieren – also über die relative Häufigkeit von Beobachtungen, nicht von Universen.

Doch solange das Maßproblem ungelöst bleibt, bleibt auch die Erklärungskraft des Multiversums fragil. Es mag elegant erscheinen, die Feinabstimmung durch ein Ensemble von Universen zu erklären – aber ohne ein eindeutiges Maß ist unklar, was das Ensemble eigentlich vorhersagt.

2. Branenwelten – unser Universum als Membran in höheren Dimensionen

Die Stringtheorie zeichnet ein Bild, in dem unser Universum wie eine schwebende Membran in einem höherdimensionalen Raum eingebettet ist – neben anderen, unsichtbaren Membranen, die womöglich eigene Universen tragen. Oder etwas technischer ausgedrückt: In der Stringtheorie und ihren Erweiterungen (z. B. der M-Theorie) kann unser vierdimensionaler Raumzeit-Kosmos (drei räumliche und eine zeitliche Dimension) als eine „Bran" (Membran) verstanden werden, die in einem höher-

---

[3] Eine hypothetische duale Beziehung, die ein Universum mit positiver kosmologischer Konstante (De-Sitter-Raum, dS) einer konformen Feldtheorie (CFT) an seinem kosmologischen Horizont zuordnet.

[4] Siehe Bousso, R., & Susskind, L. (2012). Multiverse interpretation of quantum mechanics. Physical Review D – Particles, Fields, Gravitation, and Cosmology, 85(4), 045007.

dimensionalen Raum – dem „Bulk" – eingebettet ist. Weitere Branen könnten im selben Bulk existieren, jede mit eigenen Feldern, Teilchen und Wechselwirkungen.[5]

Ein prominentes Modell ist in diesem Zusammenhang der „ekpyrotische Kosmos". Danach entstand unser Universum nicht aus einer Singularität, sondern durch die Kollision zweier Branen im Bulk. Die dabei freigesetzte kinetische Energie wurde in Teilchen und Strahlung umgewandelt – ein Ereignis, das stark dem heißen Urknall ähnelt. Das Modell sagt ein zyklisches Universum voraus. Nach der Kollision expandieren die Branen, werden durch eine Anziehungskraft wieder zusammengeführt und kollidieren erneut – ein zyklischer Prozess ohne Anfang oder Ende.

3. Zyklische Modelle – vom Ende zum neuen Anfang

Zyklische Modelle vermeiden die Notwendigkeit eines absoluten Anfangs. Sie postulieren eine unendliche Abfolge von Phasen: Expansion, Abkühlung, möglicherweise Kontraktion – gefolgt von einer erneuten Expansion. Ein besonders spezifisches Modell ist die **konforme zyklische Kosmologie (CCC)** von Roger Penrose. Demnach endet jedes Universum in einem Zustand maximaler Ausdehnung und Entropie, in dem nur noch masselose Teilchen (z. B. Photonen) existieren. In diesem limitierenden Zustand verlieren Zeit- und Längenskalen ihre Bedeutung und die Geometrie wird konform äquivalent[6] zu einem frühen, heißen Universum – einem neuen „Äon".[7]

[5] Siehe Steinhardt, P. J., & Turok, N. (2002). A cyclic model of the universe. Science, 296(5572), 1436–1439.

[6] **Konform äquivalent** bedeutet, dass zwei Raumzeiten die gleiche Winkelstruktur besitzen, aber nicht unbedingt die gleichen Längen- oder Zeitabstände.

[7] Siehe Penrose, R. (2013). Cycles of time: an extraordinary new view of the universe. Random House.

In solchen Modellen ist der Urknall kein Anfang aus dem Nichts, sondern ein kontinuierlicher Übergang zwischen zwei kosmologischen Phasen.

Kritik und Herausforderungen

Multiversum-Konzepte sind erst einmal rein theoretisch motiviert und deshalb immer umstritten. Ihre zentrale Schwäche ist ihre Falsifizierbarkeit: Wenn andere Universen kausal vom unseren getrennt sind, sind sie prinzipiell nicht direkt beobachtbar. Kritiker wie Paul Steinhardt argumentieren, dass ein nicht testbares Multiversum die Grenze zur Metaphysik überschreitet und damit als Gegenstand der empirischen Wissenschaft ausscheidet.[8]

Trotzdem werden indirekte Signaturen diskutiert:

- Anomalien in der CMB-Polarisation, die auf eine Brane-Kollision hindeuten könnten,
- Strukturen in der großräumigen Verteilung von Galaxien, die auf eine vorherige kosmische Phase hindeuten,
- charakteristische Spektren primordialer Gravitationswellen, die mit bestimmten Inflations- oder zyklischen Modellen verknüpft sind.

Zurzeit bleibt das Multiversum eine spekulative, aber seriöse Konsequenz aus Theorien wie der ewigen Inflation oder der Stringtheorie. Es ist kein bewiesenes Modell, sondern ein möglicher Erklärungsrahmen für die beobachtete Feinabstimmung der Naturkonstanten (siehe Essay 36). Das Multiversum beantwortet die große Warum-Frage nicht, es verschiebt sie nur. Unser Universum ist so, weil es

---

[8] Siehe Ijjas, A., Steinhardt, P. J., & Loeb, A. (2013). Inflationary paradigm in trouble after Planck2013. Physics Letters B, 723(4–5), 261–266.

so sein konnte. Vielleicht sind wir nur ein kosmischer Zufall – einer von unendlich vielen. Wir beobachten einen lebensfähigen Kosmos nur deshalb, weil eben nur solche Universen Beobachter hervorbringen können.

Schlüsselgedanken

Das Multiversum ist keine Science-Fiction, sondern eine mögliche Konsequenz etablierter Theorien. *Es ergibt sich aus Modellen wie der ewigen Inflation, der Stringtheorie oder zyklischen Kosmologien – nicht aus Fantasie, sondern aus dem Versuch, die Feinabstimmung unseres Universums zu erklären.*

Drei Hauptmodelle dominieren die Diskussion:

1. ***Ewige Inflation:*** *Unser Universum ist eine „Blase" in einem ständig expandierenden Inflatonfeld – eines von unendlich vielen mit möglicherweise anderen Naturgesetzen.*
2. ***Branenwelten (Stringtheorie):*** *Unsere 4-D-Welt ist eine Membran im „Bulk" höherer Dimensionen; Kollisionen mit anderen Branen könnten Urknall-ähnliche Ereignisse auslösen.*
3. ***Zyklische Modelle (z. B. CCC):*** *Der Urknall ist kein Anfang, sondern ein Übergang aus einem vorhergehenden kosmischen „Äon" – ein Universum ohne Anfang und Ende.*

Das Maßproblem ist die Achillesferse des Multiversums. *In einem unendlichen Ensemble ist die Definition von „Wahrscheinlichkeit" nicht eindeutig – je nach Zählverfahren ergeben sich widersprüchliche Vorhersagen.*

Kritik an der Falsifizierbarkeit ist berechtigt. Wenn andere Universen kausal unerreichbar sind, bleibt das Multiversum schwer überprüfbar – viele halten es daher für metaphysisch.

Indirekte Spuren werden gesucht. *Anomalien in der CMB, spezifische Gravitationswellenspektren oder großräumige Strukturen könnten Hinweise liefern.*

Das Multiversum verschiebt die große Warum-Frage. *Es erklärt nicht, warum es etwas gibt statt nichts – sondern warum dieses Universum existiert: weil es unter unendlich vielen Möglichkeiten das eine ist, in dem Beobachter wie wir entstehen können.*

32

Kosmische Doppelgänger

Inhaltsverzeichnis

M. Scholz, *Das frühe Universum*,
https://doi.org/10.1007/978-3-662-73261-8_32

Angenommen, das Universum ist räumlich unendlich ausgedehnt – welche Konsequenzen hätte dies für die Unwiederholbarkeit physikalischer Zustände, insbesondere solcher, die auch menschliche Beobachter einschließen? Diese Frage wirkt zunächst metaphysisch, lässt sich jedoch aus Sicht der modernen Kosmologie unter bestimmten Annahmen logisch durchdenken. Sie berührt nicht nur die Struktur des Universums, sondern auch unsere Auffassungen von Identität, Zufall und Realität.

Das kosmologische Prinzip, eine zentrale Annahme der modernen Kosmologie, besagt, dass das Universum auf hinreichend großen Skalen – ab etwa 100 Mio. Lichtjahren – im Mittel homogen und isotrop ist. Beobachtungen der großräumigen Struktur und die bemerkenswerte Gleichförmigkeit der kosmischen Mikrowellenhintergrundstrahlung (CMB) stützen diese Annahme. Homogenität meint, dass die mittlere Energiedichte ortsunabhängig ist, und Isotropie, dass der Raum keine Vorzugsrichtungen kennt. Zusammen impliziert dies die universelle Gültigkeit der physikalischen Gesetze und die statistische Gleichverteilung der Materie über genügend große Volumina.

Kombiniert man die Annahme eines räumlich unendlichen Universums – eine zulässige Lösung der Einsteinschen Feldgleichungen – mit dem kosmologischen Prinzip, ergibt sich eine bemerkenswerte Konsequenz: In einem solchen Universum müssen sich endliche räumliche Konfigurationen unendlich oft wiederholen. Diese Wiederholung ist nicht das Resultat zusätzlicher spekulativer Modelle, sondern ergibt sich logisch aus der Kombination von räumlicher Unendlichkeit und der Endlichkeit möglicher mikrophysikalischer Zustände in endlichen Volumina.

Die Logik der Wiederholung: Endliche Zustände in unendlichem Raum

Betrachten wir ein repräsentatives endliches Volumen – exemplarisch das beobachtbare Universum. Sein heutiger Radius beträgt etwa 46,5 Mrd. Lichtjahre, was einem Durchmesser von rund 93 Mrd. Lichtjahren entspricht. Innerhalb dieses Bereichs schätzt man die Anzahl der Atome auf etwa 10^{80}, die Zahl der Sterne auf etwa 2×10^{23}, verteilt über rund 2 Billionen Galaxien. Diese Zahlen definieren eine endliche Informationsmenge innerhalb eines kausal zusammenhängenden Bereichs. Wichtig ist: Dieses Volumen bildet nur einen Ausschnitt eines möglicherweise wesentlich größeren oder sogar unendlichen Universums.

Unter der Annahme, dass die physikalische Welt fundamental quantisiert ist – insbesondere hinsichtlich der Informationsdichte im Raum –, ist die Zahl möglicher physikalischer Zustände in einem endlichen Volumen, so immens sie auch sein mag, letztlich endlich. Nach Quantentheorie und Gravitationstheorien existiert eine minimale räumliche Auflösung (Planck-Skala), und die maximale Informationsmenge eines Volumens ist über die Bekenstein-Grenze an die Fläche seiner Begrenzung gekoppelt. Jede Kombination aus Position, Impuls, Spin und Wechselwirkungszuständen der Teilchen definiert einen diskreten Mikrozustand, sodass die Gesamtzahl der möglichen Konfigurationen im beobachtbaren Universum, wenn auch unvorstellbar groß, mathematisch abschätzbar bleibt.

Ein grober Schätzwert für die maximale Anzahl möglicher Quantenzustände im beobachtbaren Universum liegt bei etwa $10^{10^{118}}$. Diese Zahl entspricht der maximalen Entropie, die in einem Volumen dieser Größe unter Berücksichtigung der Bekenstein-Grenze gespeichert werden kann – einer Obergrenze für die Informationsmenge, die

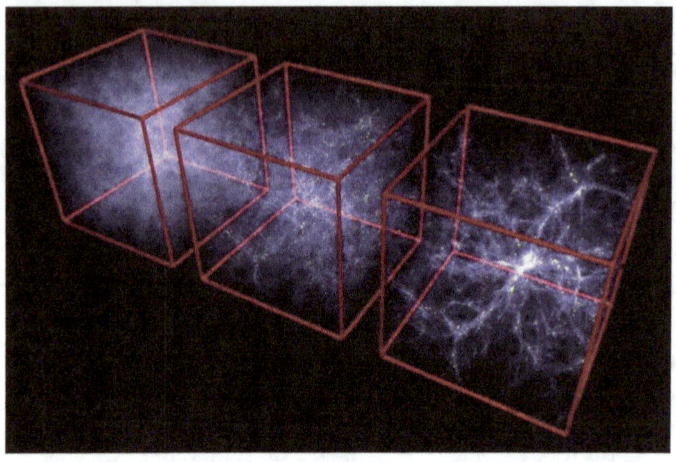

Abb. 32.1 Illustrierte Darstellung der Doppelgänger-Hypothese: In einem unendlichen, homogenen Universum (kosmologisches Prinzip) wiederholt sich aufgrund der Endlichkeit möglicher physikalischer Zustände in endlichen Volumina (z. B. Galaxienverteilung) jede Konfiguration – einschließlich unserer eigenen – unendlich oft. Die drei kubischen Volumina symbolisieren statistisch äquivalente Regionen, deren Strukturen lokal variieren, aber im Großen dieselbe Energiedichte und Gravitationsdynamik aufweisen. Die Hypothese beruht auf dem Schubfachprinzip und impliziert, dass exakte Kopien von Objekten oder sogar Bewusstseinszuständen existieren müssen – obwohl ihre kausale Isolation sie empirisch unüberprüfbar macht. (Volker Springel /MP)

durch die Fläche des kosmologischen Horizonts bestimmt wird (Bekenstein-Hawking-Entropie).[1] So unvorstellbar groß diese Zahl auch ist, entscheidend bleibt: Sie ist endlich. Damit existiert eine obere Schranke für die Vielfalt physikalischer Konfigurationen in jedem endlichen Raumabschnitt (Abb. 32.1)

[1] Diese Zahl stellt die maximale, jemals mögliche Anzahl von Zuständen in einem solchen Volumen dar – die Entropie eines Schwarzen Lochs von der Größe unseres beobachtbaren Universums. Für das Wiederholungsargument ist genau diese Obergrenze der relevante Wert, da sie die Anzahl der „Schubfächer“ definiert.

Falls das Universum räumlich unendlich ist, umfasst es unendlich viele raumartig getrennte Regionen in der Größenordnung des beobachtbaren Universums. Da die Anzahl möglicher physikalischer Zustände in jedem solchen Volumen endlich ist, während die Zahl der Volumina unendlich ist, folgt aus dem Schubfachprinzip (*Pigeonhole Principle*), dass bestimmte Zustände notwendigerweise mehrfach auftreten. In der Konsequenz realisiert sich jeder mögliche Zustand unendlich oft – bis hin zu exakt identischen Konfigurationen von Galaxien, Planetensystemen und Lebewesen.

Dies impliziert, dass in einem unendlichen Universum unter den genannten Bedingungen nicht nur ähnliche, sondern exakt identische physikalische Systeme existieren müssen – vorausgesetzt, ihre Zustandskonfiguration liegt innerhalb der möglichen Mikrozustände. Dazu gehören Sterne, die in jeder Hinsicht, was ihre Masse, Zusammensetzung, Alter und Umgebung betrifft, völlig identisch mit der Sonne sind; Planeten, die bis auf die kleinsten Detailstrukturen mit der Erde und den anderen Planeten des Sonnensystems übereinstimmen; und Lebewesen, deren genetischer Code, neuronale Konfiguration und damit auch Gedächtnis und Bewusstseinszustand exakt mit dem unseren übereinstimmen – inklusive einer exakten Kopie des aktuellen Gehirnzustands eines jeden Beobachters.

Max Tegmarks Level-I-Multiversum: Logische Konsequenz

Max Tegmark klassifizierte dieses Szenario als Level-I-Multiversum, den einfachsten Typ in seiner Hierarchie von Multiversen.[2] Im Gegensatz zu komplexeren Model-

[2] Siehe Tegmark, M. (2015). Our mathematical universe: My quest for the ultimate nature of reality. Vintage.

len wie dem inflationären Multiversum (Level II) oder der Vakuumlandschaft der Stringtheorie (Level II/III) erfordert das Level-I-Multiversum keine zusätzlichen physikalischen Prinzipien jenseits der etablierten Kosmologie. Es basiert allein auf zwei Annahmen: räumliche Unendlichkeit des Universums und Gültigkeit des kosmologischen Prinzips. Unter diesen Voraussetzungen folgt die Existenz identischer Raumregionen – und damit auch kosmischer Doppelgänger – nicht als Spekulation, sondern als logische und mathematische Konsequenz. Es ist jedoch wichtig zu betonen: Diese Notwendigkeit gilt nur, falls die zugrunde liegenden Annahmen tatsächlich erfüllt sind.

Wo sind diese Doppelgänger? Und wie weit sind sie entfernt?

Wie groß ist die Entfernung zum nächstgelegenen exakten Doppelgänger? Auf Basis der Anzahl möglicher Mikrozustände eines beobachtbaren Universums lässt sich eine grobe Abschätzung vornehmen. Die typische Distanz, bis zu der eine exakte Kopie eines bestimmten Zustands – etwa die deines gegenwärtigen Körper- und Gehirnzustands – zu erwarten wäre, liegt in der Größenordnung von $10^{10^{115}}$ Metern. Diese Schätzung ergibt sich aus der Überlegung, dass bei einer endlichen Zahl von Zuständen (ca. $10^{10^{118}}$) und statistisch gleichverteilter Realisierung im Raum der Abstand zur nächsten identischen Konfiguration exponentiell mit der logarithmischen Wurzel dieser Zahl skaliert. Es handelt sich hierbei um eine heuristische Abschätzung und um keine exakte Vorhersage.

Zum Vergleich:

Das beobachtbare Universum hat einen Durchmesser von etwa $8{,}8 \times 10^{26}$ Metern, also grob 10^{27} Meter.

Die geschätzte Distanz von $10^{10^{115}}$ Metern hingegen ist nicht nur um viele Größenordnungen größer – sie liegt so weit jenseits jeder anschaulichen oder physikalisch relevanten Skala, dass sie selbst im Vergleich zur Anzahl der Planck-Volumina im beobachtbaren Universum (ca. 10^{185}) praktisch unendlich erscheint. Solche Zahlen entziehen sich jeder Anschauung und verdeutlichen, dass selbst bei unendlicher Ausdehnung des Universums die nächsten identischen Regionen vollständig außerhalb jeglicher kausaler Reichweite liegen.

Das bedeutet:

Der nächstgelegene exakte Doppelgänger befindet sich in einer Entfernung, die weit, weit jenseits des kosmologischen Horizonts liegt – selbst wenn dieser sich in der Zukunft weiter ausdehnen wird. Aufgrund der beschleunigten Expansion des Universums, verursacht durch Dunkle Energie, können sich Raumregionen, die bereits heute kausal getrennt sind, niemals mehr miteinander verbinden, selbst über unendliche Zeiträume hinweg. Dein (erster) Doppelgänger, lieber Leser, existiert daher in einer vollständig isolierten kausalen Region – einer „Inseluniversum"-ähnlichen Struktur –, mit der keine Informationsübertragung, kein Lichtsignal und keine physikalische Wechselwirkung jemals möglich sein wird.

Philosophische und physikalische Implikationen

Diese Vorstellung wirft tiefgreifende philosophische und physikalische Fragen auf:

- Was bedeutet Individualität, wenn unendlich viele exakte Kopien meines physikalischen Zustands existieren – jedes Individuum mit identischem Gedächtnis, identischem Bewusstseinsfluss und dem Glauben, der „originale" Beobachter zu sein?
- Ist das Konzept des Zufalls in einer solchen Realität sinnvoll, wenn jede physikalisch mögliche Konfiguration, die aus den Gesetzen und Anfangsbedingungen hervorgeht, unendlich oft realisiert wird?
- Und wie ist unsere subjektive Wahrnehmung der Einzigartigkeit der Realität zu bewerten, wenn sie nur eine von unendlich vielen identischen Instanzen ist – ohne Möglichkeit, dies jemals empirisch festzustellen?

Wichtig ist: Diese Konsequenzen ergeben sich nicht aus spekulativen oder unbestätigten Theorien, sondern aus der konsequenten Anwendung der etablierten Rahmenwerke der modernen Physik – insbesondere des ΛCDM-Modells der Kosmologie, das auf der Allgemeinen Relativitätstheorie, der beobachtbaren großräumigen Struktur und der Existenz Dunkler Energie und Dunkler Materie beruht. Die Annahme endlicher Informationsdichte basiert zudem auf robusten Ergebnissen der semiklassischen Gravitation wie der Bekenstein-Grenze. Damit ist das Level-I-Multiversum kein Produkt der Fantasie, sondern eine mögliche logische Konsequenz aus gut bestätigten Theorien – sofern die Unendlichkeit des Raums zutrifft.

Ob das Universum tatsächlich räumlich unendlich ist, bleibt offen. Präzise Messungen der kosmischen Mikrowellenhintergrundstrahlung durch die Planck-Satellitenmission ergeben, dass die räumliche Krümmung extrem klein ist: $|\Omega_k| < 0{,}005$ (bei 95 % Konfidenz). Dies ist konsistent mit einem flachen Universum – eine Voraussetzung für räumliche Unendlichkeit im einfachsten

Fall. Allerdings beweist eine flache Geometrie nicht automatisch Unendlichkeit: Bei nicht-trivialer Topologie (z. B. ein 3-Torus) könnte das Universum flach und dennoch endlich sein. Die gegenwärtigen Daten schließen eine unendliche Ausdehnung nicht aus, erzwingen sie aber auch nicht (Abb. 32.2).

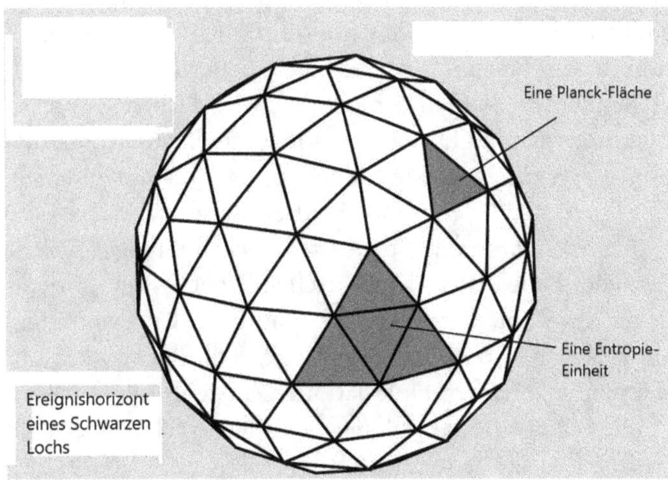

Abb. 32.2 Die Bekenstein-Hawking-Entropie eines Schwarzen Lochs veranschaulicht die Bekenstein-Grenze – eine fundamentale Obergrenze für die Informationsmenge in einem Raumgebiet. Im Gegensatz zur klassischen Physik, bei der Entropie mit dem Volumen skaliert, zeigt die Abbildung, dass die maximale Entropie eines Schwarzen Lochs proportional zur Fläche seines Ereignishorizonts ist. Jedes Planck-Oberflächenelement (ca. 10^{-70} m^2) codiert genau ein Bit Information, was das holographische Prinzip unterstreicht: Alle Informationen eines dreidimensionalen Volumens sind auf seiner zweidimensionalen Grenzfläche gespeichert. Die Bekenstein-Grenze markiert damit nicht nur eine Eigenschaft Schwarzer Löcher, sondern eine grundlegende Eigenschaft der Raumzeit selbst – und legt die theoretische Obergrenze für die Informationsdichte im gesamten Universum fest. (Wikimedia)

Zufall, Entropie und das Paradox der Beobachter: Von Boltzmann-Gehirnen und der Statistik der Realität

Die Vorstellung, dass in einem räumlich unendlichen oder ewig existierenden Universum alle möglichen Zustände unendlich oft realisiert werden, führt nicht nur zu philosophischen Fragen der Identität, sondern auch zu tiefgreifenden Problemen der statistischen Mechanik und der Thermodynamik. Denn wenn jede denkbare Konfiguration – von einem exakten Doppelgänger bis hin zu einem einzelnen, zufällig entstandenen Bewusstseinszustand – unendlich oft vorkommt, dann stellt sich die Frage: Welche Art von Beobachter ist wahrscheinlicher – ein „ordentlicher" wie wir, der sich über Jahrmilliarden evolutionär entwickelt hat, oder ein akausaler Zufall, der spontan aus thermodynamischen Fluktuationen entsteht?

Diese Frage ist kein bloßes Gedankenspiel, sondern ein ernsthaft diskutiertes Paradoxon, das als „Boltzmann-Gehirn-Problem" bekannt ist – benannt nach dem österreichischen Physiker Ludwig Boltzmann, der im 19. Jahrhundert die statistische Interpretation der Entropie begründete. Boltzmann überlegte, dass in einem Universum, das sich über unendliche Zeit im thermodynamischen Gleichgewicht befindet (oder zumindest in einem Zustand maximaler Entropie), zufällige Fluktuationen zu lokalen Abweichungen von der Gleichmäßigkeit führen könnten. Unter diesen Fluktuationen könnte auch ein voll funktionsfähiges Gehirn entstehen – mit scheinbaren Erinnerungen, subjektiven Sinneswahrnehmungen und dem Gefühl, Teil einer geordneten Welt zu sein, obwohl es in Wirklichkeit nur eine kurzlebige Anomalie in einem ansonsten toten, leeren Universum ist.[3]

Mathematisch gesehen ist die Wahrscheinlichkeit einer solchen Fluktuation zwar extrem gering – jedoch nicht null. Und in einem räumlich unendlichen oder ewig andauernden Universum wird selbst das Unwahrscheinlichste unendlich oft eintreten. Das Problem ist dabei, dass ein einzelnes, isoliertes Gehirn eine viel einfachere, entropieärmere Struktur ist als eine ganze geordnete Galaxie mit Milliarden von Sternen, Planeten und einer langen Evolutionsgeschichte. Daher ist die Wahrscheinlichkeit, dass ein Bewusstsein als solches „Boltzmann-Gehirn" entsteht, bei Weitem größer – zumindest statistisch – als die Wahrscheinlichkeit, dass es sich in einem geordneten, strukturierten Universum wie dem unseren entwickelt.[4]

Wenn wir also in einem Universum leben, das räumlich unendlich oder zeitlich ewig ist, müssten Boltzmann-Gehirne – oder, allgemeiner, flüchtige, nicht-kausale Beobachter – die überwiegende Mehrheit aller Bewusstseinsinstanzen ausmachen. Doch wir beobachten eine geordnete Welt mit klaren kausalen Strukturen, einem ausgeprägten Zeitpfeil und einer langen kosmologischen Geschichte. Unser Bewusstsein scheint nicht das Produkt einer Momentfluktuation zu sein, sondern eingebettet in eine konsistente, raumzeitlich ausgedehnte Realität.

Dies führt zu einem scharfen Widerspruch: Wenn Boltzmann-Gehirne statistisch dominieren, warum sind wir dann keine? Diese Frage wird als das „Boltzmann-Gehirn-Paradoxon" bezeichnet und stellt eine ernsthafte Herausforderung für kosmologische Modelle dar, die auf einem un-

[3] Siehe Boltzmann, L. (1897). Über die Beziehung zwischen dem zweiten Hauptsatze der mechanischen Wärmetheorie und der Wahrscheinlichkeitsrechnung. Wiener Berichte, 76, 373–435.

[4] Siehe Albrecht, A., & Sorbo, L. (2004). Can the universe afford inflation?. Physical Review D – Particles, Fields, Gravitation, and Cosmology, 70(6), 063528.

endlichen Raum oder einer ewigen Zeit basieren – insbesondere für das ΛCDM-Modell mit seiner beschleunigten Expansion und Dunklen Energie.[5] Einige Physiker sehen darin ein Indiz dafür, dass unser Universum nicht ewig in der Zukunft bestehen kann oder dass die beschleunigte Expansion irgendwann endet – etwa durch einen Phasenübergang des Vakuums. Andernfalls, so argumentieren sie, wäre die überwiegende Mehrheit aller „Beobachter" in der Geschichte des Universums nichts anderes als flüchtige, zufällige Fluktuationen – und unsere eigene Wahrnehmung einer geordneten Welt wäre dann statistisch extrem unwahrscheinlich, ja fast schon eine Illusion.[6]

Interessanterweise verbindet dieses Paradoxon die Kosmologie direkt mit der Philosophie des Zufalls und der Wahrscheinlichkeit. Es zeigt, dass die bloße Existenz eines Beobachters nicht ausreicht, um zu rechtfertigen, dass wir in einem „typischen" Universum leben. Vielmehr müssen wir berücksichtigen, welche Art von Beobachter wir sind – und warum unsere Beobachtungen systematisch auf eine kausal verankerte, entwicklungsgeschichtlich durchgängige Realität hindeuten. Dies wird manchmal als „Beobachterauswahl-Effekt" bezeichnet: Wir können nur in Universen existieren, die komplex genug sind, um Beobachter hervorzubringen – aber nicht jede Art von Beobachter ist gleich wahrscheinlich.[7]

Die Überlegung zu Boltzmann-Gehirnen wirft ein neues Licht auch auf das Konzept der kosmischen Doppelgänger. Denn in einem unendlichen Raum gibt es nicht nur kau-

---

[5] Siehe Linde, A. (2007). Sinks in the landscape, Boltzmann brains and the cosmological constant problem. Journal of Cosmology and Astroparticle Physics, 2007(01), 022.

[6] Siehe Carroll, S. (2010). From eternity to here: the quest for the ultimate theory of time. Penguin.

[7] Siehe Page, D. N. (2008). Return of the Boltzmann brains. Physical Review D – Particles, Fields, Gravitation, and Cosmology, 78(6), 063536.

sale Kopien von uns, sondern statistisch auch unzählige akausale Fluktuationen, die sich für unser Bewusstsein halten. Und wenn die Statistik zugunsten solcher Fluktuationen spricht, dann würden sie die überwiegende Mehrheit aller „Ichs" ausmachen.

Doch hier setzt ein weiteres Prinzip ein: die Konsistenz von Erinnerung und Kausalität. Ein echtes Bewusstsein wie das unsere ist nicht nur durch einen Momentzustand definiert, sondern durch eine kontinuierliche, kausale Geschichte – eine Erinnerung, die sich über die Zeit erstreckt, ein Gehirn, welches sich entwickelt hat, ein Körper, der interagiert hat. Ein Boltzmann-Gehirn mag im Moment unserem Bewusstsein identisch erscheinen. Doch es hat keine Vergangenheit, keine Lerngeschichte, keine Umwelt. Es ist eine statistische Fata Morgana – eine Spiegelung ohne Substanz, ohne Verbindung zur kosmischen Geschichte

Einige Wissenschaftler wie Sean Carroll und Chen argumentieren daher, dass Modelle des Universums, die zu einer Überdominanz von Boltzmann-Gehirnen führen, indirekt falsifiziert werden können, und zwar nicht durch direkte Beobachtung, sondern durch die Inkompatibilität mit unseren Erfahrungen als kausal eingebettete Beobachter.[8] Wenn unser Universum also tatsächlich räumlich unendlich oder zeitlich ewig ist, dann muss es entweder eine physikalische Barriere gegen solche Fluktuationen geben – etwa durch Quantenfluktuationen, die auf größeren Skalen unterdrückt sind – oder die Beschleunigung der Expansion muss irgendwann enden, bevor die thermodynamische Gleichgewichtsphase dominiert.

[8] Siehe Carroll, S. M., & Chen, J. (2004). Spontaneous Inflation and the Origin of the Arrow of Time. arXiv preprint hep-th/0410270.

Information, Entropie und die Grenze des Möglichen

Die Debatte um Boltzmann-Gehirne zeigt, dass die Kombination aus Unendlichkeit, Statistik und Information tiefe Grenzen unseres Verständnisses aufdeckt. Die Bekenstein-Grenze, die wir zuvor als Obergrenze für die Informationsdichte in einem Volumen kennengelernt haben, spielt hier eine zentrale Rolle: Sie besagt, dass die maximale Information, die in einem Raumgebiet gespeichert werden kann, nicht durch sein Volumen, sondern durch seine Oberfläche begrenzt ist – eine Konsequenz des holographischen Prinzips.[9] Dies impliziert, dass die Zahl der möglichen Mikrozustände in jedem endlichen Volumen endlich ist, selbst in einem unendlichen Universum.

Doch die Entropie des Universums wächst kontinuierlich – getrieben durch irreversible Prozesse wie Sternentstehung, Schwarze Löcher und die Expansion selbst. In ferner Zukunft könnte das Universum einen Zustand maximaler Entropie erreichen – den sogenannten Wärmetod. In einem solchen Zustand wäre keine Arbeit mehr möglich, keine Struktur könnte sich mehr bilden und die einzigen Veränderungen wären winzige Quantenfluktuationen. Genau in dieser Phase wären Boltzmann-Gehirne – falls sie überhaupt möglich sind – am wahrscheinlichsten. Allerdings wirft die Quantengravitation die Frage auf, ob solche Fluktuationen jemals eine komplexe Struktur wie ein Gehirn erzeugen können. Die Planck-Skala (ca. 10^{-35} m) stellt eine fundamentale Grenze der Raumzeit dar – unterhalb derer die klassischen Konzepte von „Ort“ und „Zeit“ möglicherweise nicht mehr sinnvoll sind (siehe Essay 29). Unklar ist, ob die statistische Mechanik Boltzmanns in diesem

[9] Siehe Bekenstein, J. D. (1981). Universal upper bound on the entropy-to-energy ratio for bounded systems. Physical Review D, 23(2), 287.

Regime überhaupt noch gilt. Das holographische Prinzip deutet, wie bereits erwähnt, jedenfalls darauf hin, dass die gesamte Information des Universums nicht in dessen Volumen, sondern auf seiner Begrenzungsfläche (was immer das auch sein mag) gespeichert ist. Das würde die Möglichkeit beliebig komplexer Fluktuationen im Inneren stark einschränken.[10]

Warum erleben wir eine geordnete Realität?

Insgesamt sprechen drei Argumente gegen die Dominanz von Boltzmann-Gehirnen:

- **statistische Unwahrscheinlichkeit:** Die Wahrscheinlichkeit für die spontane Entstehung eines funktionsfähigen Gehirns ist so gering, dass sie selbst in einem unendlichen Universum praktisch vernachlässigbar ist – zumindest solange die Quantengravitation keine neuen Mechanismen dafür bietet.
- **holographische Grenze:** Die maximale Komplexität in jedem endlichen Raumgebiet ist begrenzt, was die Entstehung hoch organisierter Fluktuationen erschwert.
- **kausale Einbettung:** Unser Bewusstsein ist untrennbar mit einer langen, entropiegesteuerten Geschichte verbunden – einer Entwicklung, die sich nicht aus dem Nichts ergeben kann.

Die Existenz kosmischer Doppelgänger in einem unendlichen Universum ist daher nicht nur eine Folge der räumlichen oder zeitlichen Unendlichkeit, sondern auch eine

[10] Siehe Susskind, L. (1995). The world as a hologram. Journal of Mathematical Physics, 36(11), 6377–6396.

Einladung, über die Natur von Information, Zufall und Beobachtung nachzudenken. Wenn alles Mögliche unendlich oft geschieht, dann müssen wir uns zwangsläufig fragen: Was bedeutet es, ein „typischer" Beobachter zu sein? Und wenn die Statistik zugunsten von Illusionen spricht – warum erleben wir dann eine so konsistente, geordnete Realität?

Vielleicht ist die Antwort darauf nicht in der Physik allein zu finden, sondern in einer Synthese aus Kosmologie, Informationstheorie und Naturphilosophie: dass nämlich die Bedingungen, unter denen Bewusstsein entstehen kann, nicht nur selten, sondern kausal verankert sein müssen – und dass die Welt, die wir wahrnehmen, nicht nur eine zufällige Konfiguration ist, sondern das Produkt einer langen Geschichte, die es erlaubt, dass Beobachter wie wir überhaupt fragen können: Bin ich wirklich ein Doppelgänger – oder der Einzige, der dies liest?

Unausweichliche Doppelgänger – wenn der Raum unendlich ist

Wenn das Universum räumlich unendlich ist, dann ist die Existenz unendlich vieler exakter Kopien jedes möglichen Zustands keine Spekulation, sondern eine mathematische Notwendigkeit. Jenseits des beobachtbaren Horizonts – in Regionen, die für immer kausal von uns getrennt bleiben – gibt es Planeten, die unserer Erde bis ins letzte Atom gleichen, und Wesen, die nicht nur diesem Text folgen, sondern jeden Ihrer Gedanken im selben Moment teilen. Diese Doppelgänger sind keine flüchtigen Fluktuationen wie Boltzmann-Gehirne, sondern kausale Spiegelbilder: Sie entstehen aus denselben physikalischen Gesetzen, durchlaufen dieselbe Evolution und erleben dieselbe Gegenwart – nur an einem anderen Ort im unermesslichen Gefüge der Raumzeit.

Dass dies keine Science-Fiction ist, sondern eine logische Folge aus Unendlichkeit, Homogenität und quantisierter Information, zeigt die Analogie zu den Primzahlen: So wie es unendlich viele Primzahlen geben muss, muss es in einem unendlichen Universum auch unendlich viele „Ichs" geben. Vorausgesetzt, die Grundannahmen der Kosmologie stimmen – dass der Raum keine Grenzen hat und die Materieverteilung im Großen gleichmäßig ist.[11]

Doch während Boltzmann-Gehirne die Frage aufwerfen, warum wir in einer geordneten Realität erwachen, konfrontieren uns diese Doppelgänger mit einer anderen Frage: Was bedeutet Einzigartigkeit in einem Universum, das alles unendlich wiederholt? Die Antwort liegt vielleicht nicht in der Physik, sondern im Bewusstsein selbst: Denn obwohl jede Kopie denselben Text liest und dieselben Gedanken denkt, bleibt eine Erfahrung unteilbar – die subjektive Gewissheit des eigenen „Ich", hier und jetzt. Selbst wenn irgendwo ein physikalisches Abbild Ihrer selbst diese Zeilen verarbeitet, sind Sie es, der sie erlebt. Die Unendlichkeit mag jeden Zustand unendlich oft wiederholen. Aber eines bleibt einzigartig: der Augenblick des eigenen Erlebens – das Bewusstsein hier und jetzt.

Schlüsselgedanken

Unendlichkeit + endliche Zustände = Wiederholung *In einem räumlich unendlichen Universum, das zudem homogen und isotrop ist, müssen sich alle endlichen physikalischen Konfigurationen – einschließlich ganzer Planeten und Bewusstseinszustände – unendlich oft wiederholen.*

[11] Siehe Scholz, M. (2024). Panoptikum faszinierender Dinge und Begebenheiten. https://amzn.to/3K0osB8, Punkt 5.

Mathematische Notwendigkeit, nicht Spekulation *Die Existenz „kosmischer Doppelgänger" folgt nicht aus Science-Fiction, sondern aus der Kombination etablierter Prinzipien: dem kosmologischen Prinzip, der Quantisierung der Information und dem Schubfachprinzip.*

Unvorstellbare Entfernungen *Der nächste exakte Doppelgänger liegt vermutlich in einer Distanz von etwa* $10^{10^{115}}$ *Metern – vollständig außerhalb jeglicher kausalen Verbindung, für immer unerreichbar.*

Boltzmann-Gehirne vs. kausale Beobachter *Wenn alles Mögliche unendlich oft geschieht, stellt sich die Frage: Warum erleben wir eine geordnete, kausale Realität und nicht die statistisch wahrscheinlichere flüchtige Illusion eines zufällig entstandenen Bewusstseins?*

Einzigartigkeit des Erlebens *Selbst wenn es unendlich viele Kopien von „Ihnen" gibt – die subjektive Gewissheit des eigenen „Ich, hier und jetzt" bleibt unteilbar. Die physikalische Wiederholung berührt nicht das Erlebnis des gegenwärtigen Moments.*

33

Gravitationswellen-Kosmologie: Standard-Sirenen und der stochastische Hintergrund

Inhaltsverzeichnis

Der experimentelle Erstnachweis von Gravitationswellen im Jahr 2015 markierte nicht nur einen Triumph der experimentellen Physik, sondern auch den Beginn einer neuen

M. Scholz, *Das frühe Universum*,
https://doi.org/10.1007/978-3-662-73261-8_33

Beobachtungsära für die Kosmologie.[1] Diese Wellen in der Raumzeit selbst sind für den Astronomen weitaus mehr als nur Signale kollidierender Schwarzer Löcher oder Neutronensterne. Sie sind direkte Träger geometrischer Information über das Universum. Sie ermöglichen es, Distanzen zu messen, die Expansion des Kosmos unabhängig von klassischen Methoden zu bestimmen und sogar die Dynamik der ersten Sekundenbruchteile nach dem Urknall zu sondieren.

Zwei komplementäre Einsatzfelder prägen diese neue Disziplin: zum einen die „Standard-Sirenen", einzelne Ereignisse, die als präzise Entfernungsindikatoren dienen können. Zum anderen durchzieht ein kohärentes Hintergrundsignal – der stochastische Gravitationswellenhintergrund (SGWB) – das Universum. Er entsteht aus der interferierenden Überlagerung vieler schwacher oder entfernter Quellen und trägt als archiviertes Echo Informationen über die gesamte kosmische Geschichte, von der Ära der Sternentstehung bis zurück in die Frühphase der Inflation. Dieser Essay erläutert, welche Informationen Gravitationswellen liefern können, wie realistisch ein direkter Nachweis primordialer Gravitationswellen heute ist und warum die nächste Generation von Detektoren entscheidend sein wird.

Standard-Sirenen: Direkte Entfernungen aus der Raumzeit

Die Idee der „Standard-Sirene" ist elegant und pragmatisch. Ein gut modelliertes Gravitationswellenereignis, etwa die Verschmelzung zweier kompakter Objekte wie

[1] Siehe Abbott, B. P., Abbott, R., Abbott, T. D., Abernathy, M. R., Acernese, F., Ackley, K., ... & Cavalieri, R. (2016). Observation of gravitational waves from a binary black hole merger. Physical review letters, 116(6), 061102.

Neutronensterne oder Schwarze Löcher, trägt in seiner Wellenform eine direkte Messung der Entfernung in sich.[2] Anders als bei optischen „Standardkerzen" wie Supernovae vom Typ Ia, deren intrinsische Helligkeit erst durch Kalibrierung bekannt ist, ergibt sich die Distanz bei Gravitationswellen direkt aus der Form des Signals selbst.[3] Die Amplitude der Welle hängt nämlich invers mit der Entfernung zusammen, während die Frequenzentwicklung, der sogenannte Chirp, direkt mit der Masse der Quelle der Gravitationswellen verknüpft ist. Durch genaue Modellierung der allgemeinrelativistischen Wellenform lässt sich damit die Entfernung nahezu unmittelbar extrahieren – ohne dabei auf die klassische kosmische Entfernungsleiter angewiesen zu sein.[4]

Allerdings enthält das reine Gravitationswellensignal keine direkte Information über die Rotverschiebung z. Diese ist in diesem Fall nämlich mit der Massenskala entartet, was bedeutet, dass ein schweres, fernes System dasselbe Signal erzeugen kann wie ein leichteres, aber dafür näheres. Um die Expansionsrate des Universums zu bestimmen, benötigt man daher zusätzlich noch die Geschwindigkeit, mit der sich die Quelle im Hubble-Fluss mitbewegt – gemessen als Rotverschiebung. Hierfür gibt es verschiedene methodische Ansätze. Der ideale Fall ist hierbei ein Gegenstück zu einer optischen „Standardkerze", ein „Bright Siren", bei der das optische Signal die Quelle des Gravitationswellenereignisses identifiziert und auf diese Weise die Rotverschiebung

---

[2] Siehe Schutz, B. F. (1986). Determining the Hubble constant from gravitational wave observations. Nature, 323(6086), 310–311.

[3] Siehe Chen, H. Y., Fishbach, M., & Holz, D. E. (2018). A two per cent Hubble constant measurement from standard sirens within five years. Nature, 562(7728), 545–547.

[4] Siehe Magana Hernandez, I. (2023). Cosmology, Lensing, and Modified Gravity with Gravitational Waves (Doctoral dissertation).

liefert.[5] Alternativ wird die Rotverschiebung statistisch abgeschätzt, indem das Gravitationswellenereignis mit einem Katalog von Galaxien innerhalb des Lokalisierungsgebiets korreliert wird – unter der Annahme, dass die Quelle in einer dieser Galaxien liegt – oder indem ein Modell der Quellenpopulation genutzt wird, um die wahrscheinlichste Rotverschiebungsverteilung zu bestimmen.

Als Meilenstein kann man das Ereignis vom 17. August 2017 mit GW170817 betrachten, der ersten beobachteten Verschmelzung zweier Neutronensterne, die sowohl in Form eines Gravitationswellensignals als auch optisch registriert wurde.[6] Aus der Kombination beider Signale konnte erstmals die Hubble-Konstante unabhängig von Cepheiden und Supernovae gemessen werden.[7] Der aus den Beobachtungen abgeleitete Wert lag zwischen den aus der kosmischen Mikrowellenhintergrundstrahlung (CMB) und der lokalen Entfernungsleiter abgeleiteten Werten und war damit ein erster Hinweis darauf, dass Gravitationswellen eine entscheidende Rolle bei der Klärung der Hubble-Spannung spielen könnten.[8]

Seither hat sich die Methode rasant entwickelt. Analysen mit „Dark Sirens", also Ereignissen ohne optisches Gegenstück, liefern bereits konkurrenzfähige Abschätzungen der Hubble-Konstante. Mit zunehmender Zahl an Ereignissen

---

[5] Siehe Abbott, B. P., Abbott, R., Abbott, T. D., Acernese, F., Ackley, K., Adams, C., ... & Bersanetti, D. (2017). Multi-messenger Observations of a Binary Neutron Star Merger** Any correspondence should be addressed to lvc. publications@ ligo. org. The Astrophysical Journal Letters, 848(2), l12.

[6] Siehe Abbott, B. P., Abbott, R., Abbott, T. D., Acernese, F., Ackley, K., Adams, C., ... & Bersanetti, D. (2017). Multi-messenger Observations of a Binary Neutron Star Merger** Any correspondence should be addressed to lvc. publications@ ligo. org. The Astrophysical Journal Letters, 848(2), l12.

[7] Siehe DLT40 Collaboration. (2017). A gravitational-wave standard siren measurement of the Hubble constant. Nature, 551(7678), 85–88.

[8] Siehe Feeney, S. M., Peiris, H. V., Williamson, A. R., Nissanke, S. M., Mortlock, D. J., Alsing, J., & Scolnic, D. (2019). Prospects for resolving the Hubble constant tension with standard sirens. Physical review letters, 122(6), 061105.

wird die Präzision sicherlich weiter steigen und die Möglichkeit eröffnen, nicht nur die lokale Expansionsrate, sondern auch die Eigenschaften der Dunklen Energie über große Zeiträume hinweg zu untersuchen. Zudem bieten Standard-Sirenen die Möglichkeit, die Ausbreitung von Gravitationswellen selbst zu testen. In modifizierten Gravitationstheorien könnte sich beispielsweise ihre Geschwindigkeit oder Dämpfung von Licht unterscheiden – das sind Effekte, die sich direkt beobachten lassen.[9]

Der stochastische Gravitationswellenhintergrund: Ein kosmischer Palimpsest

Neben einzelnen „lauten" Ereignissen muss ein kontinuierlicher stochastischer Hintergrund aus Gravitationswellen existieren, die durch die Überlagerung vieler schwacher oder entfernter Quellen gebildet werden. Dieser SGWB ist jedoch keine Art „weißes Rauschen", wie man es vielleicht vermuten könnte, sondern ein strukturiertes Signal – quasi ein „Palimpsest", in dem sich verschiedene physikalische Epochen überlagern.[10]

Er setzt sich aus zwei Hauptkomponenten zusammen. Der astrophysikalische Hintergrund stammt von der integrierten Historie unzähliger verschmelzender Binärsysteme über die kosmische Zeit hinweg: binäre Neutronensterne, binäre Schwarze-Löcher, Weiße-Zwergstern-Paare usw. Dieser Beitrag dominiert im Audio-Band (d. h. dem

[9] Siehe Belgacem, E., Dirian, Y., Foffa, S., & Maggiore, M. (2018). Modified gravitational-wave propagation and standard sirens. Physical review D, 98(2), 023510.

[10] Siehe Caprini, C., & Figueroa, D. G. (2018). Cosmological backgrounds of gravitational waves. Classical and Quantum Gravity, 35(16), 163001.

Frequenzbereich zwischen etwa 1 Hz und 10 kHz) und bildet darin eine Art „Verdeckungsnebel" für schwächere kosmologische Signale.[11] Eine reine Messung dieses Hintergrunds selbst stellt deshalb bereits eine wichtige kosmologische Information dar. Denn sie verrät die Sternentstehungsrate, Evolutionspfade massereicher binärer Systeme sowie die Merger-Historie des Universums. Aktuelle Analysen setzen bereits enge obere Grenzen für seine Stärke, aber ein endgültiger Nachweis steht noch aus.[12]

Weitaus tiefergehend ist jedoch der mögliche kosmologische Anteil. Dieser stammt aus fundamentalen Prozessen im frühen Universum, die lange vor der Bildung der ersten Sterne stattfanden. Mögliche Quellen sind hierbei Quantenfluktuationen der Metrik der Raumzeit selbst, die während der Inflation auftraten, Phasenübergänge erster Ordnung in der Frühzeit, topologische Defekte wie kosmische Strings oder sekundäre Wellen, die durch starke Dichtefluktuationen induziert wurden.[13] Jede dieser Quellen hinterlässt ein charakteristisches Spektrum, das es erlaubt, physikalische Vorgänge bei Energien zu messen, die weit jenseits der Reichweite heutiger Beschleuniger liegen.

Ein solches Signal wäre ein direkter Zugang zur Physik der ersten Momente nach dem Urknall. Es könnte Aufschluss geben über die Energieskala der Inflation, die Dynamik von Phasenübergängen oder die Existenz exotischer Strukturen wie beispielsweise kosmischer Strings.[14] Die

---

[11] Siehe Regimbau, T. (2011). The astrophysical gravitational wave stochastic background. Research in Astronomy and Astrophysics, 11(4), 369.

[12] Siehe LIGO Scientific Collaboration. (2021). Upper limits on the isotropic gravitational-wave background from Advanced LIGO and Advanced Virgo's third observing run. Physical Review D, 104(2), 1–27.

[13] Siehe Starobinskii, A. A. (1979). Spectrum of relict gravitational radiation and the early state of the universe. JETP Letters, 30(11), 682–685.

[14] Ein **kosmischer String** ist ein hypothetischer, eindimensionaler Defekt im Raum-Zeit-Gefüge, der während eines Phasenübergangs in der Frühzeit des Universums entstanden sein könnte. Er wäre extrem dünn, aber mit hoher

größte Herausforderung ist dabei die Trennung dieses kosmologischen Signals vom astrophysikalischen Signal und vom instrumentellen Rauschen – eine Aufgabe, die verbesserte Detektoren und Multi-Band-Observationen erfordert.

Beobachtungsstrategie und neue Teleskope: PTA, LISA, Einstein-Teleskope

Die Gravitationswellen-Astronomie ist heute mehrbandig: Verschiedene Frequenzfenster erschließen komplementäre physikalische Prozesse. Pulsar Timing Arrays (PTAs) wie NANOGrav, EPTA und PPTA nutzen beispielsweise Millisekunden-Pulsare als hochpräzise Uhren. Temporale Variationen in ihren Ankunftszeiten deuten hierbei auf Gravitationswellen hin. Im Jahr 2023 berichteten mehrere Konsortien über starke Hinweise auf die Existenz eines isotropen Nanohertz-Hintergrunds. Obwohl der Ursprung wahrscheinlich astrophysikalisch ist, bleibt Raum für exotische kosmologische Komponenten. Die Bestätigung der sogenannten Hellings-Downs-Korrelation (betrifft die Signallaufzeit von Millisekunden-Pulsaren) wäre hierbei der definitive Beweis für ein kosmisches Signal.[15]

Im Millihertz-Band wird in Zukunft der Gravitationswellendetektor LISA (Laser Interferometer Space Antenna) operieren. Geplant für das späte 2030er-Jahrzehnt, wird es

Massendichte, und würde durch seine Gravitation oder beim Zerreißen intensive Gravitationswellen erzeugen. Seine Existenz wird in einigen Theorien vermutet, konnte jedoch bisher nicht nachgewiesen werden.

[15] Siehe Hellings, R. W., & Downs, G. S. (1983). Upper limits on the isotropic gravitational radiation background from pulsar timing analysis. Astrophysical Journal, Part 2-Letters to the Editor, vol. 265, Feb. 15, 1983, p. L39-L42.

besonders empfindlich für Signale aus frühen Phasenübergängen bei Energien von GeV bis PeV sowie für kosmische Strings und für Merge-Ereignisse sein, bei denen sich zwei kompakte Objekte auf deutlich ellipsenförmigen Umlaufbahnen einander annähern (sogenannte exzentrische Inspirals).[16] LISA bietet auch Synergien mit bodengebundenen Detektoren: Ein und dasselbe Binärsystem könnte zunächst bei LISA beobachtet und Jahre später beispielsweise im Audio-Band detektiert werden.

Als dritte Generation bodengebundener Interferometer versprechen das „Einstein-Teleskop" und der „Cosmic Explorer" eine Empfindlichkeit, die um den Faktor zehn höher ist als gegenwärtig bei LIGO. Das Einstein-Teleskop, ein geplantes unterirdisches, dreieckiges Observatorium mit 10-km-Armen, wird Frequenzen von ~1 Hz bis 10 kHz abdecken und Tausende „Sirenen" pro Jahr detektieren können.[17] Entscheidend ist jedoch die Kombination von LISA und Einstein-Teleskop sowie dem Cosmic Explorer. Denn das ermöglicht die Verfolgung eines inhomogenen SGWB-Spektrums über mehrere Dekaden hinweg sowie die Diagnose von dessen physikalischem Ursprung.

Chancen für den Nachweis kosmologischer Gravitationswellen

Ist ein direkter Nachweis „primordialer" Gravitationswellen überhaupt möglich? Die Antwort lautet „ja", aber stark modellabhängig. Primordiale Gravitationswellen aus der

---

[16] Siehe Amaro-Seoane, P., Audley, H., Babak, S., Baker, J., Barausse, E., Bender, P., ... & Zweifel, P. (2017). Laser interferometer space antenna. arXiv preprint https://arxiv.org/abs/1702.00786.

[17] Siehe Punturo, M., Abernathy, M., Acernese, F., Allen, B., Andersson, N., Arun, K., ... & Yamamoto, K. (2010). The Einstein Telescope: A third-generation gravitational wave observatory. Classical and Quantum Gravity, 27(19), 194002.

Inflation sind am einfachsten über B-Moden in der Polarisation der kosmischen Mikrowellenhintergrundstrahlung nachweisbar. Eine direkte Detektion im SGWB ist dagegen schwierig, da viele Modelle ein zu schwaches Signal vorhersagen. PTAs könnten bereits jetzt ein Fenster öffnen: Falls der beobachtete Nanohertz-Hintergrund nicht vollständig durch supermassive Binärsysteme erklärt werden kann, könnte ein Restanteil auf kosmische Strings oder späte Phasenübergänge hindeuten.

Die beste Chance für Signale aus Phasenübergängen ersten Ordnung oder von den hypothetischen kosmischen Strings bieten jedoch die kommenden Missionen LISA sowie das Einstein-Teleskop. Ihre kombinierte Empfindlichkeit in unterschiedlichen Frequenzbändern erhöht entscheidend die Wahrscheinlichkeit, ein „echtes" kosmologisches Signal zu identifizieren. Indirekte Hinweise könnten auch aus Inkonsistenzen in anderen kosmologischen Daten kommen, etwa im Energiehaushalt des frühen Universums.

Schließlich lässt sich konstatieren, dass, falls das frühe Universum starke, dynamische Prozesse durchlief (wovon auszugehen ist), die davon ausgehenden Signale in Zukunft in Reichweite der beobachtenden Astronomie sind. Falls jedoch nur eine „langsame Inflation" stattfand, bleibt der direkte Nachweis vermutlich dem CMB vorbehalten.

Wissenschaftlicher Mehrwert: Was würde uns ein Nachweis bringen?

Ein eindeutiger Nachweis eines kosmologischen SGWB wäre einer der tiefgreifendsten Befunde der modernen Astrophysik. Er würde es erlauben, die Energieskala der Inflation direkt zu messen, die Temperatur früher

Phasenübergänge zu bestimmen, Teilchenphysik jenseits des Standardmodells zu testen und die Existenz topologischer Defekte wie kosmischer Strings nachzuweisen.[18] Auf praktischer Ebene ermöglichen simultane Messungen von Standard-Sirenen und SGWB robuste Tests der Kosmologie und der Gravitation auf großen Skalen.

Ein neues kosmologisches Werkzeug in Entfaltung

Gravitationswellen haben die Kosmologie bereits heute nachhaltig verändert: Standard-Sirenen bieten mittlerweile einen eigenständigen, kalibrierungsfreien Zugang zu kosmischen Entfernungen und der lokalen Expansionsrate; der stochastische Hintergrund dagegen ist ein kosmischer Palimpsest – ein überlagerter Schriftzug aus vergangenen Epochen, der die Geschichte der Sternentstehung ebenso bewahrt wie die Spuren der tiefsten Prozesse des frühen Universums.

Die unmittelbare Zukunft verspricht gewaltige Fortschritte. PTAs stehen am Rande einer Etablierung eines Nanohertz-Hintergrunds, LISA wird das mHz-Band öffnen und das Einstein-Teleskop könnte die Zahl gut lokalisierbarer Sirenen und die Empfindlichkeit gegenüber schwachen SGWB-Signalen dramatisch erhöhen. Gemeinsam ermöglichen diese Instrumente nicht nur neue Messungen – sie liefern auch die Möglichkeit, die frühe Physik des Kosmos zu testen, wie es bis vor Kurzem undenkbar schien.

[18] Siehe Maggiore, M., Van Den Broeck, C., Bartolo, N., Belgacem, E., Bertacca, D., Bizouard, M. A., ... & Sakellariadou, M. (2020). Science case for the Einstein telescope. Journal of Cosmology and Astroparticle Physics, 2020(03), 050.

Die Herausforderung bleibt hoch – sowohl technisch als auch analytisch: Es gilt, kosmologische Signale von astrophysikalischem Hintergrund zu trennen, systematische Unsicherheiten in den Statistiken der Dark Sirens unter Kontrolle zu bringen und die Netzwerkarchitektur zukünftiger Detektoren optimal zu gestalten. Doch diese Anstrengungen könnten belohnt werden: In den nächsten zwei bis drei Jahrzehnten könnte uns die Raumzeit nicht nur ihre ersten leisen Töne aus der Urzeit übermitteln, sondern auch Antworten auf grundlegende Fragen offenbaren – über die Inflation, frühe Phasenübergänge und das Wesen der Gravitation selbst.

Schlüsselgedanken

Die Entdeckung von Gravitationswellen eröffnet einen direkten Zugang zur Geometrie des Kosmos: nicht über Licht, sondern über Vibrationen der Raumzeit selbst. Sie markiert den Beginn einer neuen Ära in der Kosmologie.

Zwei neue Werkzeuge prägen diese Disziplin:

- **Standard-Sirenen:** Einzelereignisse wie die Verschmelzung kompakter Objekte, die als direkte Entfernungsindikatoren dienen.
- **Stochastischer Gravitationswellenhintergrund (SGWB):** ein kontinuierliches Signal aus überlagerten Wellen – ein „Palimpsest" der gesamten kosmischen Geschichte.

Anders als bei Supernovae („Standardkerzen") ist die Entfernung bei Standard-Sirenen direkt aus der Gravitationswellenform bestimmbar, ohne Kalibrierungsschritte über die kosmische Entfernungsleiter.

Für die Bestimmung der Expansionsrate H0 benötigt man jedoch zusätzlich die Rotverschiebung z:

- Bei einem optischen Gegenstück (Bright Siren) kann z direkt gemessen werden.
- Ohne Gegenstück (Dark Siren) wird z statistisch aus Galaxienkatalogen oder Quellenmodellen abgeleitet.

Das Ereignis GW170817 (2017), die Kollision zweier Neutronensterne mit optischem Nachweis, ermöglichte die erste unabhängige Messung von H_0 mittels einer Standard-Sirene mit einem Wert zwischen den CMB- und lokalen Messungen.

Seither liefern auch Dark Sirens bereits konkurrenzfähige Schätzungen für H_0 und liefern so eine Hoffnung für die Klärung der Hubble-Spannung.

Standard-Sirenen testen auch die Gravitationstheorie. In modifizierten Modellen könnte sich die Ausbreitungsgeschwindigkeit von Gravitationswellen von der Lichtgeschwindigkeit unterscheiden – ein Effekt, der durch GW170817 bereits stark eingeschränkt wurde.

Der stochastische Gravitationswellenhintergrund (SGWB) setzt sich aus zwei Komponenten zusammen:

- **astrophysikalischer Anteil:** Überlagerung vieler verschmelzender Binärsysteme (Schwarze Löcher, Neutronensterne). Er spiegelt die Sternentstehungs- und Merger-Historie des Universums wider.
- **kosmologischer Anteil:** Signale aus dem frühen Universum, etwa von Inflation, Phasenübergängen erster Ordnung, kosmischen Strings oder primordialen Dichtefluktuationen.

Ein solches kosmisches Signal wäre ein direkter Blick in die ersten Sekundenbruchteile nach dem Urknall – auf Energieskalen weit jenseits des LHC.

Im Jahr 2023 fanden Pulsar Timing Arrays (PTAs) starke Hinweise auf einen Nanohertz-Hintergrund vermutlich astrophysikalisch, aber möglicherweise mit einem exotischen Zusatz. Der Nachweis der Hellings-Downs-Korrelation würde seine kosmische Natur bestätigen.

Die Zukunft gehört den Multi-Band-Beobachtungen:

- **LISA (Millihertz-Band):** sensitiv für frühe Phasenübergänge, kosmische Strings und exzentrische Inspirals.
- **Einstein-Teleskop und Cosmic Explorer (Audio-Band):** Empfindlichkeit um den Faktor 10 höher als LIGO; Tausende Sirenen pro Jahr.
- **PTAs (Nanohertz-Band):** langsame Binärsysteme supermassiver Schwarzer Löcher.

Die kombinierte Analyse über alle Frequenzbänder hinweg erhöht die Chance, das Spektrum des SGWB zu entflechten und zwischen astrophysikalischen und primordialen Ursprüngen zu unterscheiden.

Ein direkter Nachweis primordialer Gravitationswellen im SGWB ist schwierig, aber möglich, besonders bei starken Prozessen wie Phasenübergängen oder kosmischen Strings. Falls nur eine „langsame Inflation" stattfand, bleibt der Nachweis über B-Moden in der CMB die beste Option.

Ein positiver Befund hätte tiefgreifende Konsequenzen:

- direkte Messung der Energieskala der Inflation,
- Test von Physik jenseits des Standardmodells,

- Nachweis von topologischen Defekten wie kosmischen Strings,
- robuste Tests von ΛCDM und Gravitationstheorien auf großen Skalen.

Gravitationswellen sind mehr als eine neue Disziplin der beobachtenden Astronomie. Sie sind ein neues Fenster zur Urzeit unseres Universums. Mit den Detektoren der nächsten Generation könnten wir bald die ältesten Töne des Universums hören: die Echos seiner Geburt.

VI

Beobachtungstechniken und zukünftige Missionen

34

Das James Webb Space Telescope – Blick ins frühe Universum

Inhaltsverzeichnis

Seit seiner Inbetriebnahme im Jahr 2022 hat das James Webb Space Telescope (JWST) neue Möglichkeiten für die Beobachtung des frühen Universums eröffnet. Als bisher leistungsfähigstes Weltraumteleskop verfügt es über einen 6,5-Meter-Spiegel und hochsensible Instrumente im nahen und mittleren Infrarotbereich und damit optimiert für die Detektion extrem rotverschobenen Lichts. Während das Hubble-Weltraumteleskop bis etwa 400 Mio. Jahre nach dem Urknall ($z \approx 11$) vordringen konnte, blickt das JWST

M. Scholz, *Das frühe Universum*,
https://doi.org/10.1007/978-3-662-73261-8_34

heute bis in die ersten 200–300 Mio. Jahre des Universums – einer Epoche, die zuvor ausschließlich im Reich der Theorie lag.

Die ersten Beobachtungen haben die astrophysikalische Gemeinschaft überrascht und stellen etablierte Modelle der Strukturentstehung auf den Prüfstand.

Überraschungen aus der kosmischen Kindheit

Das James Webb Space Telescope (JWST) hat erstmals Galaxien bei extremen Rotverschiebungen von $z \approx 12–16$ entdeckt – Licht aus einer Zeit, da das Universum weniger als 350 Mio. Jahre alt war. Zwar haben spektroskopische Nachbeobachtungen einige frühe Kandidaten als weniger massereich oder bei geringerem z revidiert, doch mehrere unabhängige Surveys (JADES, CEERS, NIRCam) bestätigen: Das frühe Universum beherbergte deutlich mehr massive Galaxien, als es die Standardmodelle der Strukturentstehung vorhersagen. Viele dieser Beobachtungen basieren jedoch auf photometrischen Schätzungen, deren Unsicherheiten die genaue Massen- und Rotverschiebungsbestimmung erschweren.

Mögliche Erklärungen für diese früh massereichen Galaxien umfassen:

- eine höhere Sternentstehungsrate in dichten, gasreichen Umgebungen,
- eine größere Effizienz bei der Umwandlung von Gas in Sterne oder
- modifizierte Anfangsbedingungen, wie sie in alternativen Inflationsmodellen mit nicht-skaleninvarianten Fluktuationen vorkommen.

Einige Astronomen sehen darin bereits einen Hinweis auf eine Physik jenseits des ΛCDM-Modells – etwa eine „Early Dark Energy", welche die Expansion des frühen Universums beschleunigte, oder etwa neuartige Wechselwirkungen zwischen Dunkler und baryonischer Materie. Andere warnen jedoch vor vorschnellen Schlüssen: Photometrische Massenbestimmungen könnten durch ungenaue Modelle stellarer Populationen verzerrt sein, und ohne gesicherte Spektraldaten bleiben sowieso viele Rotverschiebungen unsicher. Spektroskopische Bestätigungen aus den JADES- und CEERS-Kampagnen haben bereits einige extreme Kandidaten als weniger massereich oder bei geringerem z revidiert. Dennoch zeigen mehrere unabhängige Surveys (JADES, CEERS, NIRCam) eine hohe Zahl frühzeitiger, massereicher Galaxien – ein Hinweis darauf, dass das frühe Universum dynamischer war, als das Standardmodell vorhersagt, auch wenn die Diskrepanz zum ΛCDM-Modell heute deutlich geringer ist als ursprünglich befürchtet.

In der Summe ergibt sich damit ein eher differenzierteres Bild: Das JWST hat zwar bestätigt, dass das frühe Universum erstaunlich produktiv hinsichtlich der Galaxienbildung war, doch viele der zunächst spektakulären Kandidaten wurden durch genauere spektroskopische Messungen relativiert. Manche Galaxien bleiben außergewöhnlich hell und massiv, andere fügen sich nach Korrektur von Masse- oder Rotverschiebungsschätzungen gut in die Standardmodelle ein. Die Debatte ist also keineswegs beendet, sondern entwickelt sich fort – ein Beispiel dafür, wie neue Beobachtungen Hypothesen zunächst herausfordern und anschließend präzisieren (Abb. 34.1).

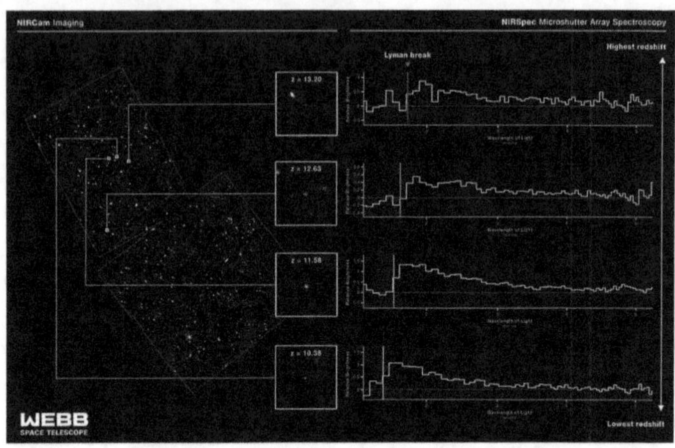

Abb. 34.1 Die Daten des James Webb Space Telescope (JWST) zeigen vier der frühesten Galaxien, die je entdeckt wurden. Mit Rotverschiebungen zwischen z = 10,38 und z = 13,20 datieren sie auf eine Ära weniger als 400 Mio. Jahre nach dem Urknall – eine Zeit, als das Universum nur 2 % seines heutigen Alters erreicht hatte. Die Spektroskopie (NIRSpec) bestätigte den Lyman-Bruch (rot markiert), ein Schlüsselzeichen für extrem hohe Rotverschiebungen. Diese Entdeckungen werfen ein neues Licht auf die Strukturbildung im frühen Universum und stellen aktuelle kosmologische Modelle auf den Prüfstand. (Wikimedia)

Die Reionisationsära – Licht bricht durch den kosmischen Nebel

Eines der zentralen wissenschaftlichen Ziele des JWST ist die empirische Erforschung der Reionisationsära – jener entscheidenden Übergangsphase zwischen etwa $z \approx 20$ und $z \approx 6$ (vor 13,4 bis 13 Mrd. Jahren), in der das Universum aus der kosmischen Dunkelheit ins Licht trat und sich von einem undurchsichtigen Nebel aus neutralem Wasserstoff zu einem transparenten Raum für Sternenlicht verwandelte.

Im Anschluss an die Rekombination war das intergalaktische Medium (IGM) mit neutralem Wasserstoff gefüllt, der UV-Photonen unterhalb der Lyman-Grenze (91,2 nm) effizient absorbiert. Mit der Entstehung der ersten lichtstarken Objekte – vor allem massereicher Sterne in frühen Galaxien – begann die Photoionisation: UV-Photonen ionisierten Wasserstoffatome und erzeugten ein durchlässiges Plasma.

Dieser Prozess verlief inhomogen: Um die ersten Galaxien bildeten sich ionisierte Blasen, die sich ausdehnten und schließlich miteinander verschmolzen. Bis $z \approx 6$ war das IGM dann vollständig ionisiert – ein Zustand, der bis heute anhält.

Das JWST liefert nun außerhalb der reinen Theorie erstmalig Hinweise auf die Hauptquellen der Reionisation[1]:

- Frühe Galaxien weisen eine hohe spezifische Rate an ionisierender Strahlung im Lyman-Kontinuum (LyC, Photonen mit Wellenlängen unter 91,2 nm) auf – ausreichend, um die Reionisation zu erklären, vorausgesetzt, ein signifikanter Anteil entweicht ins IGM.
- Die hohe Zahl von Galaxien bei $z > 10$ legt nahe, dass sie die dominierenden Ionisationsquellen waren.
- Die Rolle von Population-III-Sternen bleibt unklar: Obwohl sie extrem UV-leuchtkräftig wären, ist ihre Lebensdauer kurz und ihre Häufigkeit gering – sie könnten nur lokal wirksam gewesen sein. AGN könnten in der späten Reionisationsphase ($z < 7$) beigetragen haben, aber ihre Zahl in den frühesten Epochen ist zu gering, um den Prozess maßgeblich zu beeinflussen.

---

[1] Siehe z. B. Bunker, A. J., Wilkins, S., Ellis, R. S., Stark, D. P., Lorenzoni, S., Chiu, K., ... & Hickey, S. (2010). The contribution of high-redshift galaxies to cosmic reionization: new results from deep WFC3 imaging of the Hubble Ultra Deep Field. Monthly Notices of the Royal Astronomical Society, 409(2), 855–866.

Darüber hinaus hat das JWST auch Hinweise auf aktive galaktische Kerne bei hohen Rotverschiebungen gefunden – etwa in GN-z11 ($z \approx 10{,}6$) –, die auf die Existenz supermassereicher Schwarzer Löcher in der frühen Phase hindeuten. Dass sich diese supermassiven Schwarzen Löcher in weniger als 500 Mio. Jahren nach dem Urknall gebildet haben, stellt die theoretische Astrophysik vor eine große Herausforderung. Als mögliche Erklärungen werden Szenarien diskutiert wie der direkte Kollaps massereicher Gaswolken zu schweren „Seed"-Schwarzen Löchern oder die Entstehung aus massereichen Population-III-Sternen. Solche frühen Objekte könnten nicht nur die Reionisation lokal beschleunigt, sondern auch maßgeblich zur chemischen Anreicherung des jungen Universums beigetragen haben.

Die Hubble-Spannung: Kann hier das JWST helfen?

Das JWST trägt wesentlich zur Klärung der Hubble-Spannung bei (siehe Essay 25). Durch präzise Infrarotmessungen an Cepheiden und Supernovae vom Typ Ia kann es nämlich systematische Unsicherheiten in der kosmischen Entfernungsleiter verringern. Die neuesten JWST-Daten (2023/24) bestätigen beispielsweise die SH0ES-Messung von $H_0 \approx 73{,}04$ km s^{-1} Mpc^{-1} mit verbesserter Genauigkeit und verringern die Wahrscheinlichkeit, dass systematische Fehler die Diskrepanz erklären. Im Vergleich zur Planck-basierten Extrapolation ($H_0 \approx 67{,}36$ km s^{-1} Mpc^{-1}) beträgt die Abweichung etwa 4 bis etwas über 5 Standardabweichungen (σ) – was statistisch hochsignifikant ist. Damit ist aber auch klar: Die Hubble-Spannung ist kein Artefakt der Messung, sondern ein ernst zu nehmender Widerspruch im ΛCDM-Modell.

Sollte sich die Abweichung bestätigen, wäre sie der stärkste Hinweis auf eine Physik jenseits des ΛCDM-Modells seit Jahrzehnten. Mögliche Erklärungen umfassen eine kurzzeitige „*Early Dark Energy*", die die Expansion in der Frühzeit beschleunigte, modifizierte Gravitationstheorien oder neue Neutrino-Eigenschaften (z. B. sterile Neutrinos oder selbstwechselwirkende Neutrinos). Auch lokale Inhomogenitäten (z. B. ein „*Local Void*") können die Diskrepanz nicht vollständig erklären. Daraus lässt sich folgende Konsequenz ableiten: Entweder fehlt eine wesentliche Komponente im Modell des frühen Universums – oder es ist erforderlich, das ΛCDM-Modell erheblich zu erweitern.

Eine neue Ära der Präzisionskosmologie

Das JWST ist mehr als ein Teleskop – es ermöglicht direkte Beobachtungen der ersten 100 Mio. Jahre kosmischer Geschichte. Es liefert nicht nur Daten über die frühesten Galaxien, sondern fordert auch unser Verständnis dafür heraus, was Strukturentstehung, Reionisation und die Expansion des Universums betrifft.

Die Datenflut wächst mit jedem Tag – und mit ihr die Diskrepanz zwischen Beobachtung und Modellvorhersage. Das JWST markiert möglicherweise nicht nur den Beginn einer neuen Beobachtungsära, sondern auch den Startpunkt für eine Revision des ΛCDM-Modells – oder zumindest seiner Anwendbarkeit in der frühen Phase unserer kosmischen Geschichte.

Eines ist aber jetzt schon sicher: Wir beobachten das Universum heute präziser denn je – und je tiefer wir blicken, desto deutlicher wird, wie viel unser aktuelles Modell noch nicht erklären kann.

Was verraten uns die ersten Galaxien des JWST?

Die Entdeckung extrem früher Galaxien durch das James Webb Space Telescope wirft nicht nur technische, sondern auch tiefgreifende physikalische Fragen auf. Was bedeutet es, wenn Strukturen bereits bei $z \approx 12\text{–}16$ existieren, die nach gängigen Modellen erst viel später entstehen sollten? Um diese Frage zu beantworten, lohnt sich ein gezielter Blick auf drei zentrale Aspekte: die Bildungsgeschwindigkeit von Galaxien, die chemische Zusammensetzung und die kosmologische Rolle dieser frühen Systeme.

1. Wie schnell entstanden die ersten Galaxien?
Die beobachteten Massen von bis zu 10^9 Sonnenmassen innerhalb der ersten 300 Mio. Jahre stellen eine Herausforderung für die klassische Akkretionsdynamik im ΛCDM-Modell dar. Die Daten legen nahe, dass entweder die Sternentstehungsrate in den frühesten Galaxien deutlich höher war als erwartet – möglicherweise aufgrund extrem gasreicher Umgebungen – oder dass die Effizienz der Gasverdichtung durch gravitative Instabilitäten oder frühe Feedback-Prozesse erhöht wurde. Diese Befunde deuten darauf hin, dass die frühe Galaxienbildung dynamischer und effizienter verlief als in Standardmodellen angenommen.

2. Warum zeigen einige frühe Galaxien bereits Spuren von Metallen in ihren Spektren?
Einige der frühesten Galaxien weisen Spektralsignaturen schwerer Elemente auf – ein Hinweis darauf, dass bereits die ersten Sterngenerationen (Population III) entstanden, gelebt und als Supernovae explodiert sein müssen. Diese Beobachtung verschiebt den Zeitpunkt der ersten chemischen Anreicherung auf einen deutlich früheren Zeitpunkt

als bisher angenommen. Damit wäre die „Metallisierung" des frühen Universums kein langsamer, sondern ein schneller Prozess gewesen, der bereits in den ersten 200–300 Mio. Jahren nach dem Urknall begann.

3. Welche Rolle spielten sie bei der Reionisation?
Die hohe Zahl und Leuchtkraft dieser frühen Galaxien legen nahe, dass sie die dominierenden Quellen der Lyman-Kontinuum-Photonen waren – jener UV-Strahlung, die für die Ionisation des intergalaktischen Mediums verantwortlich war. Ihre spezifische Photonenausbeute und Dichte sind ausreichend, um die Reionisation bis $z \approx 6$ abzuschließen. Damit erscheinen Galaxien als die zentralen Akteure dieser Übergangsphase, während Population-III-Sterne und aktive Galaxienkerne (AGN) vermutlich nur sekundäre oder lokale Beiträge leisteten.

Neue Galaxien, neue Fragen

Die ersten Galaxien sind keine stillen Keime mehr, sondern aktive, lichtstarke Systeme in einem dynamischeren frühen Universum, als wir es uns je vorgestellt haben. Das JWST ist damit mehr als nur ein neues Auge ins All – es zwingt uns, die Frühgeschichte des Universums neu zu schreiben. Ob durch präzisere Modelle der Galaxienbildung oder durch Physik jenseits von ΛCDM: Das Weltraumteleskop markiert den Beginn einer Ära, in der Beobachtung und Theorie gleichermaßen an ihre Grenzen stoßen. Anstatt nur zu bestätigen, was wir erwarten, zwingt es uns, unser Verständnis der frühen kosmischen Entwicklung neu zu justieren – sei es durch verbesserte Modelle im Bereich der Baryonen-Physik oder durch die Suche nach neuen physikalischen Komponenten im frühen Kosmos (Abb. 34.2).

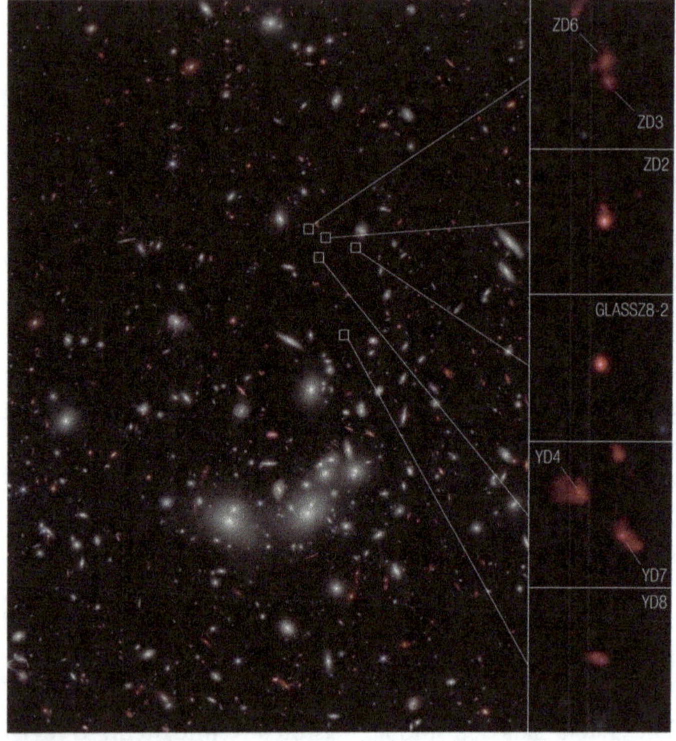

Abb. 34.2 Pandora's Cluster (Abell 2744), ein massereicher Galaxienhaufen, fungiert als natürliche Gravitationslinse, die extrem weit entfernte Hintergrundgalaxien verstärkt. Die JWST/NIRCam-Aufnahmen zeigen Galaxien mit Rekord-Rotverschiebungen von $z \approx 10{,}5$ bis $z \approx 12{,}5$ – Licht, das mehr als 13,4 Mrd. Jahre zu uns unterwegs war und aus einer Zeit stammt, als das Universum gerade 400–500 Mio. Jahre alt war. Diese Entdeckungen bieten einen einzigartigen Blick in die früheste Phase der Galaxienentstehung und testen die Grenzen unseres Verständnisses von Strukturbildung im jungen Universum. (Wikimedia, NASA, ESA, CSA, Takahiro Morishita (Caltech/IPAC))

Schlüsselgedanken

JWST revolutioniert die Frühzeit-Kosmologie, *Mit Infrarotbeobachtungen erreicht es bis zu 250–300 Mio. Jahre nach dem Urknall – eine Epoche, die zuvor nur theoretisch zugänglich war.*

Frühe, massive Galaxien stellen das ΛCDM-Modell auf die Probe. *Beobachtungen zeigen Galaxien mit bis zu* 10^9 *Sonnenmassen bei* $z \approx 12–16$ *– schneller und massereicher, als es gängige Modelle der Strukturentstehung vorhersagen.*

Die Reionisation wurde vermutlich von Galaxien getrieben. *Die hohe Zahl und UV-Leuchtkraft früher Galaxien legen nahe, dass sie die dominierenden Quellen der ionisierenden Strahlung waren – nicht AGN oder Population-III-Sterne.*

JWST bestätigt die Hubble-Spannung. *Präzise Messungen an Cepheiden und Supernovae stützen den hohen Wert von* $H_0 \approx 73{,}04\ km\ s^{-1}\ Mpc^{-1}$ *– ein statistisch signifikanter Widerspruch zum CMB-basierten Wert (*$67{,}36\ km\ s^{-1}\ Mpc^{-1}$*).*

Chemische Anreicherung begann früher als gedacht. *Spuren von Metallen in extrem frühen Galaxien deuten darauf hin, dass die ersten Supernovae bereits innerhalb der ersten 200 Mio. Jahre explodierten.*

Systematische Unsicherheiten bleiben. *Viele Massen- und Rotverschiebungsschätzungen basieren auf Photometrie; spektroskopische Bestätigungen haben einige extreme Kandidaten korrigiert.*

JWST ist kein Bestätigungsinstrument, sondern ein Provokateur. *Es zeigt, dass das frühe Universum dynamischer war als angenommen – und zwingt uns, zwischen verbesserten Modellen der Galaxienphysik und Physik jenseits des Standardmodells zu entscheiden.*

35

Kosmische Dämmerung und das 21-cm-Signal: Die Ära der ersten Sterne

Inhaltsverzeichnis

Etwa 100 Mio. Jahre nach dem Urknall begann sich das Universum grundlegend zu verändern. Nach einer langen Periode völliger Dunkelheit, in der es weder Sterne noch Galaxien gab, erleuchteten erstmals Lichtquellen den Kosmos. Diese Übergangszeit, welche die Astronomen heute als „kosmische Dämmerung" bezeichnen, markiert den Beginn

M. Scholz, *Das frühe Universum*,
https://doi.org/10.1007/978-3-662-73261-8_35

der Strukturbildung und damit das Ende des kosmischen Dunklen Zeitalters. Die ersten Sterne begannen die Dunkelheit zu erleuchten.

Die physikalischen Prozesse dieser Epoche sind zentral für das Verständnis der kosmischen Evolution. In jener Zeit entstanden die ersten schweren Elemente, hier begann das intergalaktische Gas ionisiert zu werden (und zu leuchten), und hier wurden die physikalischen Bedingungen geschaffen, die letztlich zur Entstehung der heutigen Galaxien führten.[1] Dennoch ist diese Ära schwer zugänglich. Ihre Signale sind äußerst schwach und sehr stark rotverschoben. Ein Schlüssel zu ihr ist jedoch das 21-cm-Signal des neutralen Wasserstoffs, das uns wie ein Radiosignal aus der Frühzeit des Universums erreicht.[2]

Vom Dunklen Zeitalter zur ersten Generation von Sternen

Nach der Rekombination, etwa 380.000 Jahre nach dem Urknall, bestand das Universum aus einem nahezu homogenen Gas aus neutralem Wasserstoff und Helium. Photonen entkoppelten von der Materie und bildeten die kosmische Mikrowellenhintergrundstrahlung (CMB, siehe Essay 2). Danach folgte eine lange Phase, in der keine neuen Lichtquellen entstanden – das sogenannte Dunkle Zeitalter.

Während dieser Zeit kühlte das Gas weiter ab, und winzige Dichtefluktuationen, die noch aus der Inflationsphase stammten, begannen unter Wirkung der Gravitation zu

---

[1] Siehe Loeb, A., & Furlanetto, S. R. (2013). The first galaxies in the universe. In The First Galaxies in the Universe. Princeton University Press.

[2] Siehe Furlanetto, S. R., Oh, S. P., & Briggs, F. H. (2006). Cosmology at low frequencies: The 21 cm transition and the high-redshift Universe. Physics reports, 433(4-6), 181-301.

wachsen.[3] Diese Dichteschwankungen bildeten kleine Halos aus Dunkler Materie, in deren Gravitationspotentialen sich das baryonische Gas ansammelte. Entscheidend war dabei die Fähigkeit des Gases, abzukühlen, um die notwendige Dichte für die Sternentstehung zu erreichen.[4]

Da es noch keine schweren Elemente („Metalle", im Astronomen-Jargon alle Elemente schwerer als Helium) gab, konnte die Abkühlung nur durch Moleküle wie H_2 erfolgen, die in dieser Hinsicht jedoch eher ineffizient sind. Erst in Halos mit Massen oberhalb von etwa 10^5–10^6 Sonnenmassen reichten die Temperatur (~200 K) und Dichte aus, um die H_2-Bildung zu ermöglichen. Und genau hier und unter diesen Bedingungen entstanden die ersten Sterne, genauer gesagt die Population-III-Sterne.[5]

Die ersten Sterne – riesig, kurzlebig und folgenreich

Population-III-Sterne unterschieden sich fundamental von den Sternen späterer Generationen. Simulationen und theoretische Modelle zeigen, dass sie sehr massereich waren – typischerweise 30 bis 300 Sonnenmassen –, weil der Mangel an Metallen die Kühlung und Fragmentierung des kollabierenden Gases verhinderte.

Diese kosmischen Giganten lebten nur wenige Millionen Jahre, verbrauchten ihr Wasserstoffreservoir in atemberaubender Geschwindigkeit und endeten oft in spektaku-

[3] Siehe Barkana, R. (2018). Possible interaction between baryons and dark-matter particles revealed by the first stars. Nature, 555(7694), 71-74.

[4] Siehe Tegmark, M., Silk, J., Rees, M. J., Blanchard, A., Abel, T., & Palla, F. (1997). How small were the first cosmological objects? The Astrophysical Journal, 474(1), 1.

[5] Siehe Bromm, V. (2013). Formation of the first stars. Reports on Progress in Physics, 76(11), 112901.

lären Supernovae – oder kollabierten direkt zu Schwarzen Löchern.[6] Mit ihren intensiven ultravioletten Strahlungsfeldern begannen sie das umgebende intergalaktische Medium zu ionisieren, wodurch die „kosmische Reionisation“ eingeleitet wurde. Gleichzeitig erzeugten sie die ersten schweren Elemente – Kohlenstoff, Sauerstoff, Eisen –, die sich in das umgebende Gas mischten und damit die Bildung der nachfolgenden Sternengenerationen ermöglichten.

Man kann die kosmische Entwicklung dieser Zeit in drei grobe Abschnitte gliedern:

- **Dunkles Zeitalter ($z \approx 1100$–30):** kein Sternenlicht, nur CMB und neutraler Wasserstoff.
- **kosmische Dämmerung ($z \approx 30$–15):** Bildung der ersten Sterne und Schwarzen Löcher, Beginn der Reionisation.
- **Epoche der Reionisation ($z \approx 15$–6):** Das Universum wird durch stellares und AGN-Licht zunehmend ionisiert, bis es weitgehend durchsichtig ist.[7]

Das 21-cm-Signal: Wasserstoff als kosmischer Chronist

Wie aber kann man eine Zeit erforschen, aus der kein sichtbares Licht mehr erhalten ist? Hier kommt das 21-cm-Signal ins Spiel – eine Radiolinie, die durch den Übergang

---

[6] Siehe Inayoshi, K., Li, M., & Haiman, Z. (2018). Massive black hole and Population III galaxy formation in overmassive dark-matter haloes with violent merger histories. Monthly Notices of the Royal Astronomical Society, 479(3), 4017-4027.

[7] Siehe Fan, X., Carilli, C. L., & Keating, B. (2006). Observational constraints on cosmic reionization. Annu. Rev. Astron. Astrophys., 44(1), 415-462.

zwischen den beiden Hyperfeinstrukturniveaus des Grundzustands des neutralen Wasserstoffatoms entsteht.[8]

Wenn die Spin-Richtung des Elektrons und des Protons von parallel auf antiparallel wechselt, wird ein Photon mit einer Wellenlänge von 21 cm (Frequenz 1420 MHz) emittiert. Im expandierenden Universum wird diese Strahlung dann stark rotverschoben – d. h. für $z \approx 20$ auf etwa 70 MHz.

Die Stärke dieses Signals hängt von der „Spin-Temperatur" des Wasserstoffs ab, die wiederum mit der Temperatur des Gases und der Hintergrundstrahlung (CMB) verknüpft ist. Je nach den physikalischen Prozessen in der Umgebung kann das 21-cm-Signal entweder als Absorption oder Emission gegenüber der CMB erscheinen.

Während der „kosmischen Dämmerung" geschah Folgendes:

Zunächst kühlte das Gas stärker ab als die Strahlung, sodass ein Absorptionssignal möglich wurde. Mit dem Entstehen der ersten Sterne und Galaxien begannen ultraviolette Photonen über den sogenannten Wouthuysen-Field-Effekt die Hyperfeinstrukturzustände zu koppeln, wodurch die Spin-Temperatur von der CMB entkoppelt wurde.[9] Schließlich heizte die Röntgenstrahlung der ersten Schwarzen Löcher und Supernovae das Gas wieder auf, wodurch das Signal von Absorption zu Emission überging.[10]

Die Entwicklung der 21-cm-Linie spiegelt damit die gesamte thermische und ionische Geschichte des frühen Universums wider. Für die beobachtenden Astronomen ist das ein einzigartiger kosmischer Chronometer.

---

[8] Siehe Pritchard, J. R., & Loeb, A. (2012). 21 cm cosmology in the 21st century. Reports on Progress in Physics, 75(8), 086901.

[9] Siehe Wouthuysen, S. A. (1952). On the excitation mechanism of the 21-cm (radio-frequency) interstellar hydrogen emission line. The Astronomical Journal, 57, 31-32.

[10] Siehe Pritchard, J. R., & Furlanetto, S. R. (2007). 21-cm fluctuations from inhomogeneous X-ray heating before reionization. Monthly Notices of the Royal Astronomical Society, 376(4), 1680-1694.

Beobachtungen: Erste Hinweise und die Herausforderungen

Die Messung des 21-cm-Signals ist technisch extrem anspruchsvoll. Die Signale aus der Epoche der kosmischen Dämmerung sind winzig – im Temperaturmaß typischerweise einige Millikelvin – und sie werden von galaktischen Vordergrundquellen um mehrere Größenordnungen überstrahlt.[11] Dennoch sind auf diesem Gebiet in den letzten Jahren große Fortschritte gelungen.

2018 berichtete das EDGES-Experiment von einem möglichen globalen Absorptionssignal bei etwa 78 MHz, entsprechend einer Rotverschiebung von $z \approx 17$. Sollte sich dieser Befund bestätigen, würde er darauf hinweisen, dass die ersten Sterne bereits rund 180 Mio. Jahre nach dem Urknall aktiv waren. Allerdings ist das Ergebnis umstritten; spätere Analysen konnten das Signal bislang nicht reproduzieren.

Große Radioteleskop-Projekte wie LOFAR, MWA, HERA und künftig das Square Kilometre Array (SKA) sollen in Zukunft die 21-cm-Emission kartieren und so ein dreidimensionales Bild der Reionisationsepoche erstellen. Das SKA, dessen erste Phase Mitte der 2030er-Jahre in Betrieb gehen soll, wird erstmals die Fluktuationen des 21-cm-Signals mit ausreichender Empfindlichkeit auflösen können, um die Übergänge zwischen Dunklem Zeitalter, kosmischer Dämmerung und Reionisation direkt zu rekonstruieren.[12]

---

[11] Siehe Bowman, J. D., Rogers, A. E., Monsalve, R. A., Mozdzen, T. J., & Mahesh, N. (2018). An absorption profile centred at 78 megahertz in the sky-averaged spectrum. Nature, 555(7694), 67-70.

[12] Siehe Dewdney, P. E., Hall, P. J., Schilizzi, R. T., & Lazio, T. J. L. (2009). The square kilometre array. Proceedings of the IEEE, 97(8), 1482-1496.

Kosmologische Bedeutung: Ein Fenster in die Urzeit

Das 21-cm-Signal eröffnet der Kosmologie einen völlig neuen Beobachtungszugang. Es erlaubt, die Materieverteilung zu kartieren, lange bevor Galaxien überhaupt sichtbar wurden, und liefert damit Einblicke in

- die Entstehung der ersten Sterne und Galaxien,
- die Temperaturentwicklung des intergalaktischen Mediums,
- die Verteilung der Dunklen Materie, da die baryonischen akustischen Oszillationen im 21-cm-Spektrum erhalten bleiben,
- sowie mögliche Spuren einer „neuen Physik", etwa zusätzliche Energieintrusionen durch Zerfall oder Annihilation Dunkler Materie.

In Kombination mit CMB- und Galaxiendaten kann das 21-cm-Signal damit helfen, die Übergangsphasen des Universums präzise zu datieren, insbesondere was den Beginn der Sternbildung und der Reionisation betrifft.

Wurden Sterne der Population III bereits entdeckt?

Bis 2025 ist kein direkter Nachweis eines echten Population-III-Sterns gelungen. Diese Sterne lebten zu kurz und waren zu weit entfernt, um einzeln beobachtbar zu sein. Allerdings haben Beobachtungen des James Webb Space Telescope (JWST) spektakuläre Fortschritte gebracht: Es hat Galaxien bei Rotverschiebungen von $z \approx 13–14$ identifiziert, also nur in einem zeitlichen Abstand von etwa 300 Mio.

Jahren nach dem Urknall.[13] Einige dieser Objekte zeigen extrem niedrige Metallizitäten und ungewöhnlich blaue Spektren, was man durchaus als mögliche Hinweise auf die Gegenwart von Population-III-Sternen oder auf ihre unmittelbaren Nachfolger deuten kann.

Indirekte Spuren liefern auch metallarme Sterne in unserer Galaxis, sogenannte „stellare Fossilien". Ihre chemische Zusammensetzung verrät, dass sie aus Gaswolken entstanden sein müssen, die durch nur wenige, sehr massereiche Supernovae mit schweren Elementen angereichert wurden. Und genau das ist auch durchaus konsistent mit den erwarteten Eigenschaften der ersten Sternengeneration.[14]

Ein neuer Kosmos im Radiolicht

Die kosmische Dämmerung war die erste große Zäsur nach dem Urknall – der Moment, in dem Dunkelheit zu Licht wurde. In dieser Epoche wurden die ersten Sterne geboren, die ersten Elemente geschmiedet und die Grundlagen der heutigen Galaxien gelegt.

Das 21-cm-Signal des neutralen Wasserstoffs ist unser Schlüssel zu dieser Zeit. Es trägt die Spuren der ersten Strahlungsquellen, der thermischen Geschichte des Gases und der beginnenden Reionisation in sich. Mit kommenden Radioteleskopen wie dem SKA und zukünftigen JWST-

---

[13] Siehe Naidu, R. P., Oesch, P. A., van Dokkum, P., Nelson, E. J., Suess, K. A., Brammer, G., ... & Weibel, A. (2022). Two remarkably luminous galaxy candidates at $z \approx 10$–12 revealed by JWST. The Astrophysical Journal Letters, 940(1), L14.

[14] Siehe Frebel, A., & Norris, J. E. (2015). Near-field cosmology with extremely metal-poor stars. Annual Review of Astronomy and Astrophysics, 53(1), 631-688.

Folgemissionen wird es erstmals möglich sein, diese Ära nicht mehr nur theoretisch zu rekonstruieren, sondern tatsächlich zu beobachten – das Erwachen des Kosmos im Dämmerlicht der ersten Sterne.

Schlüsselgedanken

Die kosmische Dämmerung markiert den Übergang vom Dunklen Zeitalter zur ersten Lichtära. Etwa 100–200 Mio. Jahre nach dem Urknall entzündeten sich die ersten Sterne – die massereichen Population-III-Sterne – und leiteten damit die Reionisation des Universums ein.

Diese frühesten Sterne waren fundamental anders als heutige Sterne sehr massereich (30–300 Sonnenmassen), metallfrei, heiß und kurzlebig. Sie endeten oft in Supernovae oder kollabierten direkt zu Schwarzen Löchern, und erzeugten dabei die ersten schweren Elemente und ionisierten ihr Umgebungsgas.

Die Entwicklung dieser Epoche gliedert sich in drei Phasen:

- **Dunkles Zeitalter ($z \approx 1100$–30):** Es gibt kein Sternenlicht, nur CMB und neutrales Gas.
- **kosmische Dämmerung ($z \approx 30$–15):** Erste Sterne und Galaxien entstehen, Beginn der Reionisation.
- **Reionisationsära ($z \approx 15$–6):** Das Universum wird durch stellare UV-Strahlung und AGN-Licht zunehmend transparent.

Eine direkte Beobachtung dieser Epoche ist nahezu unmöglich. Daher ist das 21-cm-Signal des neutralen Wasserstoffs der Schlüssel zur Erforschung dieser Zeit. Es entsteht durch einen Hyperfeinstrukturübergang im Grundzustand von H und wird im expandierenden Universum stark rotverschoben (z. B. auf ~70 MHz bei $z \approx 20$).

Dieses Signal ist ein kosmischer Chronometer. Seine Stärke und Form spiegeln die thermische und ionische Geschichte des intergalaktischen Mediums wider – ob es wärmer oder kälter war als die CMB und wann erste Strahlungsquellen wirksam wurden.

Im Verlauf der kosmischen Dämmerung verändert sich das Signal dreimal:

- **Absorption:** Das Gas kühlt ab und erscheint kälter als die CMB.
- **Entkopplung:** UV-Licht der ersten Sterne koppelt die Spin-Temperatur über den Wouthuysen-Field-Effekt an die Gas-Temperatur.
- **Emission:** Röntgenstrahlung von frühen Quasaren und Supernovae heizt das Gas auf – das Signal schlägt in Emission um.

Beobachtungen sind extrem herausfordernd. Das Signal ist nur wenige Millikelvin stark und wird von galaktischem Radiohintergrund um Größenordnungen überstrahlt.

Das EDGES-Experiment berichtete 2018 von einem unerwartet tiefen Absorptionspeak bei 78 MHz ($z \approx 17$), was auf eine schnellere Kühlung des Gases hindeuten könnte – möglicherweise durch Wechselwirkungen mit Dunkler Materie. Dieses Ergebnis bleibt jedoch umstritten und ist nicht reproduziert.

Großprojekte wie LOFAR, HERA und vor allem das Square Kilometre Array (SKA) sollen die Fluktuationen des 21-cm-Signals kartieren und so die Strukturent-

stehung vor den ersten Galaxien sichtbar machen. Ab Mitte der 2030er-Jahre könnte SKA die erste 3-D-Tomographie der Reionisationsära liefern.

Parallel dazu liefert das James Webb Space Telescope (JWST) indirekte Hinweise. Es entdeckt bereits bei $z \approx$ 13–14 Galaxien mit blauen Spektren und niedriger Metallizität – mögliche Signaturen von Population-III-Sternen oder ihren direkten Nachfolgern.

Zusätzlich bestätigen metallarme „Fossilsterne" in unserer Milchstraße, dass die ersten Supernovae aus sehr massereichen Vorläufern stammen müssen.

Das 21-cm-Signal ist mehr als ein Radiosignal.
Es ist ein Fenster in die Urzeit des Kosmos. Es ermöglicht Einblicke in

- die Entstehung der ersten Sterne und Galaxien,
- die thermische Entwicklung des intergalaktischen Mediums,
- die Verteilung der Dunklen Materie über baryonischen akustische Oszillationen und
- mögliche Spuren „neuer Physik" wie Dunkle-Materie-Zerfälle.

Die Kombination aus Radiokosmologie (SKA) und Infrarotbeobachtungen (JWST) eröffnet eine neue Ära. Erstmals können wir das Erwachen des Universums nicht nur modellieren, sondern auch beobachten – das Ende der Dunkelheit im Dämmerlicht der ersten Sterne.

VII

Philosophie und Metakosmologie

36

Feinabstimmung der Naturkonstanten

Inhaltsverzeichnis

Einer der faszinierendsten und umstrittenen Aspekte der modernen Kosmologie ist die Beobachtung, dass kleine Änderungen in den fundamentalen Naturkonstanten – wie der Stärke der Wechselwirkungen, den Teilchenmassen oder der Energiedichte der Dunklen Energie – dazu führen

M. Scholz, *Das frühe Universum*,
https://doi.org/10.1007/978-3-662-73261-8_36

würden, dass Atome, Sterne oder stabile Materie nicht existieren könnten. Dieses Phänomen, bekannt als „Feinabstimmungsproblem", legt nahe, dass die physikalischen Parameter unseres Universums in einem engen Bereich liegen, der die Entstehung komplexer Strukturen ermöglicht. Es wirft sowohl physikalische als auch philosophische Fragen auf: Sind diese Werte zufällig, notwendig oder ist ihre Beobachtung durch unsere Existenz bedingt?

Beispiele für extreme Empfindlichkeit

- **Starke Wechselwirkung:** Die Stärke der starken Wechselwirkung bestimmt die Stabilität von Atomkernen. Eine Verringerung um etwa 2 % würde die Bildung von Helium-4 verhindern, da die elektromagnetische Abstoßung zwischen Protonen die nukleare Bindung überwiegen würde. Ohne stabile Heliumkerne gäbe es keine langen Sternlebenszyklen, keine Supernovae und keine Nukleosynthese schwerer Elemente. Eine Erhöhung um 2 % könnte die Bildung eines stabilen Diprotons (zwei Protonen) ermöglichen, was zur sofortigen Fusion des gesamten Wasserstoffs zu Helium führen und die Sternentstehung verhindern würde.[1]
- **Dichtefluktuationen im CMB:** Die Amplitude der primordialen Dichtefluktuationen beträgt etwa 10^{-5} (entspricht 18 μK in der CMB-Temperatur). Wären sie deutlich größer, hätten sie in der frühen Phase zu massiven primordialen Schwarzen Löchern geführt, die die Strukturentwicklung unterdrückt hätten. Wären sie deutlich kleiner, hätte die gravitative Instabilität nicht ausgereicht, um Galaxien oder Sterne zu bilden. (Abb. 36.1).

[1] Eine detaillierte Analyse findet sich in: Adams, F. C. (2008). Stars in other universes: stellar structure with different fundamental constants. Journal of Cosmology and Astroparticle Physics, 2008(08), 010.

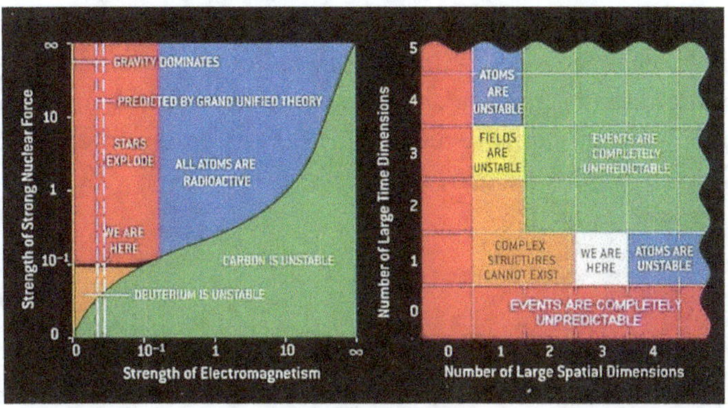

Abb. 36.1 Die Grafik zeigt, wie winzige Änderungen physikalischer Konstanten (links: Stärke des elektromagnetischen Vergleichs zur starken Kernkraft; rechts: Anzahl räumlicher/zeitlicher Dimensionen) die Existenz komplexer Strukturen und somit Leben unmöglich machen würden. Wir befinden uns in einem „Goldlöckchen-Bereich", wo Atome stabil sind, Sterne brennen und komplexe Systeme entstehen können – ein Schlüsselargument für das anthropische Prinzip: Die Naturgesetze sind so abgestimmt, dass Beobachter wie wir existieren können. (University of Oregon)

- **Dunkle Energie:** Ihre Energiedichte beträgt etwa 5×10^{-10} J/m^3 – um etwa 120 Größenordnungen kleiner als die naiv aus der Quantenfeldtheorie abgeleitete Vakuumenergie. Diese Diskrepanz ist als „kosmologisches Konstanten-Problem" bekannt. Eine um den Faktor 10 höhere Energiedichte hätte die beschleunigte Expansion so früh einsetzen lassen, dass der Gravitationskollaps von Gaswolken unterdrückt worden wäre – mit der Folge eines weitgehend strukturlosen Universums. Aktuelle Daten von DESI und Euclid bestätigen die geringe Energiedichte, ohne jedoch deren Ursprung erklären zu können.[2]

[2] Siehe Levi, M. E., Allen, L. E., Raichoor, A., Baltay, C., BenZvi, S., Beutler, F., ... & Zu, Y. (2019). The dark energy spectroscopic instrument (DESI). The Bulletin of the American Astronomical Society, 57(7).

Diese Beispiele verdeutlichen: Das Universum existiert in einem äußerst schmalen „Goldlöckchen-Bereich" – weder zu chaotisch noch zu starr, weder zu dicht noch zu leer.[3] Nur innerhalb dieses engen Fensters konnten sich Strukturen entwickeln, die letztlich Leben (wie wir es kennen) ermöglichten.

Erklärungsansätze: Warum ist alles so „passend"?

Die Frage, warum die Naturkonstanten Werte haben, die komplexe Strukturen ermöglichen, wird durch drei Hauptansätze diskutiert:

1. Das anthropische Prinzip
Stellen Sie sich dazu vor, die Naturgesetze wären nur ein kleines bisschen anders, als wir sie kennen: die Gravitation stärker, die Kernkraft schwächer. Dann gäbe es keine Sterne, keine Atome, kein Leben. Dass unsere Konstanten gerade jene Werte haben, die komplexe Strukturen zulassen, wirft die Frage auf: Ist das Zufall? Oder ist unser Universum Teil eines größeren Ganzen, in dem viele verschiedene Welten existieren – und wir nur in einer leben, die passt?

Das anthropische Prinzip dreht die Perspektive um: Wir leben nicht in einem besonderen Universum, weil es so sein musste – wir leben in einem Universum, das passt, weil wir sonst gar nicht hier wären, um die Frage zu stellen.

In einem Universum mit zu starker Gravitation würden Sterne in Sekundenschnelle vergehen; bei zu schwacher

[3] Der Begriff „Goldlöckchen-Bereich" leitet sich aus dem Märchen „Goldlöckchen und die drei Bären" ab: Goldlöckchen probiert drei Breischüsseln und findet eine, die „weder zu heiß noch zu kalt, sondern genau richtig" ist. In der Wissenschaft wird der Begriff analog verwendet, um Bereiche zu beschreiben, in denen physikalische oder chemische Bedingungen ideal für ein bestimmtes Ergebnis sind.

Kernkraft gäbe es keine Kohlenstoffbildung – und damit keine Basis für Leben, wie wir es kennen.

Beim anthropischen Prinzip unterscheidet man übrigens zwei Formen:

- **schwache Form:** Unter einer Vielzahl möglicher Universen (mit unterschiedlichen Naturkonstanten) können wir nur in solchen Beobachter hervorbringen, die lebensfreundlich sind. Es ist kein Wunder, dass wir uns in einem solchen befinden – denn in anderen gäbe es niemanden, der fragt.
- **starke Form:** Das Universum muss so beschaffen sein, dass Leben entsteht – als notwendige Folge tieferer, noch unbekannter Gesetze. Diese Auffassung wird oft als metaphysisch oder pseudowissenschaftlich kritisiert, da sie kaum falsifizierbar ist.[4] Insbesondere Lee Smolin argumentiert in seinem Buch „Warum gibt es die Welt?",[5] das anthropische Prinzip sei *„keine Erklärung, sondern eine Kapitulation"*.

2. Die Multiversum-Hypothese

Unser Universum könnte Teil eines größeren Ensembles sein – etwa als „Blasenuniversum" in einem Modell ewiger Inflation gemäß Andre Linde oder als ein stabiler Vakuumzustand in der sogenannten Landschaft der Stringtheorie, die bis zu 10^{500} verschiedene Vakua erlaubt. In den meisten dieser Universen wären die physikalischen Parameter so, dass keine stabilen Strukturen entstehen könnten. In seltenen Fällen – wie in unserem – liegen die Parameter in einem Bereich, der komplexe Systeme ermöglicht.

---

[4] Siehe Barrow, J. D. & Tipler, F. J. (1986). The Anthropic Cosmological Principle. Oxford University Press.

[5] Smolin, L. (2002). Warum gibt es die Welt? dtv, München, ISBN 3-423-33075-9.

Unser Universum wäre dann nicht fundamental „besonders“, sondern nur eines von wenigen, in denen Beobachter existieren und diese Frage stellen können.[6]

3. Tiefe physikalische Notwendigkeit
Die beobachtete Feinabstimmung könnte auf unserer Unkenntnis fundamentaler Zusammenhänge beruhen. Falls eine umfassende Theorie – wie eine Theorie der Quantengravitation oder eine vereinheitlichte Feldtheorie – jemals gefunden wird, könnten die scheinbar freien Parameter der Naturkonstanten sich als mathematisch notwendige Konsequenzen erweisen. In diesem Fall wäre die Struktur unseres Universums nicht zufällig, sondern durch tiefere physikalische oder mathematische Prinzipien determiniert.

Kritik und philosophische Grenzen

Die Debatte um die Feinabstimmung berührt die Grenze zwischen Physik und Philosophie. Kritiker weisen beispielsweise auf Folgendes hin:

- Das anthropische Prinzip sollte nicht dazu führen, die Suche nach kausalen Mechanismen aufzugeben. Doch Vorsicht: Wer jede Feinabstimmung mit dem Hinweis auf „das anthropische Prinzip“ erklärt, gibt die Suche nach tieferen Gesetzen vorschnell auf. Kritiker nennen es nicht Erklärung, sondern Kapitulation.
- Das Multiversum ist derzeit nicht direkt beobachtbar und könnte daher außerhalb des Bereichs empirischer Wissenschaft liegen.

---

[6] Siehe Tegmark, M. (2015). Unser mathematisches Universum: auf der Suche nach dem Wesen der Wirklichkeit. Ullstein eBooks.

- Die Annahme fester Naturkonstanten könnte eine Einschränkung unserer Theorien widerspiegeln: In einigen Modellen (z. B. mit „variablen" Konstanten) könnten diese Parameter zeitlich oder kontextabhängig sein – was das Feinabstimmungsproblem neu definiert.

Sind die Konstanten wirklich konstant? Beobachtungen mit Quasaren

Die Annahme, dass die fundamentalen Naturkonstanten überall und zu jeder Zeit gleich sind, ist ein zentraler Grundsatz der Physik – doch sie ist kein Dogma, sondern eine Hypothese, die empirisch überprüft wird. Denn falls sich Konstanten wie die Feinstrukturkonstante α (die die Stärke der elektromagnetischen Wechselwirkung bestimmt) oder die Gravitationskonstante G im Laufe der kosmischen Geschichte oder in verschiedenen Raumregionen verändert hätte, würde dies nicht nur das Feinabstimmungsproblem neu definieren, sondern auch Hinweise auf „neue Physik" jenseits des Standardmodells liefern.

Ein besonders vielversprechender Ansatz zur Prüfung dieser Konstanz nutzt Licht von Quasaren – extrem hellen, aktiven Galaxienkernen in großer Entfernung. Ihr Licht durchquert das intergalaktische Medium über Milliarden von Lichtjahren und wird dabei von Wolken aus neutralem Gas absorbiert. Diese Absorption erzeugt ein Spektrum feiner Linien – den „Fingerprint" von Atomen wie Eisen, Magnesium oder Silizium. Durch präzise Analyse der relativen Abstände und Energien dieser Linien können Astronomen feststellen, ob die zugrunde liegenden physikalischen Parameter in der Vergangenheit anders waren.

Die Feinstrukturkonstante α: Hinweise auf eine Variation?

Die Feinstrukturkonstante $\alpha \approx 1/137$ beeinflusst die Energieniveaus von Atomen. Eine Änderung von α würde sich in einer Verschiebung der Spektrallinien bemerkbar machen – besonders bei Übergängen, die empfindlich auf die Stärke der elektromagnetischen Kraft reagieren („Many-Multiplet-Methode“).

Seit den 2000er-Jahren analysiert das Quasar Absorption Line (QAL) Team um John K. Webb Daten von Keck- und VLT-Teleskopen. Ihre Ergebnisse zeigten eine bemerkenswerte Anomalie:

- In einer Richtung am Himmel (südlicher Himmelsausschnitt) scheint α vor etwa 6–12 Mrd. Jahren geringfügig kleiner gewesen zu sein ($\Delta\alpha/\alpha \approx -10^{-5}$).
- In der entgegengesetzten Hemisphäre (nördlich) deuten einige Messungen auf eine leichte Erhöhung hin.[7]

Dieses Muster – eine räumliche Dipolstruktur in der Variation von α – wäre, falls bestätigt, eine der bedeutendsten Entdeckungen der modernen Physik (und Nobel-Preis-verdächtig). Es würde nämlich bedeuten, dass die Naturgesetze nicht überall gleich sind.

Allerdings bleiben die Ergebnisse umstritten. Andere Gruppen wie das UVES-Team fanden keine signifikante Variation. Kritiker wiederum weisen auf mögliche systematische Effekte hin – etwa Kalibrierungsfehler in den Spektrographen oder eine unvollständige Modellierung der Linienprofile. Neuere Daten von ESPRESSO am VLT, mit deut-

[7] Siehe Webb, J. K., King, J. A., Murphy, M. T., Flambaum, V. V., Carswell, R. F., & Bainbridge, M. B. (2011). Indications of a spatial variation of the fine structure constant. Physical Review Letters, 107(19), 191101.

lich höherer Präzision, deuten jedenfalls bisher auf keine Variation der Feinstrukturkonstante α hin – aber die Messungen laufen ja noch weiter.

Gravitationskonstante *G*: Stabilität über Milliarden von Jahren

Auch die „Konstanz" der Gravitationskonstante *G* wird intensiv überprüft. Eine zeitliche Variation von G hätte durchaus dramatische Konsequenzen, denn sie würde die Expansionsgeschichte des Universums, die Nukleosynthese im frühen Universum und die Entwicklung von Sternen direkt beeinflussen.

Eine der präzisesten Einschränkungen liefert in diesem Zusammenhang die Beobachtung von Pulsaren in Doppelsystemen wie dem berühmten Hulse-Taylor-Pulsar. Die Verringerung der großen Halbachse ihrer Umlaufbahnen durch Gravitationswellenabstrahlung hängt sehr empfindlich von *G* ab. Beobachtungen über Jahrzehnte zeigen:

$|\dot{G}/G| < 10^{-12}$ pro Jahr – *G* ist also über Milliarden von Jahren erstaunlich stabil.

Zusätzlich liefern Messungen der primordialen Nukleosynthese (D/H-Verhältnis) und die CMB-Anisotropien unabhängige Grenzen: Eine um mehr als ~10 % abweichende *G* zur Zeit der Rekombination wäre mit den Daten unvereinbar.

Was das für die Feinabstimmung bedeutet

Diese Beobachtungen sind mehr als technische Details – sie verändern die philosophische Lage:

- Wenn α oder G räumlich oder zeitlich variieren, dann ist die Feinabstimmung kein einmaliges, fixes Ereignis, sondern ein lokales Phänomen – gültig in unserer Raumzeit-Region, aber nicht notwendig universell.
- Umgekehrt: Die erstaunliche Stabilität von G und die enge Obergrenze für $\Delta\alpha$ stützen die Annahme, dass die Konstanten zumindest über die beobachtbare Kosmologie hinweg konstant sind – was die Feinabstimmung als robusten, globalen Tatbestand erscheinen lässt.

Die Frage, ob die Konstanten wirklich konstant sind, bleibt damit eine der empirisch am stärksten motivierten Grenzfragen der Physik. Und solange sie offen ist, bleibt auch die Debatte um die Feinabstimmung nicht in der Spekulation gefangen – sie wird auch weiterhin durch Beobachtung geprüft, hinterfragt und geschärft werden.

Ein Rätsel zwischen Physik und Metaphysik

Die Feinabstimmung bleibt eines der tiefsten ungelösten Probleme der Kosmologie. Sie könnte auf die Präsenz einer „neuen Physik" hindeuten – etwa ein Multiversum oder eine fundamentale Theorie, die über unsere heutigen Konzepte von Raum, Zeit und Naturgesetzen hinausgeht. Oder sie könnte zeigen, dass wir noch nicht verstehen, warum die fundamentalen Parameter die Werte haben, die sie haben.

Am Ende bleibt die Frage offen: Ist unser Universum Zufall, Notwendigkeit – oder Spiegel unserer eigenen Existenz? Vielleicht liegt gerade in diesem Rätsel die eigentliche Botschaft: dass die Grenzen der Physik zugleich die Grenzen unseres Denkens berühren.

Schlüsselgedanken

Das Universum ist extrem empfindlich gegenüber Änderungen seiner Konstanten. *Eine Variation der starken Kraft um 2 %, der Dunklen Energie um den Faktor 10 oder der Dichtefluktuationen um eine Größenordnung würde die Entstehung von Sternen, Galaxien oder Leben verhindern.*

Drei Haupterklärungsansätze werden diskutiert:

- ***das anthropische Prinzip:*** *Wir beobachten ein lebensfreundliches Universum, weil nur in solchen Beobachter existieren können.*
- ***das Multiversum:*** *In einem Ensemble unzähliger Universen mit unterschiedlichen Gesetzen ist es unvermeidlich, dass einige – wie das unsere – lebensfähig sind.*
- ***tiefe physikalische Notwendigkeit:*** *Die Konstanten könnten sich durch eine zukünftige Theorie (z. B. Quantengravitation) als mathematisch zwingend erweisen.*

Sind die Konstanten wirklich konstant? *Beobachtungen an Quasaren deuten möglicherweise auf eine räumliche Variation der Feinstrukturkonstante* α *hin – ein Ergebnis, das umstritten ist, aber auf „neue Physik" hindeuten könnte.*

Die Gravitationskonstante G ist erstaunlich stabil. *Pulsarbeobachtungen und Urknall-Nukleosynthese* Urknall-Nukleosynthese *zeigen, dass G sich über Milliarden von Jahren kaum verändert hat (*$|\dot{G}/G|$ *< 10–12/Jahr).* Die Debatte berührt die Grenze von Physik und Philosophie. *Kritiker warnen, das anthropische Prinzip sei keine Erklärung, sondern eine Kapitulation vor der Suche nach tieferen Gesetzen.*

Die Frage bleibt offen. *Ist unsere Existenz ein kosmischer Zufall, eine logische Notwendigkeit – oder ein Spiegelbild der Bedingungen, die uns überhaupt zur Beobachtung befähigen? Die Antwort könnte die Grenzen unseres Wissens selbst definieren.*

37

Das anthropische Prinzip

Inhaltsverzeichnis

Wenn wir die physikalischen Gesetze näher betrachten, dann fällt auf, dass die Naturkonstanten – von der Stärke der Kernkräfte bis zur Dichte der Dunklen Energie – alle fein aufeinander abgestimmt zu sein scheinen, damit überhaupt Sterne, Atome und letztlich Leben entstehen konnten. Eine winzige Änderung, und das Universum wäre leer, chaotisch oder kurzlebig. Ist das ein Wunder? Oder ein Beweis für einen Plan? Oder ist es einfach nur so – weil wir sonst nicht hier wären, um überhaupt diese Frage zu stellen?

M. Scholz, *Das frühe Universum*,
https://doi.org/10.1007/978-3-662-73261-8_37

Die zuletzt genannte Möglichkeit führt unweigerlich zum „anthropischen Prinzip“ – nicht als physikalisches Gesetz, sondern als methodisches Prinzip der Weltbetrachtung: Was wir beobachten, ist nicht notwendigerweise typisch, sondern nur verträglich mit unserer Existenz als Beobachter. Es ist eine Art „Auswahleffekt“, ähnlich wie ein Astronom in einer Welt ohne Sterne unmöglich existieren könnte – denn es gäbe kein Licht, keine Elemente, keine Energiequellen. Wir beobachten ein sternreiches Universum nicht, weil es zwingend so sein musste, sondern weil nur in einem solchen Beobachter entstehen können.

Zwei Formen – schwach und stark

Das anthropische Prinzip existiert in zwei Hauptformen, die sich in Reichweite und Anspruch unterscheiden:

- **schwaches anthropisches Prinzip (WAP):**
  „Wir müssen uns in einer Region des Universums befinden, die Leben ermöglicht – sonst gäbe es niemanden, der die Beobachtung macht.“

  Formuliert von Brandon Carter in den 1970er-Jahren, ist das schwache anthropische Prinzip eine logische Notwendigkeit und nicht nur eine metaphysische Behauptung. Es besagt lediglich, dass unsere Beobachtungen durch unsere Existenz eingeschränkt sind. Es erklärt nicht, warum die Naturkonstanten so ideal passen, sondern nur, warum wir sie so messen, wie sie sind.[1] Es ist so eine Art „Binsenwahrheit“.

---

[1] Siehe Carter, B. (2006). Anthropic principle in cosmology (pp. 173–179). Cambridge University Press: Cambridge, UK.

- **starkes anthropisches Prinzip (SAP):**
  „Das Universum muss so beschaffen sein, dass Leben irgendwann entsteht."
  Diese Form geht bedeutend weiter. Sie suggeriert, dass die physikalischen Gesetze notwendigerweise(!) lebensfreundlich sind – als Teil eines tieferen Plans oder einer kosmischen Teleologie. Diese Auffassung wird oft kritisiert, weil sie kaum falsifizierbar ist und in die Nähe von Intelligent-Design-Argumenten rückt.[2]

Beobachterauswahl-Effekte: Wenn die Stichprobe verzerrt ist

Das anthropische Prinzip ist ein Spezialfall allgemeinerer Selektionseffekte, wie sie nicht nur in der Wissenschaft allgegenwärtig sind:

- **in der Medizin:** Nur Patienten, die überleben, können an Langzeitstudien teilnehmen.
- **in der Astronomie:** Nur helle Galaxien sind in großen Entfernungen sichtbar.
- **in der Kosmologie:** Nur Universen mit stabilen Atomen, Sternen und Planeten können Beobachter hervorbringen.

Diese Effekte verzerren die „Stichprobe" der beobachtbaren Realitäten. Wenn es ein Multiversum gibt – mit unendlich vielen Universen, unterschiedlichen Naturkonstanten und physikalischen Gesetzen –, dann ist es kein

[2] Siehe Barrow, J., & Tipler, F. (1986). The Anthropic Cosmological Principle: Oxford University Press. New York.

Wunder, dass wir in einem lebensfreundlichen leben. Es ist sogar unvermeidlich, dass irgendwo ein solches Universum existiert – denn nur dort entsteht auch jemand, der fragt: Warum ist alles so erstaunlich passend?

Kritik: Erklärung oder Kapitulation?

Das anthropische Prinzip ist umstritten. Und zwar nicht weil es falsch wäre, sondern weil es die Grenze zwischen Physik und Philosophie berührt:

- Kritiker wie Paul Steinhardt oder Lee Smolin werfen ihm vor, es sei keine Erklärung, sondern ein Ausstieg aus der Suche nach tieferen Gesetzen. Wenn jede Feinabstimmung mit „Weil wir sonst nicht hier wären" erklärt wird, verliert die Physik ihre Erklärungskraft.[3]
- Vertreter wie Steven Weinberg oder Leonard Susskind argumentieren hingegen, dass es unverzichtbar ist, wenn wir ein Multiversum annehmen – und dass es sogar Vorhersagen treffen kann, etwa zur Größe der Energiedichte der Dunklen Energie.[4]

Dazu ein berühmtes Beispiel: Steven Weinberg nutzte anthropische Argumente, um die Größenordnung der Dunklen Energie vor ihrer Entdeckung abzuschätzen – und lag dabei erstaunlich nah.[5]

---

[3] Siehe Smolin, L. (2006). The trouble with physics: The rise of string theory, the fall of a science, and what comes next. Houghton Mifflin Harcourt.

[4] Siehe Susskind, L. (2008). The cosmic landscape: String theory and the illusion of intelligent design. Back Bay Books.

[5] Siehe Weinberg, S. (1987). Anthropic bound on the cosmological constant. Physical Review Letters, 59(22), 2607.

Grenzfälle: Boltzmann-Gehirne und die Krise der Wahrscheinlichkeit

Noch radikaler wird es, wenn wir die Logik des anthropischen Prinzips konsequent weiterdenken:

In einem unendlichen oder ewig existierenden Universum könnten Boltzmann-Gehirne – zufällige, flüchtige Bewusstseinszustände aus thermischen Fluktuationen – häufiger sein als echte, evolutionär entstandene Beobachter (siehe Essay 32).

Wenn das der Fall wäre, dann wären wir selbst wahrscheinlich solche Fluktuationen – mit falschen Erinnerungen, falschen Sinnesdaten.

Doch das widerspricht unserer konsistenten, kausalen Wahrnehmung der Welt. Daher argumentieren viele Kosmologen, dass jedes Modell, das von Boltzmann-Gehirnen dominiert wird, falsch sein muss – und zwar nicht weil wir sie beobachten, sondern weil es die Wahrscheinlichkeit unserer eigenen Existenz untergräbt.[6]

Auch hier greift ein anthropisches Argument: Wir beobachten keine Inkonsistenz – also kann das Universum nicht so sein, dass inkonsistente Beobachter dominieren.

Legitim oder gefährlich?

Das anthropische Prinzip ist natürlich kein Ersatz für Physik – aber es kann ein wichtiges Werkzeug sein, wenn

- wir ein Ensemble von Universen annehmen (Multiversum),
- die Wahrscheinlichkeit von Beobachtungen bewerten wollen oder

[6] Siehe Carroll, S. (2010). From eternity to here: the quest for the ultimate theory of time. Penguin.

- verstehen wollen, warum unsere Messungen nicht repräsentativ sind.

Es wird dann legitim, wenn es präzise formulierte, falsifizierbare Vorhersagen macht und nicht als letzte Erklärung missbraucht wird. Doch es bleibt ein Spiegel unserer Grenzen. Es offenbart damit schlicht und tiefgründig, dass wir das Universum nicht von außen beobachten, sondern immer nur aus der Perspektive von Wesen, deren Existenz bereits die Bedingungen voraussetzt, unter denen diese Beobachtung möglich ist. Am Ende bleibt trotzdem eine Frage:

Wenn das Universum so ist, wie es ist, damit wir es beobachten können: Ist das ein Zufall, eine Notwendigkeit, oder ein Spiegel unserer eigenen Existenz?

Vielleicht ist die tiefste Erkenntnis folgende: **Ohne Beobachter gäbe es keine Frage. Und ohne Frage keine Suche.**

Schlüsselgedanken

Das anthropische Prinzip ist kein physikalisches Gesetz, sondern ein methodisches Prinzip. *Es beschreibt einen Beobachterauswahl-Effekt – wir messen ein lebensfreundliches Universum, weil nur in einem solchen Beobachter wie wir entstehen können.*

Zwei Formen, unterschiedlicher Anspruch:

1. *Das **schwache Prinzip** (WAP) ist logisch zwingend: Unsere Beobachtungen sind durch unsere Existenz eingeschränkt.*
2. *Das **starke Prinzip** (SAP) ist spekulativ: Es behauptet, das Universum muss Leben hervorbringen – eine Auffassung, die an Teleologie grenzt und schwer zu überprüfen ist.*

Es erklärt keine Feinabstimmung, sondern relativiert sie. *Statt nach einem „Warum“ zu fragen, betont es ein „Wie kann es sein, dass wir es beobachten?“ – besonders im Kontext eines Multiversums.*

Kritik und Potential *Kritiker warnen vor der Kapitulation vor der Erklärung; Befürworter sehen darin ein Werkzeug für Vorhersagen – etwa Steven Weinbergs Abschätzung der Dunklen Energie.*

Radikale Konsequenzen *In einem unendlichen Universum wären „Boltzmann-Gehirn e“ statistisch wahrscheinlicher als echte Beobachter – was die Konsistenz unserer eigenen Wahrnehmung zum Argument gegen solche Modelle macht.*

Ein Spiegel unserer Grenzen *Das Prinzip zeigt, dass wir das Universum nicht neutral beobachten – sondern immer aus der Perspektive von Wesen, deren Existenz die beobachtete Realität voraussetzt.*

Die letzte Frage bleibt. *Ist das Universum so, wie es ist, damit wir es sehen können – oder sehen wir es nur, weil es so ist? Die Antwort könnte weniger in der Physik liegen als in der Tatsache, dass wir überhaupt fragen.*

38

„Nichts" ist komplexer, als es klingt: Die Physik des Nichts

Inhaltsverzeichnis

M. Scholz, *Das frühe Universum*,
https://doi.org/10.1007/978-3-662-73261-8_38

Wenn wir im Alltag von „Nichts" sprechen, meinen wir absolute Leere: keinen Raum, keine Zeit, keine Gesetze. Doch die Physik lehrt uns, dass es ein solches „Nichts" nicht gibt. Selbst das tiefste Vakuum – der Grundzustand aller Quantensysteme – wimmelt von virtuellen Teilchen, schwingt vor Energie und trägt eine feine Struktur in sich. Was wir umgangssprachlich als „Nichts" bezeichnen, ist in Wahrheit ein dynamisches, brodelndes Etwas – ein Quantenvakuum, das alles andere als leer ist. Die Grenze zwischen „Etwas" und „Nichts" verschwimmt damit. Was philosophisch als reine Abwesenheit von Irgendetwas erscheint, entpuppt sich in der modernen Wissenschaft als reichster aller Zustände – ein Kosmos im Kleinen, der die Grundfragen unserer Existenz neu stellt.

Das Quantenvakuum – nichts als brodelnde Leere

In der Quantenfeldtheorie (QFT) ist das Vakuum kein leerer Raum, sondern der Grundzustand durchgängiger Quantenfelder – wie des elektromagnetischen oder Higgs-Feldes. Selbst in diesem tiefsten Energiezustand brodelt es vor Aktivität. Die Felder unterliegen permanenten Quantenfluktuationen, kurzzeitigen Energieunschärfen, die aus dem leeren Raum selbst emporsteigen.

Diese Fluktuationen werden oft als virtuelle Teilchen-Antiteilchen-Paare beschrieben, sind aber keine realen Teilchen, sondern mathematische Ausdrücke für die Unschärfe im Feldzustand. Sie verletzen die Energieerhaltung nicht, solange die Dauer der Fluktuation Δt und die Energieunschärfe ΔE die Heisenbergsche Unschärferelation $\Delta E \cdot \Delta t \geq \hbar/2$ erfüllen.

Die Folgen dieser Fluktuationen sind real messbar. Ein berühmtes Beispiel dafür ist der Casimir-Effekt.

Der Casimir-Effekt: Wie das Nichts Druck ausübt

Eine direkte Konsequenz von Quantenfluktuationen ist der Casimir-Effekt. Hendrik Casimir sagte 1948 voraus, dass zwei ungeladene, parallele, leitfähige Platten im Vakuum bei geringem Abstand (im Mikrometerbereich) eine anziehende Kraft erfahren, obwohl keine klassische Wechselwirkung vorliegt.[1] (Abb. 38.1)

Diese Kraft entsteht, weil die Platten die erlaubten Moden des elektromagnetischen Feldes einschränken: Zwischen den Platten sind nur bestimmte Wellenlängen möglich, während außerhalb eine größere Vielfalt an Moden existiert. Zwischen den Platten herrscht quasi weniger „Vakuum" als außerhalb – und so drückt das „Nichts" die Platten zusammen. Was wie Zauberei klingt, ist ein messbarer Effekt der Quantenfelder.

Obwohl oft mit virtuellen Teilchen erklärt, ist der Effekt rein auf die Modenstruktur des Quantenfeldes zurückzuführen. Er wurde 1997 von Steve K. Lamoreaux präzise gemessen und gilt als direkter Nachweis, dass das Vakuum keine passive Leere ist, sondern physikalisch wirksam.[2]

Der Casimir-Effekt ist nicht der einzige Nachweis, denn Quantenfluktuationen manifestieren sich auch in anderen physikalischen Phänomenen. Dazu gehören die Lamb-Verschiebung – eine kleine Energieverschiebung in Wasserstoffatomen – und das anomale magnetische Moment des Elektrons, beides präzise gemessen und im völligen Einklang mit entsprechenden Berechnungen im Rahmen der Quantenelektrodynamik (QED). Auf kosmologischer Skala könnten die primordialen Dichtefluktuationen, die als An-

[1] Siehe Casimir, H. B. (1948). On the attraction between two perfectly conducting plates. In Proc. Kon. Ned. Akad. Wet. (Vol. 51, p. 793).

[2] Siehe Lamoreaux, S. K. (1997). Demonstration of the Casimir force in the 0.6 to 6 μ m range. Physical Review Letters, 78(1), 5.

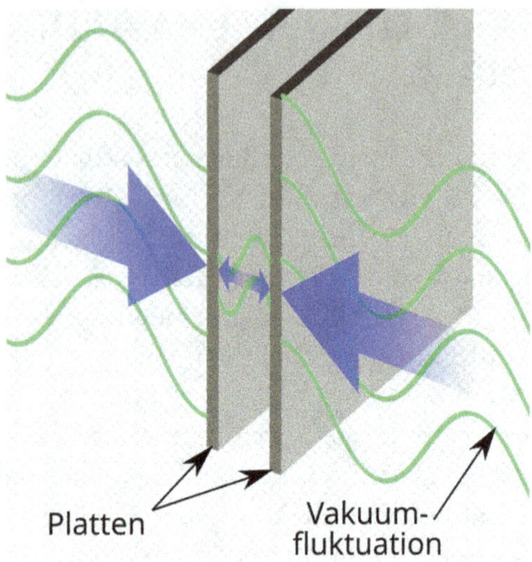

Abb. 38.1 Der Casimir-Effekt entsteht durch Quantenfluktuationen im Vakuum zwischen zwei metallischen Platten. Die grünen Wellen symbolisieren elektromagnetische Felder, die außerhalb der Platten freie Schwingungen aufweisen, während sie innerhalb des engen Spalts eingeschränkt sind. Diese Einschränkung führt zu einem Überdruck außerhalb und einem Unterdruck zwischen den Platten, was eine attraktive Kraft verursacht. Der Effekt demonstriert, dass das Vakuum nicht leer ist, sondern durch virtuelle Teilchen geprägt wird – eine Schlüsselerscheinung der Quantenfeldtheorie mit Anwendungen in Nanotechnologie und Gravitationsforschung. (Wikimedia)

fangsbedingung für die Strukturentstehung dienten, wiederum aus Quantenfluktuationen während der Inflationsphase hervorgegangen sein.

Das Nichts im Labor: Vom Gedankenexperiment zum messbaren Effekt

Die Vorstellung, dass das Vakuum nicht leer, sondern von Quantenfluktuationen durchwirkt ist, klingt abstrakt – fast metaphysisch. Doch die Quantenelektrodynamik ist keine bloße Spekulation. Sie ist vielmehr die präziseste Theorie der Physik, deren Vorhersagen bis auf zwölf Nachkommastellen mit Experimenten übereinstimmen. Und das „Nichts", das sie beschreibt, ist im Labor greifbar, und zwar nicht als abstraktes philosophisches Konzept, sondern als messbare Kraft, in Spektren messbare Energieverschiebungen und mittlerweile sogar als technologische Herausforderung.

Casimir-Effekt: Vom Gedankenexperiment zur Nanotechnologie

Fast 50 Jahre nach Casimirs Vorhersage gelang Steve K. Lamoreaux 1997 an der University of Washington der erste präzise Nachweis des Effekts – und machte damit aus einer Theorie ein messbares Phänomen. Er verwendete eine Torsionswaage, um die anziehende Kraft zwischen einer leitfähigen Kugel und einer Platte im Abstand von 0,6–6 µm zu bestimmen. Das Ergebnis: Die Messung stimmte mit der QED-Vorhersage auf 5 % Genauigkeit überein. Das kann man wahrlich als einen Meilenstein in der Experimentalphysik bezeichnen.

Seither wurden die Experimente selbstverständlich weiter verfeinert:

- Mit Atomkraftmikroskopen (AFM) und mikroelektromechanischen Systemen (MEMS) wird der Casimir-Effekt heute bei Abständen von wenigen Nanometern vermessen.[3]

[3] Siehe Mohideen, U., & Roy, A. (1998). Precision measurement of the Casimir force from 0.1 to 0.9 µ m. Physical Review Letters, 81(21), 4549.

- Unterschiedliche Geometrien (Platte-Kugel, Platte-Platte), Materialien (Gold, Silizium) und Oberflächenbeschichtungen werden getestet – und bestätigen die Vorhersagen der QED immer wieder.
- Der Effekt spielt sogar in der Nanotechnologie eine Rolle: In mikroskaligen Bauteilen kann die Casimir-Kraft zu unerwünschter „Stiction" (adhäsivem Kleben) führen – ein reales Problem für die Entwicklung von Nanomaschinen.[4]

Interessant ist auch die repulsive Variante des Effekts. Unter bestimmten Bedingungen – etwa bei speziellen Materialkombinationen (Metall und Dielektrikum) in Flüssigkeiten – kann der Casimir-Effekt auch einmal abstoßend wirken. Dies öffnet die Tür zu reibungslosen Nanomaschinen, bei denen Bauteile schwebend gehalten werden – eine Vision, die heute bereits im Labor erprobt wird.

Lamb-Verschiebung und g-2: Das Vakuum verändert Atome

Neben dem Casimir-Effekt gibt es weitere, noch präzisere Nachweise der Realität des Quantenvakuums:

- **Lamb-Verschiebung (1947):** Willis Lamb und Robert Retherford entdeckten, dass zwei Energieniveaus im Wasserstoffatom ($2S_1/_2$ und $2P_1/_2$), die nach der Dirac-Theorie entartet sein sollten, leicht verschoben sind. Diese Verschiebung entsteht, weil das Elektron durch virtuelle Photonen aus dem Vakuum ständig „an-

[4] Siehe Capasso, F., Munday, J. N., Iannuzzi, D., & Chan, H. B. (2007). Casimir forces and quantum electrodynamical torques: Physics and nanomechanics. IEEE Journal of Selected Topics in Quantum Electronics, 13(2), 400–414.

gestoßen" wird – ein Effekt, der nur mittels der QED erklärt werden kann.[5] Die Messung gilt seither als Geburtsstunde der experimentellen Quantenelektrodynamik.

- **anomales magnetisches Moment des Elektrons (g-2):** Das Elektron verhält sich wie ein winziger Magnet. Die Abweichung seines magnetischen Moments vom klassischen Wert („g = 2") wird durch Wechselwirkungen mit virtuellen Teilchen im Vakuum verursacht. Die theoretische Vorhersage der QED stimmt mit der Messung auf zwölf signifikante Stellen überein(!) – die beste Übereinstimmung zwischen Theorie und Experiment, die man je in der gesamten Physik erreicht hat.[6]

Aktuelle Experimente am Fermilab (g-2) testen nun, ob winzige Abweichungen auf neue Teilchen oder Wechselwirkungen hinweisen könnten. Hier dient das Vakuum als empfindlicher Detektor für die Suche nach einer „neuen Physik".

Vakuumfluktuationen als Quelle kosmischer Strukturen

Auf kosmologischer Skala könnte das Vakuum sogar die Wiege aller Strukturen sein. In der Inflationstheorie werden die primordialen Dichtefluktuationen – die Anfangsbedingungen für Galaxien, Sterne und uns selbst – auf Quantenfluktuationen des Inflatonfelds zurückgeführt.[7]

---

[5] Siehe Lamb Jr., W. E., & Retherford, R. C. (1947). Fine structure of the hydrogen atom by a microwave method. Physical Review, 72(3), 241.

[6] Siehe Hanneke, D., Fogwell, S., & Gabrielse, G. (2008). New measurement of the electron magnetic moment and the fine structure constant. Physical review letters, 100(12), 120801.

[7] Siehe Mukhanov, V. F., & Chibisov, G. V. (1981). Quantum fluctuations and a nonsingular universe. ZhETF Pisma Redaktsiiu, 33, 549–553.

Während der exponentiellen Expansion wurden damals mikroskopische Unschärfen in das Feld eingefroren und schließlich blitzartig auf kosmische Größen gedehnt. Diese Muster sind heute im CMB-Temperaturleistungsspektrum direkt messbar. Das ist zwar nur ein indirekter, aber durchaus überwältigender Beleg dafür, dass das „Nichts" der Frühzeit die Architektur des sichtbaren Universums geformt hat.

Vakuumenergie und die Dunkle Energie

Die Energiedichte des Vakuums hat gemäß der Allgemeinen Relativitätstheorie eine gravitative Wirkung. Die seit 1998 beobachtete beschleunigte Expansion des Universums wird durch eine Energieform erklärt, die als Dunkle Energie bezeichnet wird (siehe Essay 24). Eine mögliche Identifikation ist die kosmologische Konstante Λ – also die Energiedichte des Vakuums. Alternativ werden von den Theoretikern aber auch dynamische Felder (z. B. Quintessenz) diskutiert, freilich immer noch ohne einen empirischen Bezug.

Das zentrale Problem ist kurz beschrieben: Eine naive Berechnung der Vakuumenergie aus der Quantenfeldtheorie ergibt einen Wert, der um etwa 120 Größenordnungen(!) über dem aus kosmologischen Beobachtungen abgeleiteten Wert liegt. Diese Diskrepanz – das „kosmologische Konstanten-Problem" – ist eine der größten Unstimmigkeiten in der Physik und zeigt, dass unser Verständnis des Vakuums immer noch unvollständig ist.[8]

---

[8] Siehe Weinberg, S. (1989). The cosmological constant problem. Reviews of modern physics, 61(1), 1.

Kann aus dem „Nichts" ein Universum entstehen?

Die Vorstellung, dass ein Universum spontan aus „Nichts" entstehen könnte, wurde durch Lawrence Krauss' Buch „A Universe from Nothing" (2012) bekannt.[9] Er identifiziert darin das „Nichts" mit dem Quantenvakuum und argumentiert, dass Quantenfluktuationen oder Tunnelprozesse die Entstehung eines Universums ermöglichen könnten, und zwar ohne eine äußere Ursache.

Doch Kritiker wie der Philosoph David Albert betonen:

> *„Ein Quantenvakuum ist nicht ‚nichts'. Es ist ein Zustand, der durch Quantenfelder, Symmetrien und dynamische Gesetze definiert ist. Es ist ein physikalisches Etwas – nur ein sehr subtiles."*[10]

Modelle wie die Quantenkosmologie von Vilenkin oder Hartle-Hawking setzen bereits Raumzeit-Strukturen, Quantengesetze oder ein Hintergrundfeld voraus. Damit ist das „Nichts" in diesen Szenarien kein absoluter Zustand der Nicht-Existenz, sondern vielmehr ein physikalisches Anfangsgebilde, das, grob betrachtet, nur wie ein „Nichts" erscheint.

Metaphysik oder Physik? Die Grenze des Erklärbaren

Die Frage nach dem „Nichts" berührt die Grenze der empirischen Physik. Jedes physikalische Modell setzt bereits Konzepte wie Zeit, Naturgesetze, Felder oder Logik voraus.

[9] Siehe Krauss, L. M. (2012). A universe from nothing: Why there is something rather than nothing. Simon and Schuster.

[10] Siehe Albert, D. (2012). On the origin of everything. The New York Times, 20.

Das sind alles Rahmenbedingungen, welche die Physik selbst nicht erklären kann.

Einige Physiker schlagen deshalb alternative Perspektiven vor: John A. Wheeler postulierte beispielsweise „It from Bit“ – die Idee, dass physikalische Realität aus Informationselementen (binären Entscheidungen) emergiert.[11] Max Tegmark geht da noch viel weiter und behauptet, das Universum sei nichts anderes als eine mathematische Struktur, deren Existenz aus logischer Konsistenz folgt. In diesem Bild wäre das „Nichts“ kein Zustand, sondern die Abwesenheit jeglicher konsistenter mathematischer Struktur.[12]

Das Nichts als Spiegel der Erkenntnis

Die Physik zeigt: Das „Nichts“ ist komplexer, als es klingt. Das physikalische Vakuum ist kein leerer Raum, sondern ein dynamisches System mit Energie, Fluktuationen und Struktur. Es ist jedoch nicht das „metaphysische Nichts“ (im Sinne Heideggers) – sondern ein physikalisches „Etwas“.

Die Frage, ob ein Universum aus einem absoluten Nichts entstehen könnte, bleibt eine Grenzfrage – zwischen physikalischer Modellierung und philosophischer Spekulation. Am Ende bleibt sie unbeantwortet. Aber vielleicht ist genau das die eigentliche Antwort. Dass wir als Menschen überhaupt fragen können, warum etwas ist und nicht nichts. Das Rätsel des Nichts ist damit ein Spiegel unserer eigenen Suche nach Sinn.

---

[11] Siehe Wheeler, J. A. (2018). Information, physics, quantum: The search for links. Feynman and computation, 309–336.

[12] Siehe Tegmark, M. (2015). Unser mathematisches Universum: auf der Suche nach dem Wesen der Wirklichkeit. Ullstein eBooks.

Schlüsselgedanken

Das physikalische „Nichts" ist alles andere als leer. *Das Quantenvakuum ist der Grundzustand der Quantenfelder – durchzogen von Fluktuationen, Energie und Struktur.*

Quantenfluktuationen sind real und messbar. *Sie verletzen nicht die Energieerhaltung, solange sie kurzlebig sind – und zeigen sich in Effekten wie dem Casimir-Effekt, der Lamb-Verschiebung und dem anomalen magnetischen Moment des Elektrons.*

Der Casimir-Effekt beweist die Wirksamkeit des Vakuums. *Zwei Platten im Vakuum ziehen sich an, weil* Quantenfluktuationen *zwischen ihnen eingeschränkt sind – ein Effekt, der heute in der Nanotechnologie relevant ist.*

Das Vakuum formte das Universum. *Die primordialen* Dichtefluktuationen, *aus denen sich Galaxien bildeten, entstanden vermutlich aus Quantenfluktuationen während der Inflation – eingefroren und aufgebläht.*

Die Dunkle Energie könnte Vakuumenergie sein, *doch die Theorie sagt einen Wert voraus, der um* 10^{120} *zu groß ist: das kosmologische Konstanten-Problem, eine der größten Unstimmigkeiten der Physik.*

„Nichts" ist kein physikalisches Konzept. *Modelle wie die von Krauss, Vilenkin oder Hartle-Hawking beginnen nicht mit einem absoluten Nichts, sondern mit einem physikalischen Zustand (Felder, Gesetze, Raumzeit).*

Das metaphysische „Nichts" bleibt jenseits der Physik. *Die vollständige Abwesenheit von Raum, Zeit und Gesetzen ist nicht beschreibbar – denn schon das Denken setzt Zeit und Struktur voraus.*

Das Rätsel des Nichts ist ein Spiegel unserer Existenz. *Die Frage „Warum ist überhaupt etwas und nicht nichts?“ bleibt unbeantwortet – doch das Vermögen, sie zu stellen, ist vielleicht der tiefste Hinweis auf Sinn, den wir haben.*

39

Metakosmologie: Gibt es eine „Theorie von allem"?

Inhaltsverzeichnis

Die moderne Kosmologie hat ein präzises Modell der Entwicklung des Universums hervorgebracht – von den ersten Momenten nach der Planck-Zeit bis zur gegenwärtigen beschleunigten Expansion, verursacht durch die immer noch ominöse Dunkle Energie. Auf Basis von Beobachtungen, mathematischen Modellen und experimentellen Bestätigungen lässt sich damit die kosmische Geschichte über

M. Scholz, *Das frühe Universum*,
https://doi.org/10.1007/978-3-662-73261-8_39

Milliarden von Jahren rekonstruieren. Doch jenseits dieser empirischen Erfolge öffnet sich ein Bereich, der sich der herkömmlichen wissenschaftlichen Methode entzieht: die Metakosmologie. So nennt der Philosoph Tim Maudlin jene Reflexion, die sich nicht mit den Abläufen im Universum beschäftigt, sondern mit den tiefsten Voraussetzungen, die diese überhaupt erst ermöglichen.[1] Während die Kosmologie das „Wie" der physikalischen Prozesse erklärt, stellt die Metakosmologie das „Warum" in den Vordergrund: Warum existiert überhaupt ein Universum? Warum gelten gerade diese Naturgesetze? Und welche Bedeutung hätte eine „Theorie von allem" (*Theory of Everything*, TOE), die alle fundamentalen Wechselwirkungen vereinigt?

Was ist Wirklichkeit? Die philosophische Frage hinter der Physik

Die Metakosmologie ist kein wissenschaftliches Forschungsprogramm im engeren Sinne, sondern genau genommen eine philosophische Untersuchung der Grenzen und Grundlagen der Physik. Sie fragt nach dem, was hinter den Modellen liegt, d. h. nach der Natur der Realität selbst. Der Philosoph Thomas Nagel weist explizit darauf hin, dass selbst eine vollständige physikalische Theorie der Welt nicht erklären kann, warum es diese Welt gibt – und nicht einfach nichts.[2] Diese Frage, die bereits Gottfried Wilhelm Leibniz im 17. Jahrhundert stellte – *„Warum ist überhaupt*

---

[1] Siehe Maudlin, T. (2007). The metaphysics within physics. Oxford University Press.

[2] Siehe Nagel, T. (2012). Mind and cosmos: Why the materialist neo-Darwinian conception of nature is almost certainly false. Oxford University Press.

etwas und nicht vielmehr nichts?“[3] – bleibt eine der tiefsten und zugleich unbeantwortbaren Herausforderungen für das menschliche Denken (siehe Essay 38). Sie ist kein technisches Detail, sondern das philosophische Echo des Urknalls, ein Rätsel, das nicht durch mehr Daten, sondern nur durch eine Veränderung der Perspektive darauf angegangen werden kann.

Die Kosmologie beschreibt Sterne, Galaxien, Expansion und deren zeitliche Dimension. Metakosmologie hingegen stellt die unbequeme Frage: Sind unsere Gesetze Realität – oder nur elegante Notizen am Rand eines viel größeren Geheimnisses? Ist die mathematische Struktur der physikalischen Gesetze lediglich ein Modell – ein nützliches Instrument zur Vorhersage und Beschreibung – oder ist sie identisch mit der Realität selbst? Existiert eine „Theorie von allem“ (TOE), die Gravitation, Quantenmechanik und die fundamentalen Konstanten innerhalb einer konsistenten Theorie vereint? Und falls ja, würde sie letztendlich alle physikalischen Phänomene erklären oder lediglich neue Fragen aufwerfen? Selbst bei erfolgreicher Formulierung einer solchen Theorie – etwa als Stringtheorie oder als Schleifen-Quantengravitation – bliebe die folgende Frage bestehen: Warum gelten gerade diese Gesetze und nicht andere?

Sabine Hossenfelder weist darauf hin, dass eine TOE zwar die Dynamik des Universums vollständig beschreiben könnte, aber nicht erklären kann, warum es überhaupt ein Universum gibt, das diesen Gesetzen gehorcht.[4] In diesem Sinne wäre eine TOE nicht das Ende der Erkenntnis, sondern der Beginn einer neuen philosophischen Auseinandersetzung.

---

[3] Siehe Leibniz, G. W. (2013). Principes de la nature et de la grâce. Presses Électroniques de France.

[4] Siehe Hossenfelder, S. (2018). Lost in math: How beauty leads physics astray. Basic Books.

Wenn die Wirklichkeit eine Simulation ist: Spekulationen am Rand der Wissenschaft

Angesichts der Grenzen physikalischer Erklärbarkeit wurde eine Reihe spekulativer Modelle vorgeschlagen. Max Tegmark z. B. postuliert die *Mathematical Universe Hypothesis* (MUH): Alle mathematisch konsistenten Strukturen existieren physikalisch, und unser Universum ist eine davon.[5] Demnach ist die Realität nicht nur mathematisch beschreibbar, sondern identisch mit einer mathematischen Struktur. Diese Hypothese impliziert ein Multiversum aller möglichen Universen, die konsistenten mathematischen Modellen entsprechen.

Doch sie wirft neue Fragen auf: Warum erleben wir eine solche Struktur als physische, sinnliche Realität? Und warum gerade diese mathematische Struktur? Kritiker wie Roger Penrose argumentieren, dass Bewusstsein und subjektive Erfahrungen nicht durch mathematische Strukturen allein erklärbar sind – was die MUH als unvollständig erscheinen lässt.[6]

Noch provokanter ist die Simulationshypothese von Nick Bostrom.[7] Er argumentiert, dass eine technologisch fortgeschrittene Zivilisation eines Tages in der Lage sein könnte, vollständig realistische Simulationen von Bewusstsein zu erzeugen – und dass sie dies vermutlich auch tun würde. Wenn solche Simulationen in großer Zahl existieren, dann ist die Wahrscheinlichkeit, dass wir selbst in einer

[5] Siehe Tegmark, M. (2015). Our mathematical universe: My quest for the ultimate nature of reality. Vintage.

[6] Siehe Penrose, R. (2016). The emperor's new mind: Concerning computers, minds, and the laws of physics. Oxford University Press.

[7] Siehe Bostrom, N. (2003). Are we living in a computer simulation?. The Philosophical Quarterly, 53(211), 243–255.

solchen Simulation leben, größer als die, dass wir in der „echten" Realität existieren. Dies ist weniger eine wissenschaftliche Theorie als ein gedankliches Experiment über die Natur der Wirklichkeit. Es zwingt uns zu fragen: Könnten wir jemals beweisen, dass wir nicht simuliert sind?[8] Und wenn ja, würde diese Erkenntnis unser Verständnis von Freiheit, Identität und Verantwortung verändern? Oder ist die Unterscheidung zwischen „simuliert" und „real" am Ende doch nur eine Illusion innerhalb des Systems, quasi eine Frage, die sich nicht von innen beantworten lässt?

Das Multiversum: Erklärung oder Ausflucht?

Ein weiteres Modell, das oft als Antwort auf die Feinabstimmung unseres Universums angeführt wird, ist das Multiversum (siehe Essay 31). Einige Physiker wie David Deutsch oder Lee Smolin sehen darin eine Erklärung dafür, warum unsere Naturkonstanten so präzise auf Leben abgestimmt zu sein scheinen. Denn in einem unendlichen Multiversum, in dem alle möglichen Konfigurationen realisiert sind, ist es nur eine Frage der Statistik, dass wir in einem Universum leben, welches Leben ermöglicht.[9] Doch auch hier bleibt die „metakosmologische" Frage bestehen: Warum gibt es überhaupt ein Multiversum – und nicht vielmehr nichts? Ist das Konzept des Multiversums wirklich eine Erklärung – oder nur eine elegante Vermeidungsstrategie, um die Frage nach dem Ursprung zu umgehen?

---

[8] Siehe Scholz, M. (2024). Panoptikum faszinierender Dinge und Begebenheiten. https://amzn.to/3K0osB8, Punkt 100–103.

[9] Siehe Deutsch, D. (1997). The Fabric of Reality. Penguin Books; Smolin, L. (2019). Einstein's Unfinished Revolution. Penguin.

Die Hoffnung auf eine „Theorie von allem“ ist so alt wie die moderne Wissenschaft selbst. Albert Einstein suchte zeitlebens nach einer vereinheitlichten Feldtheorie, und Stephen Hawking erklärte 1980, eine solche Theorie würde uns erlauben, *„Gottes Plan kennenzulernen“*.[10] Doch selbst wenn wir eine TOE fänden, bliebe die Frage nach ihrer Deutung weiterhin bestehen. Denn wie der Philosoph Markus Gabriel betont, kann Wissenschaft prinzipiell nicht klären, warum es überhaupt etwas gibt, das erklärt werden muss.[11] Eine TOE könnte zwar prinzipiell alle physikalischen Phänomene erklären – von der Bewegung der Sterne bis zur Entstehung von Leben –, aber nicht, warum es diese Phänomene gibt. Sie könnte uns sagen, wie die Welt funktioniert, aber nicht, warum es eine Welt gibt, die genau so funktioniert.

Die Illusion des Endes: Warum eine TOE die Philosophie braucht

Gerade eine vollständige physikalische Theorie würde neue philosophische Fragen aufwerfen, wie z. B.: Was bedeutet es, in einem deterministischen Universum „frei“ zu sein? Hat Bewusstsein einen Platz in einer rein mathematischen Welt? Und ist die TOE selbst die „wahre“ Beschreibung der Realität – oder nur ein weiteres Modell, das wir verwenden, solange es funktioniert?

Paradoxerweise könnte eine TOE die Philosophie also nicht überflüssig machen, sondern notwendiger denn je. Wie der Physiker Carlo Rovelli schreibt: *„Wissenschaft*

[10] Siehe Hawking, S. W. (1981). Is the end in sight for theoretical physics?. Physics bulletin, 32(1), 15.

[11] Siehe Gabriel, M. (2013). Warum es die Welt nicht gibt. Ullstein eBooks.

erklärt uns nicht, was die Welt ist, sondern nur, wie sie funktioniert. Die Frage nach dem Sein bleibt offen.“[12]

Das Universum als Spiegel unseres Denkens

Die Metakosmologie zeigt, dass selbst die fortschrittlichste Wissenschaft an ihre Grenzen stößt – an Stellen, wo eine philosophische Reflexion einfach unverzichtbar wird. Vielleicht ist dies auch schon die tiefste Einsicht: Das Universum ist nicht nur ein Objekt der Untersuchung, sondern auch ein Spiegel der menschlichen Erkenntnisgrenzen. Ob wir in einer Simulation leben, ob die Realität mathematisch ist oder ob eine TOE je gefunden wird – all diese Fragen zeigen, dass der Mensch nicht nur Beobachter des Kosmos ist, sondern auch ein Fragender, der nach Sinn sucht. In diesem Sinne ist die Metakosmologie keine Flucht aus der Wissenschaft, sondern ihre notwendige Ergänzung – ein Zeichen dafür, dass das Staunen über das Universum letztlich auch ein Staunen über uns selbst ist.

Schlüsselgedanken

Die Metakosmologie fragt nach den Voraussetzungen der Physik. *Während die Kosmologie das „Wie“ erklärt, stellt die Metakosmologie das „Warum“ in den Mittelpunkt: Warum existiert ein Universum? Warum gelten gerade diese Naturgesetze?*

[12] Siehe Rovelli, C. (2018). The Order of Time. Riverhead Books.

Eine „Theorie von allem" (TOE) könnte alles beschreiben, *aber nichts erklären: Selbst eine vollständige Vereinigung von Quantenmechanik und Gravitation würde nicht klären, warum es ein Universum gibt, das diesen Gesetzen gehorcht.*

Das „Warum ist überhaupt etwas?" bleibt unbeantwortet. *Diese Frage, die bereits Leibniz stellte, überschreitet die Grenzen der empirischen Wissenschaft – jede Theorie setzt bereits ein Universum voraus.*

Spekulative Modelle wie das Multiversum oder die Simulationshypothese verschieben die Frage. *Ein Multiversum erklärt die Feinabstimmung statistisch – aber nicht, warum es ein Multiversum gibt. Die Simulationshypothese stellt die Natur der Realität infrage – aber nicht, woher die „Originalwelt" kommt.*

Mathematik als Realität *Max Tegmarks Hypothese, dass das Universum eine mathematische Struktur ist, ist faszinierend – aber sie erklärt nicht, warum wir diese Struktur als physische Wirklichkeit erleben.*

Eine TOE würde die Philosophie nicht ersetzen, sondern brauchen. *Sie könnte das Universum vollständig beschreiben – aber Fragen nach Bewusstsein, Freiheit und Sinn blieben.*

Das Universum ist ein Spiegel des menschlichen Denkens. *Unsere Suche nach einer „Theorie von allem" ist nicht nur wissenschaftlich – sie ist auch ein Ausdruck des Staunens, das uns zeigt, dass wir nicht nur Beobachter des Kosmos sind, sondern ebenso Fragende, die nach Sinn suchen.*

40

Wie funktioniert das „kosmische Jahr"?

Das kosmische Jahr ist ein didaktisches Modell, das von Carl Sagan populär gemacht wurde, um die rund 13,8 Mrd. Jahre lange Geschichte des Universums in eine für Menschen verständliche Zeitskala zu übertragen – ein Kalenderjahr.

Bei dieser Skalierung entspricht ein Kalendertag etwa 37,8 Mio. Jahren, eine Stunde etwa 1,58 Mio. Jahren, eine Minute etwa 26.300 Jahren und eine Sekunde etwa 438 Jahren.

Diese Umrechnung ermöglicht es, zentrale Ereignisse der kosmischen Evolution als „Datum" innerhalb eines einzigen Jahres zu veranschaulichen.

Januar, 00:00 Uhr: Urknall – Beginn von Raum, Zeit und Materie

10.–13. Januar: Entstehung der ersten Sterne – Ende des „Dunklen Zeitalters"

M. Scholz, *Das frühe Universum*,
https://doi.org/10.1007/978-3-662-73261-8_40

14.–18. Januar: Bildung der ersten Galaxien und Beginn der Reionisationsära

15. März: Entstehung der ersten Vorläuferstrukturen der Milchstraße

31. August: Bildung von Sonne und Erde (vor ~4,6 Mrd. Jahren)

16.–26. September: Erste Anzeichen von Leben auf der Erde (einfache Prokaryoten)

10.–14. November: Entstehung von Eukaryoten – Zellen mit Zellkern

15.–17. Dezember: Erste vielzellige Organismen (Ediacara-Fauna)

18.–20. Dezember: Kolonisierung des Festlands durch Pflanzen

20.–22. Dezember: Erste Landtiere (Gliederfüßer, Amphibien)

23. Dezember: Aufkommen der Reptilien – Beginn der Dinosaurier-Ära

30. Dezember, 06:06 Uhr: Chicxulub-Einschlag – Aussterben der Nicht-Vogel-Dinosaurier

30. Dezember, Nachmittag/Abend: Erste Primaten *(Euprimaten)*

31. Dezember, 22:13 Uhr: Erste Vertreter der Gattung *Homo*

31. Dezember, 23:22–23:44 Uhr: Beherrschung des Feuers durch *Homo erectus*

31. Dezember, 23:58:20 Uhr: Höhlenmalerei und frühe kulturelle Ausdrucksformen

31. Dezember, 23:59:47 Uhr: Erfindung der Schrift (vor ~5000 Jahren)

31. Dezember, 23:59:59,86 Uhr: Kolumbus erreicht 1492 die Karibik.

Letzte Hundertstel Sekunde: Reformation, Aufklärung, industrielle Revolution, Moderne, Raumfahrt, Digitalisierung

Die Stärke des kosmischen Jahres liegt in seiner Fähigkeit, zeitliche Proportionen greifbar zu machen: Die ersten physikalischen Prozesse nach dem Urknall ereignen sich innerhalb der ersten Sekunden des 1. Januar, während die gesamte menschliche Zivilisation – von der Schrift bis zur Raumfahrt – auf die letzte halbe Minute des 31. Dezember konzentriert ist.

Das Modell verdeutlicht eindrücklich, wie kurz die menschliche Geschichte im Vergleich zur Dauer des Universums ist – und wie sehr unsere Existenz auf einer tiefen, milliardenjährigen Vorgeschichte basiert.

Interessant ist vielleicht noch, was uns im „neuen kosmischen Jahr" erwartet:

2. Januar: Die langfristige Überlebenschance der Menschheit ist ungewiss; selbst unter günstigen Bedingungen wären massive Anpassungen erforderlich.

24. Januar: Die Leuchtkraft der Sonne nimmt langfristig zu. In etwa 1 Mrd. Jahren wird sie so stark sein, dass die Ozeane verdampfen und komplexes Leben auf der Erdoberfläche nicht mehr möglich sein wird.

Mitte Juli: In rund 5–7 Mrd. Jahren wird die Sonne zum Roten Riesen expandieren. Ihr Radius könnte die Erdbahn erreichen oder überschreiten; selbst wenn die Erde nicht direkt verschluckt wird, wird sie vollständig aufgeheizt und sterilisiert. Danach stößt die Sonne ihre äußeren Schichten ab und hinterlässt einen Weißen Zwerg – einen erdgroßen, heißen Kern, der über Milliarden von Jahren langsam abkühlt.

Literatur

Barrow JD, Tipler FJ (1988) The anthropic cosmological principle. Oxford University Press. ISBN 978–0192821478

Bartelmann M (2019) Das kosmologische Standardmodell: Grundlagen, Beobachtungen und Grenzen. Springer Spektrum. ISBN 978–3662596265

Breuer R (1984) Das anthropische Prinzip: Der Mensch im Fadenkreuz der Naturgesetze. Ullstein. ISBN 978–3548375687

Carroll S (2010) From eternity to here: The quest for the ultimate theory of time. Penguin Books. ISBN 978–0452296541

Carroll S (2011) Aus der Zeit – Die Suche nach der fundamentalen Natur der Zeit. Spektrum Akademischer Verlag. ISBN 978–3–8274-2808-2 (Deutsche Ausgabe)

Deutsch D (1998) The fabric of reality. Penguin Books. ISBN 978–0140146905

Deutsch D (2000) Die Physik der Welterkenntnis: Auf dem Weg zum universellen Verstehen. Birkhäuser. ISBN 978–3034860208 (Deutsche Ausgabe)

Dodelson S, Schmidt F (2025) Modern cosmology (2. Aufl.). Academic Press. ISBN 978–0443288289

M. Scholz, *Das frühe Universum*,
https://doi.org/10.1007/978-3-662-73261-8

Eddington AS (2012) The nature of the physical world. Cambridge University Press. ISBN 978–1107663855

Eddington AS (1931). Der Aufbau der Welt. Springer (Deutsche Ausgabe)

Gabriel M (2013) Warum es die Welt nicht gibt. Ullstein Taschenbuch. ISBN 978–3548375687

Genz H (2004) Nichts als das Nichts: Die Physik des Vakuums. Wiley-VCH. ISBN 978–3527403196

Greene B (2005a) The fabric of the cosmos: space, time, and the texture of reality. Penguin Books. ISBN 978–0141011110

Greene B (2005b) Das elegante Universum – Supersymmetrie, kosmische Schönheit und die Suche nach den verborgenen Dimensionen der Welt. Goldmann. ISBN 978–3442153749 (Deutsche Ausgabe)

Guth AH (1997) The inflationary universe: the quest for a new theory of cosmic origins. Addison-Wesley. ISBN 978–0201328400

Hawking SW (1989) A brief history of time: from the big bang to black holes. Bantam Books. ISBN 978–0553176988

Hawking SW (1988) Eine kurze Geschichte der Zeit – Die Suche nach der Urkraft des Universums (4. Aufl.). Klett-Cotta. ISBN 978–3608987553 (Deutsche Ausgabe)

Kiefer C (2019) Der Quantenkosmos: Von der zeitlosen Welt zum expandierenden Universum. Fischer Taschenbuch. ISBN 978–3596370603

Kiefer C (2012) Quantum gravity (3. Aufl.). Oxford University Press. ISBN 978–0198842132

Kolb E, Turner M (1994) The early universe. CRC Press. ISBN 978–0201626742

Krauss LM (2012) A Universe from nothing: why there is something rather than nothing. Simon + Schuster UK. ISBN 978–1471112683

Krauss LM (2018) Ein Universum aus Nichts ... und warum da trotzdem etwas ist. Penguin Verlag. ISBN 978–3328103097 (Deutsche Ausgabe)

Liddle A (2003) An introduction to modern cosmology. John Wiley & Sons, Ltd. ISBN 978–0471987574

Liddle A (2009) Einführung in die moderne Kosmologie. Wiley-VCH Verlag GmbH & Co. KGaA. ISBN 978–3–527-40882-5 (Deutsche Ausgabe)

Linde A (1993) Elementarteilchen und inflationäre Kosmologie: Zur gegenwärtigen Theorienbildung. Spektrum Akademischer ISBN 978–3860250365

Penrose R (2011a) Cycles of time: an extraordinary new view of the universe. Vintage Books. ISBN 978–0008364489

Penrose R (2011b) Zyklen der Zeit – Ein außergewöhnlicher Blick auf das Universum. Spektrum Akademischer Verlag. ISBN 978–3642347764 (Deutsche Ausgabe)

Peebles PJE (1993) Principles of physical cosmology. Princeton University Press. ISBN 978–0691019338

Rovelli C (2019) The order of time. Penguin Books. ISBN 978–0141984964

Rovelli C (2018) Die Ordnung der Zeit. Fischer Verlag. ISBN 978–3596036558 (Deutsche Ausgabe)

Sagan C (1983) Cosmos. Abacus. ISBN 978–0349107035

Sagan C (1981) Unser Kosmos. Droemer Knaur. ISBN 978–3426040539 (Deutsche Ausgabe)

Silk H (1989) Der Urknall: Die Geburt des Universums. Birkhäuser + Springer. ISBN 978–3540533337

Smolin L (2017) Three roads to quantum gravity (3. Aufl.) Basic Books. ISBN 978–0465094547

Smolin L (2002) Warum gibt es die Welt? Deutscher Taschenbuch Verlag (dtv). ISBN 978–3423330756 (Deutsche Ausgabe)

Tegmark M (2015) Our mathematical universe: my quest for the ultimate nature of reality. Penguin Books. ISBN 978–0241954638

Tegmark M (2016) Unser mathematisches Universum: Auf der Suche nach dem Wesen der Wirklichkeit. Ullstein Buchverlage. ISBN 978–3548376509 (Deutsche Ausgabe)

Thorne KS (1995) Black holes and time warps: Einstein's outrageous legacy. W. W. Norton & Company. ISBN 978–0393312768

Thorne KS (2000) Gekrümmter Raum und verbogene Zeit: Einsteins Vermächtnis. Weltbild-Verlag. ISBN 978–3828934009 (Deutsche Ausgabe)

Trefil J (1997) 5 Gründe, warum es die Welt nicht geben kann: Das Geheimnis der Dunklen Materie. Bechtermünz Verlag. ISBN 978–3860474914

Weinberg S (1977) The first three minutes: A modern view of the origin of the universe. Basic Books. ISBN 978–0465024377

Weinberg S (2004) Die ersten drei Minuten – Ein modernes Bild vom Ursprung des Universums (6. Aufl.). Piper Verlag. ISBN 978–3492224789 (Deutsche Ausgabe)

Stichwortverzeichnis

M. Scholz, *Das frühe Universum*,
https://doi.org/10.1007/978-3-662-73261-8

GPSR Compliance
The European Union's (EU) General Product Safety Regulation (GPSR) is a set of rules that requires consumer products to be safe and our obligations to ensure this.

If you have any concerns about our products, you can contact us on

ProductSafety@springernature.com

In case Publisher is established outside the EU, the EU authorized representative is:

Springer Nature Customer Service Center GmbH
Europaplatz 3
69115 Heidelberg, Germany

www.ingramcontent.com/pod-product-compliance
Lightning Source LLC
Chambersburg PA
CBHW070239130726
48053CB00023B/194
9783662732601